JN078910

大学数学入門編

初めから学べる
確率統計

■ キャンパス・ゼミ ■

大学数学を楽しく短期間で学べます！

馬場敬之

マセマ出版社

はじめに

みなさん，こんにちは。数学の**馬場敬之（ばばけいし）**です。これまで発刊した**大学数学『キャンパス・ゼミ』シリーズ（微分積分，線形代数，確率統計など）**は多くの方々にご愛読頂き，大学数学学習の新たなスタンダードとして定着してきたようで，嬉しく思っています。

しかし，度重なる大学入試制度の変更により，**理系**の方でも，**AO入試**や**推薦入試**や**共通テスト**のみで，本格的な大学受験問題の洗礼を受けることなく進学した皆さんにとって，**大学数学の敷居は相当に高く**感じるはずです。また，**経済学部**，**法学部**，**商学部**，**経営学部**など，**文系志望**で高校時代に十分な数学教育を受けることなく進学して，いきなり大学の**確率統計（統計学）**の講義を受ける皆さんにとって，**大学数学の壁は想像以上に大きい**と思います。

しかし，いずれにせよ大学数学を難しいと感じる理由，それは，
「大学数学を学習するのに必要な基礎力が欠けている」からなのです。

これまでマセマには，「高校数学から大学数学へスムーズに橋渡しをする，分かりやすい参考書を是非マセマから出版してほしい」という読者の皆様からの声が，連日寄せられて参りました。確かに，**「欠けているものは，満たせば解決する」**わけですから，この読者の皆様のご要望にお応えするべく，この『**初めから学べる 確率統計キャンパス・ゼミ**』を書き上げました。

本書は，大学の**確率統計（統計学）**に入る前の基礎として，高校の**3**年間で学習する**"場合の数と確率"**，**"離散型・連続型確率分布"**，**"1変数・2変数データの分析"**から，**大学の基礎的な確率統計**まで**明解にそして親切に解説した参考書**なのです。もちろん，理系の大学受験のような込み入った問題を解けるようになる必要はありません。しかし，大学数学をマスターするためには，**相当の基礎学力**が必要となります。本書は**短期間でこの基礎学力が身につく**ように工夫して作られています。

さらに，**“離散型·連続型のモーメント母関数”**や**“モーメント母関数による分散の計算”**や**“2変数データの回帰直線”**，それに**“最尤推定量”**や**“母数の両側·片側検定”**など，高校で習っていない内容のものでも，これから必要となるものは，**その基本を丁寧に解説**しました。ですから，本書を一通り学習して頂ければ，**大学数学へも違和感なくスムーズに入っていける**はずです。

この**『初めから学べる 確率統計キャンパス・ゼミ』**は，全体が**5**章から構成されており，各章をさらにそれぞれ**10**ページ程度のテーマに分けていますので，非常に読みやすいはずです。大学数学を難しいと感じたら，**本書をまず1回流し読みする**ことをお勧めします。初めは公式の証明などは飛ばしても構いません。小説を読むように本文を読み，図に目を通して頂ければ，**大学基礎数学 確率統計の全体像**をとらえることができます。この**通し読みだけなら，おそらく1週間もあれば十分**だと思います。

1回通し読みが終わりましたら，後は各テーマの詳しい解説文を**精読**して，例題も**実際に自力で解きながら**，勉強を進めていきましょう。

そして，この精読が終わりましたら，大学の**確率統計(統計学)**の講義を受講できる力が十分に付いているはずですから，自信を持って，講義に臨んで下さい。その際に，**『確率統計キャンパス・ゼミ』**が大いに役に立つはずですから，是非利用して下さい。

それでも，講義の途中で**行き詰まった箇所**があり，上記の推薦図書でも理解できないものがあれば，**基礎力が欠けている証拠**ですから，またこの**『初めから学べる 確率統計キャンパス・ゼミ』**に戻って，所定のテーマを再読して，**疑問を解決**すればいいのです。

数学というのは，他の分野と比べて**最も体系が整った美しい学問分野**なので，基礎から応用・発展へと順にステップ・アップしていけば，どなたでも**大学数学の相当の高見まで登って行く**ことができます。読者の皆様が，本書により大学数学に開眼され，さらに楽しみながら強くなって行かれることを願ってやみません。

マセマ代表　馬場 敬之(けいし)

この「初めから学べる 確率統計キャンパス・ゼミ」は，初級の大学数学により親しみをもって頂くために「大学基礎数学 確率統計キャンパス·ゼミ」の表題を変更したものです。さらに，**Appendix**(付録)の補充問題として連続型確率分布の問題を加えました。

◆ 目次 ◆

場合の数と確率の基本

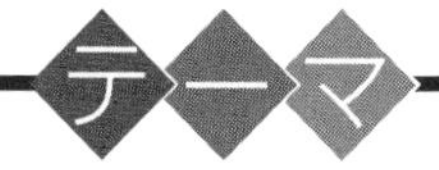

▶ 順列と組合せの数

（重複組合せ：${}_n\mathrm{H}_r = {}_{n+r-1}\mathrm{C}_r$）

▶ 確率計算の基本

（加法定理：$P(A \cup B) = P(A) + P(B) - P(A \cap B)$）

（反復試行の確率：$P_r = {}_n\mathrm{C}_r\, p^r q^{n-r}$）

▶ 条件付き確率

$$\left(P(A|B) = \frac{P(A \cap B)}{P(B)} \right)$$

§1. 場合の数の計算

これから“**場合の数の計算**”について解説しよう。この場合の数の計算は，確率を求める上で基礎となるものだから，まずここで，場合の数の様々な計算手法をマスターしておく必要があるんだね。

具体的には，“**A または B の場合の数**”，“**階乗計算**”，“**順列の数 $_n\mathrm{P}_r$**”，“**組合せの数 $_n\mathrm{C}_r$**”，それに“**重複組合せの数 $_n\mathrm{H}_r$**”など，場合の数の計算に必要不可欠なテーマをすべて教えよう。

● 様々な事象の場合の数を求めよう！

具体的な話から入ろう。**1** つのサイコロを **1** 回投げて，

(i) **5** 以上の目が出ることを，**事象** A とおき，
(ii) 奇数の目が出ることを，事象 B とおこう。

事象とは事柄のことだ。(P30)

ここで，事象 A や B の起こる場合の数をそれぞれ $n(A)$，$n(B)$ とおくと，$n(A)=2$，$n(B)=3$ となるのは，大丈夫だね。

(5, 6 の目の 2 通り)　(1, 3, 5 の目の 3 通り)

また，**1**つのサイコロを**1**回投げたとき，**1**から**6**の目の内のいずれかが出る。これを**全事象** U とおくと，この場合の数は $n(U)=6$ となるのもいいね。さらに，何もない事象を特に**空事象**と呼び，これを ϕ で表す。この場合の数は当然 $n(\phi)=0$ となる。

図1 ベン図

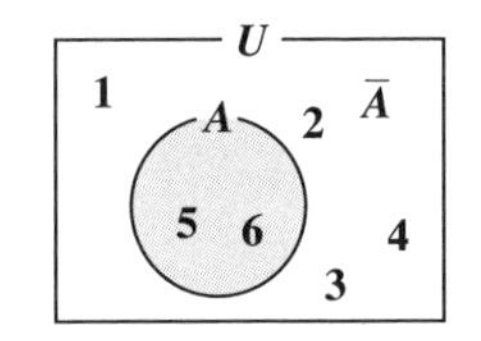

この「事象の場合の数」は，本質的に「集合の要素の個数」と同じなんだね。したがって，図 **1** に示すようなベン図で考えると分かりやすい。全事象 U の中で A でない事象を A の**余事象**といい，$\overline{A}$ で表す。この場合の数 $n(\overline{A})$ は，

$n(\overline{A})=n(U)-n(A)=6-2=4$ となる。これは公式：

(1, 2, 3, 4 の目の 4 通り)

$$n(\overline{A})=n(U)-n(A) \quad \cdots\cdots(*1)$$

として，覚えておくといいね。

そして，余事象 $\overline{A}$ は，A でない事象，つまり A の否定であることも覚えておこう。

次に，**2**つの事象 A, B について，

(i) A または B の事象を $A \cup B$ と表し，
　これを A と B の**和事象**（わじしょう）といい，

(ii) A かつ B の事象を $A \cap B$ と表し，
　これを A と B の**積事象**（せきじしょう）という。

図 2　ベン図

図 **2** のベン図から，これらの場合の数は，

(i) $n(A \cup B) = \underline{4}$　であり，　(ii) $n(A \cap B) = \underline{1}$ となる。

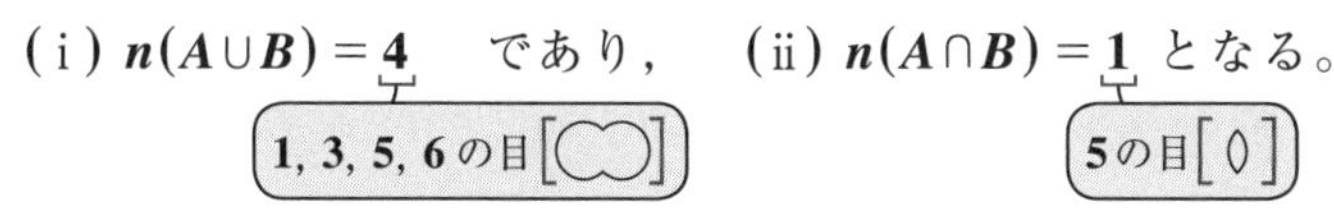

一般に，**2**つの事象 A, B の場合の数について，次の和の公式があるので覚えておこう。

(i) $A \cap B = \phi$，つまり，A と B が排反であるとき，$n(A \cup B)$ は，

（A と B の積事象が存在しないとき，A と B は互いに排反（はいはん）事象という。）

$n(A \cup B) = n(A) + n(B)$ ……(*2) であり，

(ii) $A \cap B \neq \phi$，つまり，A と B が排反でないとき，$n(A \cup B)$ は，

$n(A \cup B) = n(A) + n(B) - n(A \cap B)$ ……(*3) である。

（2 重に計算した積事象の場合の数を引く。）

今回の例では，$n(A) = 2$，$n(B) = 3$，$n(A \cap B) = 1$ より，A と B の和事象の場合の数 $n(A \cup B)$ は，（これから $A \cap B \neq \phi$ だね。）

$n(A \cup B) = n(A) + n(B) - n(A \cap B) = 2 + 3 - 1 = 4$ と求めることもできるんだね。

また，**2**つの事象 A, B について，次の**ド・モルガンの法則**も成り立つ。

ド・モルガンの法則

(i) $\overline{A \cup B} = \overline{A} \cap \overline{B}$
（A または B の否定は，「A でなく，かつ B でない」になる。）

(ii) $\overline{A \cap B} = \overline{A} \cup \overline{B}$
（A かつ B の否定は，「A でないか，または B でない」になる。）

それでは，次の例題で，場合の数を計算してみよう。

> 例題 1　X と Y の 2 つのサイコロを同時に投げて，それぞれの目を x, y とおく。ここで，事象 A, B を次のように定める。
>
> 事象 A：$x+y$ が 2 の倍数である。
> 事象 B：$x+y$ が 3 の倍数である。
>
> このとき，次の各場合の数を求めよう。
>
> (1) $n(A)$　　(2) $n(B)$　　(3) $n(A\cap B)$
>
> (4) $n(A\cup B)$　　(5) $n(A\cap\overline{B})$　　(6) $n(\overline{A}\cap\overline{B})$

2 つのサイコロの目の和 $x+y$ の表を右に示す。この全事象 U の場合の数 $n(U)$ は $n(U)=6^2=36$ である。

$x+y$ の表

x \ y	1	2	3	4	5	6
1	②	[3]	④	5	[⑥]	7
2	[3]	④	5	[⑥]	7	⑧
3	④	5	[⑥]	7	⑧	[9]
4	5	[⑥]	7	⑧	[9]	⑩
5	[⑥]	7	⑧	[9]	⑩	11
6	7	⑧	[9]	⑩	11	[⑫]

(1) A：$x+y$ が 2 の倍数となる場合の数 $n(A)$ は，右の表より，

$n(A)=18$ ……① となるね。

(2) B：$x+y$ が 3 の倍数となる場合の数 $n(B)$ は，右の表より，

$n(B)=12$ ……② となる。

(3) $A\cap B$：$x+y$ が 6 の倍数となる場合の数 $n(A\cap B)$ は，

（$x+y$ が 2 の倍数であり，かつ 3 の倍数であることより，6 の倍数となる。）

$n(A\cap B)=6$ ……③ である。

(4) この問題では，$A\cap B\neq\phi$ より，$A\cup B$（A または B）の場合の数 $n(A\cup B)$ は，

$n(A\cup B)=n(A)+n(B)-n(A\cap B)$

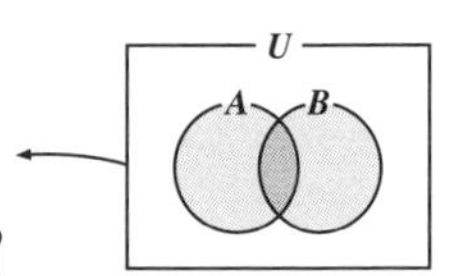

$=18+12-6=24$ となる。大丈夫？

(5) $A\cap\overline{B}$ の場合の数 $n(A\cap\overline{B})$ もベン図で考えて，①，③より，

$n(A\cap\overline{B})=n(A)-n(A\cap B)=18-6=12$ である。

(6) ド・モルガンの法則より，$\overline{A} \cap \overline{B} = \overline{A \cup B}$ だね。この場合の数は，

$n(\overline{A} \cap \overline{B}) = n(\overline{A \cup B}) = n(U) - n(A \cup B)$

36　24（(4)より）

$A \cup B$ を新たに事象 X とおくと，$n(\overline{X}) = n(U) - n(X)$ となるからね。

$= 36 - 24 = 12$ となって，答えだ！大丈夫だった？

このように，ベン図で考えると，場合の数の計算も楽になることが分かったでしょう？

● 階乗 $n!$ 計算を押さえよう！

n 個の異なるものを，1列に並べる並べ方の総数を $n!$ と表し，これを "**n の階乗**（かいじょう）" と読むんだね。この $n!$ の定義を下に示そう。

$n!$ の計算

$$n! = n \times (n-1) \times (n-2) \times \cdots\cdots \times 3 \times 2 \times 1 \qquad (n：自然数)$$

たとえば，1，2，3，4，5 の5つの異なる数字をすべて使って，5桁の整数を作る場合の数は，図3に示すように，5つの異なるものを1列に並べる場合の数と同じなので，

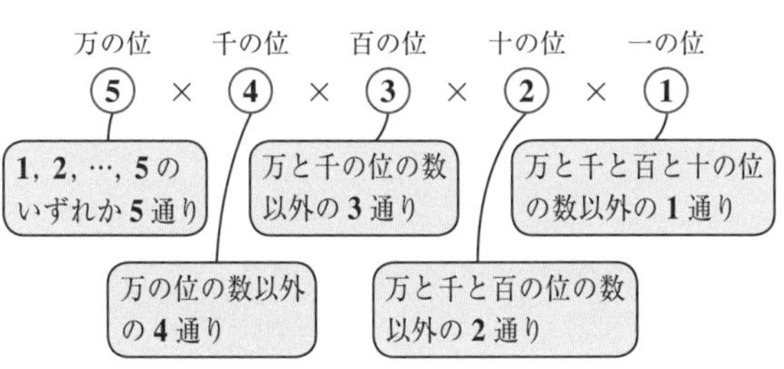

図3　5!の計算

$5! = 5 \times 4 \times 3 \times 2 \times 1 = 120$ 通りとなるんだね。

ここで，$1! = 1$，$2! = 2 \times 1 = 2$，$3! = 3 \times 2 \times 1 = 6$，$4! = 4 \times 3 \times 2 \times 1 = 24$，

$6! = 6 \times \underbrace{5 \times 4 \times 3 \times 2 \times 1}_{5! = 120} = 720$ となることも大丈夫だね。

さらに，$0! = 1$ と定義することも覚えておこう。これは，何もない0個のものの並べ方としても，1通りはあるという考え方なんだね。よって，$0! = 1! = 1$ であることも頭に入れておこう。

では，次の例題で，$n!$ 計算も練習しておこう。

例題 2　0, 1, 2, 3, 4, 5 の 6 つの数をすべて使って，
(Ⅰ) 6 桁の整数は何個作れるか，
(Ⅱ) 6 桁の偶数は何個作れるか，考えよう。

(Ⅰ) 異なる 6 つの数 0, 1, 2, 3, 4, 5 をすべて使って，6 桁の数を作るとき，十万の位に 0 は入らないので，

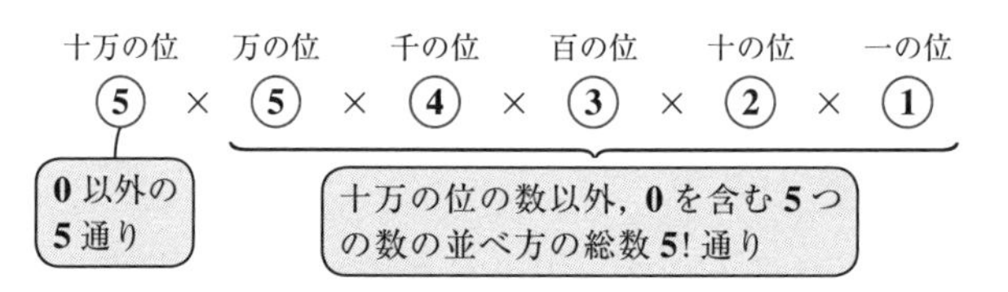

この 6 桁の数の総数は，

$5 \times 5! = 5 \times 120 = 600$ 個になるんだね。

(Ⅱ) 0, 1, 2, 3, 4, 5 の数をすべて使って，6 桁の偶数を作る場合，一の位の数が (ⅰ) 0 の場合と，(ⅱ) 2 または 4 の場合に分けて考えよう。

(ⅰ) 一の位の数が 0 のとき，
十万の位に 0 が入ることはない。よって，このときの 6 桁の偶数の個数は，
$5! \times 1 = 120$ 個となる。

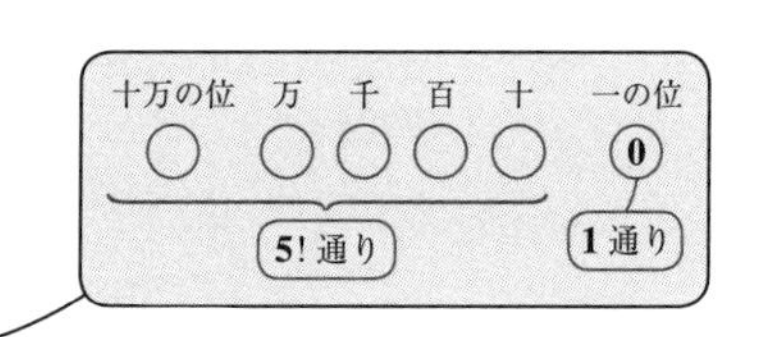

(ⅱ) 一の位の数が 2 または 4 のとき，十万の位の数はこの一の位の数と 0 以外の 4 通りとなる。そして，万の位から十の位までの数は，残り 4 個の数字の並べ替え。すなわち，4! 通りとなる。よって，このとき出来る 6 桁の偶数の個数は，

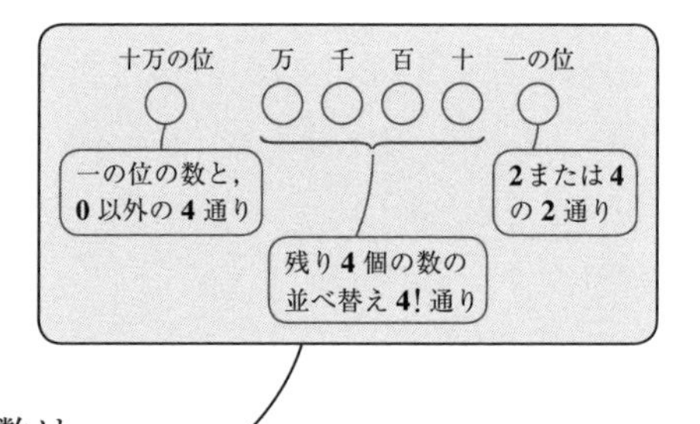

$4 \times \underbrace{4!}_{24} \times 2 = 192$ 個となる。

以上(i), (ii)は，互いに排反なので，(i), (ii)の偶数の個数の和が，この場合できる**6**桁の偶数の総数になる。
$\therefore \mathbf{120+192=312}$個となるんだね。大丈夫だった？

● 順列と重複順列の数を計算しよう！

次に，**順列の数**$_n\mathrm{P}_r$と**重複順列の数**n^rについて，その公式を下に示す。

順列の数$_n\mathrm{P}_r$と重複順列の数n^r

(i) 順列の数：$_n\mathrm{P}_r=\dfrac{n!}{(n-r)!}$ ：n個の異なるものから**重複を許さずに** r個を選び出し，それを**1**列に並べる並べ方の総数。

(ii) 重複順列の数：n^r ：n個の異なるものから**重複を許して** r個を選び出し，それを**1**列に並べる並べ方の総数。

たとえば，**a, b, c, d, e**の**5**つから，重複を許さないで**3**つを選び出し，**1**列に並べる場合の数は，$n=5$，$r=3$を$_n\mathrm{P}_r$の公式に代入して，

$$_5\mathrm{P}_3=\frac{5!}{(5-3)!}=\frac{5!}{2!}=\frac{5\cdot4\cdot3\cdot\cancel{2}\cdot\cancel{1}}{\cancel{2}\cdot\cancel{1}}$$

$=\mathbf{60}$通りとなる。

図**4**のように，**3**つの席に**a, b, c, d, e**がすわる場合の数と考えて，$5\times4\times3=60$通りとしてももちろん構わない。

図4 $_5\mathrm{P}_3$(重複を許さず)

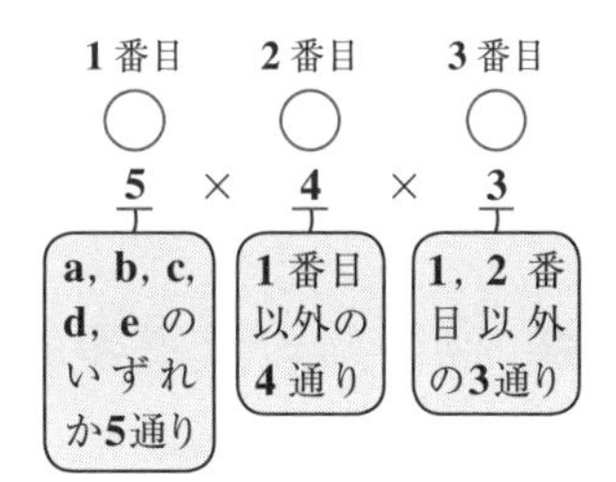

次に，重複を許して並べる場合には，**aaa**や**bcc**や**dee**なども含まれるんだね。したがって，公式n^rのnに**5**，rに**3**を代入して，$5^3=125$通りとなるんだ。図**5**を参考にすると，よく分かるはずだ。

図5 n^r(重複を許す)

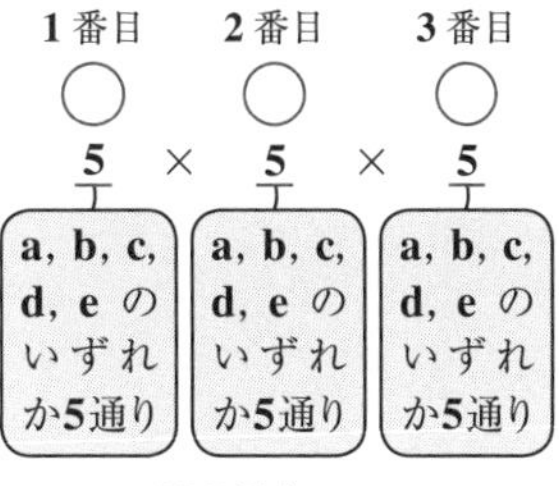

それでは，この重複順列の典型問題を，次の例題で解いて，練習してみよう。

例題 3　1 から 10 まで番号の付いた 10 枚のカードを，X, Y 2 つの箱に入れる方法は何通りあるか。ただし，X, Y にはいずれも少なくとも 1 枚のカードが入るものとする。

1 の番号の付いたカード [1] が，X, Y のいずれかを選んで入ると考えると，2 通りだね。[2]，[3]，…[10] のカードも同様に，X, Y のいずれかを選んで入るものと考えると，この場合の数は，

$2^{10} = 1024$ 通りとなる。

・$2^5 = 32$
・$2^{10} = 1024$
は覚えよう！

k の番号の付いたカード

[k] ($k = 1, 2, \cdots, 10$)

X　Y

これは，異なる文字 X, Y から重複を許して 10 個を選び，1 列に並べる場合の数 (重複順列の数) と同じだね。

この内，X に 10 枚すべて，Y に 10 枚すべてが入る特別な 2 通りの場合を除かなければならない。何故なら，X, Y にはいずれも少なくとも 1 枚のカードが入るものとしているからだね。よって，求める場合の数は，

$2^{10} - 2 = 1024 - 2 = 1022$ 通りとなるんだね。納得いった？

X だけに 10 枚，または，Y だけに 10 枚のカードが入る場合を除く。

● 同じものを含む順列は同じものの階乗で割ればいい！

たとえば，O，O，S，A，K，A (大阪) の並べ替え (順列) の総数を求めてみよう。ポイントは，6 文字の中に，同じ O が 2 つ，A が 2 つ含まれていることだね。この 2 つの O が O_1 と O_2 に区別でき，また，2 つの A が A_1 と A_2 に区別できると考えると，これは異なる 6 文字の並べ替えの総数となるので，

$6! = 6 \times 5 \times 4 \times 3 \times 2 \times 1 = 720$ 通りとなる。

しかし，本当は O_1 と O_2，および A_1 と A_2 に区別はないわけだから，この並べ替えの総数は，O と A それぞれの並べ替えの総数の積，つまり，$2! \times 2!$ 倍だけ余分に計算していることになるんだね。よって，$6!$ を $2! \times 2!$ で割った

$\frac{6!}{2! \times 2!} = \frac{720}{2 \times 2} = 180$ 通りが，今回の問題の並べ替えの総数 (同じものを含む順列の数) だったんだね。

それでは，同じものを含む順列の公式を下に示すので，頭に入れておこう。

同じものを含むものの順列の数

n 個のもののうち，p 個，q 個，r 個，……がそれぞれ同じものであるとき，それらを 1 列に並べる並べ方の総数は，

$\frac{n!}{p!q!r!\cdots\cdots}$ 通り

これから，たとえば，I, S, H, I, I（石井）の並べ替えの総数は，5 個の文字の内，3 個が同じ I であるので，

$\frac{5!}{3!}=\frac{5\cdot 4\cdot \cancel{3\cdot 2\cdot 1}}{\cancel{3\cdot 2\cdot 1}}=20$ 通りとなるんだね。大丈夫？

● 円順列 $(n-1)!$ もマスターしよう！

n 個の異なるものを円形に並べる並べ方の総数を**円順列**（えんじゅんれつ）というんだね。この円順列の公式を下に示そう。

円順列の数

n 個の異なるものを円形に並べる並べ方の総数は，

$(n-1)!$ 通り

図 6 円順列ではクルクルまわってもみんな同じものと考える！

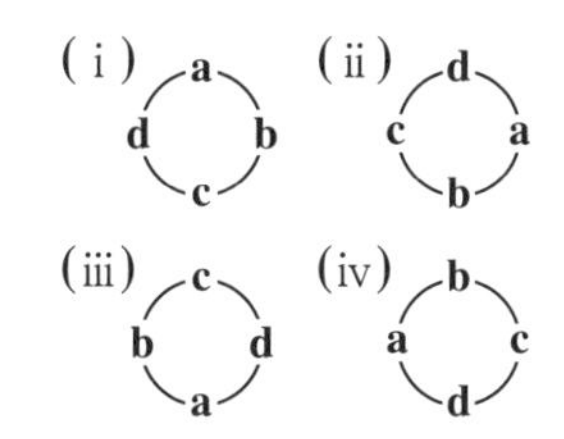

たとえば，a, b, c, d の 4 つを円形に並べる場合の数は，$(4-1)!=3!=3\times 2\times 1=6$ 通りとなる。これは図 6 の (i) が，クルクルまわって (ii) や (iii) や (iv) となっても同じものとみなすので，4! を，同じとみられる 4 通りで割って，

$\frac{4!}{4}=\frac{4\cdot 3\cdot 2\cdot 1}{4}=3!$ となるんだね。

図 7 円順列では特定の 1 つ (a) を固定してもよい。

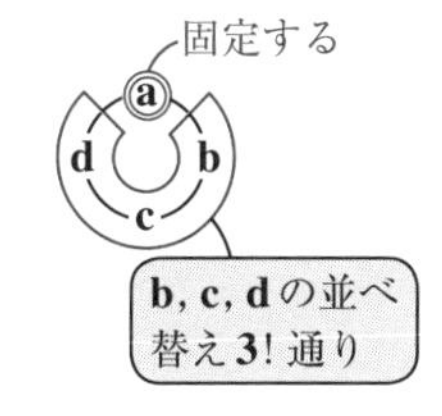

それならば，クルクルまわれないように，図 7 に示すように，たとえば文字 a のみを 1 番上の位置に固定してもいい。すると，3 つの文字 b, c, d だけの並べ替えになるので，3! と，同じ結果になるんだね。

円順列についても，次の例題で練習しておこう。

例題 4　男性 2 人と女性 5 人が円形に並ぶとき，

(1) この並び方の総数は何通りか。

(2) 男性 2 人の間に 1 人の女性が入る並び方は何通りか，考えよう。

(1) トータルで 7 人が円形に並ぶ場合の数は，円順列より，

$(7-1)! = 6! = 720$ 通りだね。

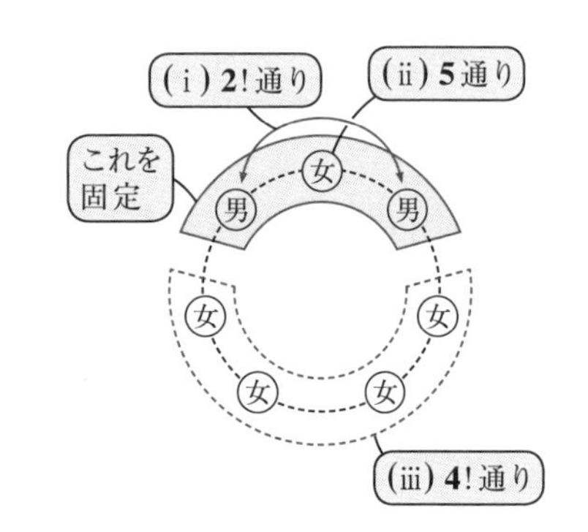

(2) (ⅰ) 男性 2 人の並び方が 2! 通りで，

(ⅱ) 男性 2 人の間に入る 1 人の女性の選び方が 5 通り。そして，

(ⅲ) 男性 2 人とその間の女性 1 人の 3 人を 1 組として固定すると，残り 4 人の女性の並び方は，4! 通りである。

以上 (ⅰ)(ⅱ)(ⅲ) より，この場合の並び方の総数は，

$2! \times 5 \times 4! = 2 \times 5 \times 24 = 240$ 通りとなるんだね。

● 組合せの数 ${}_nC_r$ は順列 ${}_nP_r$ を $r!$ で割ったものだ！

12 人の生徒から，4 人のリレーの走者を選び，第 1，第 2，第 3，第 4 走者を決める場合の数は，当然 ${}_{12}P_4$ となる。これに対して，ただ 12 人から 4 人のリレー走者を選び出すだけで，走る順番 (並べ替え) を考えない場合，その選び方の総数が，**組合せの数** ${}_{12}C_4$ で表されるんだね。これは，当然 4 人の走者の並べ替え (走る順番) を考えないので，${}_{12}P_4$ を $4!$ で割ったものになる。つまり，${}_{12}C_4 = \dfrac{{}_{12}P_4}{4!}$ となる。

組合せの数 ${}_nC_r$ は，順列の数 ${}_nP_r$ を $r!$ で割ったものだ！

これを一般化すると，${}_nC_r = \dfrac{{}_nP_r}{r!} = \dfrac{\frac{n!}{(n-r)!}}{r!} = \dfrac{n!}{r!\cdot(n-r)!}$ と表せる。

組合せの数 $_nC_r$

組合せの数 $_nC_r = \dfrac{n!}{r!\cdot(n-r)!}$ ：n 個の異なるものの中から重複を許さずに，r 個を選び出す選び方の総数。← $\dfrac{_nP_r}{r!}$ のことだ。

それでは，組合せの数 $_nC_r$ を実際にいくつか計算してみよう。

(1) $_7C_5 = \dfrac{7!}{5!(7-5)!} = \dfrac{7!}{5!\cdot 2!} = \dfrac{7\cdot 6\cdot \cancel{5\cdot 4\cdot 3\cdot 2\cdot 1}}{\cancel{5\cdot 4\cdot 3\cdot 2\cdot 1}\times 2\cdot 1} = \dfrac{42}{2} = 21$

(2) $_9C_1 = \dfrac{9!}{\underset{1}{1!}\cdot(9-1)!} = \dfrac{9!}{8!} = \dfrac{9\cdot \cancel{8\cdot 7\cdot 6\cdot 5\cdot 4\cdot 3\cdot 2\cdot 1}}{\cancel{8\cdot 7\cdot 6\cdot 5\cdot 4\cdot 3\cdot 2\cdot 1}} = 9$

(3) $_6C_6 = \dfrac{6!}{6!\cdot\underbrace{(6-6)!}_{0!=1}} = \dfrac{6!}{6!} = 1$

それでは，組合せの数 $_nC_r$ の基本公式を下に示すね。

組合せの数 $_nC_r$ の基本公式

(1) $_nC_n = {_nC_0} = 1$　　(2) $_nC_1 = n$　　(3) $_nC_r = {_nC_{n-r}}$

(1) $_nC_n = \dfrac{n!}{n!(n-n)!} = \dfrac{n!}{n!\cdot \underset{1}{0!}} = \dfrac{n!}{n!} = 1$ だね。$_nC_0$ も同様だ！よって，

$_{10}C_{10} = {_8C_8} = {_4C_4} = 1$ だし，$_{10}C_0 = {_8C_0} = {_4C_0} = 1$ などとなるんだね。

(2) $_nC_1 = \dfrac{n!}{\underset{1}{1!}(n-1)!} = \dfrac{n!}{(n-1)!} = n$ となる。∴ $_{12}C_1 = 12$，$_7C_1 = 7$ だね。

(3) $_nC_r$，すなわち異なる n 個から r 個を選び出す場合の数は，n 個から選ばれない $n-r$ 個のものを選ぶ場合の数に等しいんだね。よって，

$\underbrace{_7C_5 = {_7C_2}}_{\frac{7!}{5!\cdot 2!} = \frac{7\cdot 6}{2\cdot 1} = 21} = 21$，$\underbrace{_5C_3 = {_5C_2}}_{\frac{5!}{3!\cdot 2!} = \frac{5\cdot 4}{2\cdot 1} = 10} = 10$，$_{11}C_1 = {_{11}C_{10}} = 11$，$_7C_7 = {_7C_0} = 1$ など，

となるんだね。大丈夫？

さらに，組合せの数 ${}_n\mathrm{C}_r$ の応用公式を下に示そう。

組合せの数 ${}_n\mathrm{C}_r$ の応用公式

(1) ${}_n\mathrm{C}_r = {}_{n-1}\mathrm{C}_{r-1} + {}_{n-1}\mathrm{C}_r$ 　（特定の a に着目！）

(2) $r \cdot {}_n\mathrm{C}_r = n \cdot {}_{n-1}\mathrm{C}_{r-1}$ 　（大統領と委員）

(1) 左辺 $= {}_n\mathrm{C}_r$ は，n 人から r 人を選び出す場合の数だね。ここで，この n 人の中の特定の 1 人 a 君に着目すると，a 君はこの r 人の中に，(i) 選ばれるか，または，(ii) 選ばれないか，のいずれかだ。

そして，これら (i)(ii) の事象は互いに排反であることも大丈夫だね。

(i) a 君が選ばれる場合，選ばれる r 人のうちの 1 人は a 君に決っているので，残りの $n-1$ 人から残りの $r-1$ 人を選ぶことになる。
よって，このときの場合の数は，${}_{n-1}\mathrm{C}_{r-1}$ だね。

(ii) a 君が選ばれない場合，残りの $n-1$ 人から r 人を選ぶことになる。
よって，この場合の数は，${}_{n-1}\mathrm{C}_r$ だね。

n 人から r 人を選ぶ (${}_n\mathrm{C}_r$) とき，a 君は (i) 選ばれる (${}_{n-1}\mathrm{C}_{r-1}$) か，または，(ii) 選ばれない (${}_{n-1}\mathrm{C}_r$) のいずれかで，これらは排反事象なので，

（a が選ばれる）（または）（a が選ばれない）

(1) ${}_n\mathrm{C}_r = {}_{n-1}\mathrm{C}_{r-1} + {}_{n-1}\mathrm{C}_r$ の公式が成り立つ。

このことを，数式でも確認しておこう。

$$(\text{右辺}) = \frac{(n-1)!}{(r-1)!\cdot\underbrace{(n-r)!}_{n-1-(r-1)}} + \frac{(n-1)!}{r!\cdot(n-r-1)!}$$

$$= \frac{r\cdot(n-1)!}{\underbrace{r\cdot(r-1)!}_{r!}\cdot(n-r)!} + \frac{(n-r)(n-1)!}{r!\underbrace{(n-r)(n-r-1)!}_{(n-r)!}}$$

（$6\times5! = 6!$ となるのと同じ考え方だね。）

$$= \frac{r\cdot(n-1)!}{r!\cdot(n-r)!} + \frac{(n-r)\cdot(n-1)!}{r!\cdot(n-r)!} = \frac{\overbrace{n\cdot(n-1)!}^{n!}}{r!\cdot(n-r)!} = \frac{n!}{r!\cdot(n-r)!} = {}_n\mathrm{C}_r = (\text{左辺})$$

このように，特定の**1**人(**1**個)に着目すると，式が立てやすくなるんだね。具体例でも確認しておこう。

$n=7$，$r=5$ のとき，${}_nC_r={}_7C_5=\dfrac{7!}{5!\cdot 2!}=\dfrac{7\cdot 6}{2\cdot 1}=21$

${}_{n-1}C_{r-1}={}_6C_4=\dfrac{6!}{4!\cdot 2!}=\dfrac{6\cdot 5}{2}=15$　　${}_{n-1}C_r={}_6C_5={}_6C_1=6$ より，

$21=15+6$ となって，${}_nC_r={}_{n-1}C_{r-1}+{}_{n-1}C_r$ が成り立つことが確認できる。

次，**(2)** に入ろう。ある国で，

(ⅰ) n 人の国民から r 人の委員を選び，さらに，その r 人の委員から **1** 人の大統領を選び出すものとする。このときの場合の数は，

$${}_nC_r\times{}_rC_1=r\cdot{}_nC_r \text{ となる。}$$

（${}_rC_1=r$）
(イ) r 人の委員から **1** 人の大統領を選ぶ。
(ア) n 人の国民から r 人の委員を選ぶ。
r 人のうち **1** 人は大統領になっている！

この結果，n 人の国民から，**1** 人の大統領と $r-1$ 人の委員が誕生しているわけだから，これは，つまり，

(ⅱ) n 人の国民から **1** 人の大統領を選び，残り $n-1$ 人の国民から $r-1$ 人の委員を選び出すことと結果的には一緒だね。よって，このときの場合の数は，

$${}_nC_1\times{}_{n-1}C_{r-1}=n\cdot{}_{n-1}C_{r-1}$$

（${}_nC_1=n$）
(イ) 残り $n-1$ 人の国民から $r-1$ 人の委員を選ぶ。
(ア) n 人の国民から **1** 人の大統領を選ぶ。

以上 (ⅰ), (ⅱ) より，**(2)** の公式 $\underset{(\text{i})}{\underline{r\cdot{}_nC_r}}=\underset{(\text{ii})}{\underline{n\cdot{}_{n-1}C_{r-1}}}$ が導ける！

これを数式でも確認しておこう。

$$(\text{右辺})=n\cdot{}_{n-1}C_{r-1}=n\cdot\frac{(n-1)!}{(r-1)!\cdot(n-r)!}=r\cdot\frac{n\cdot(n-1)!}{r\cdot(r-1)!\cdot(n-r)!}$$

（$n-r=n-1-(r-1)$，$n\cdot(n-1)!=n!$，$r\cdot(r-1)!=r!$）

$$=r\cdot{}_nC_r=(\text{左辺})$$

これも，$n=7$，$r=5$ の具体例で確認しておこう。

$$r \cdot {}_n\mathrm{C}_r = 5 \times {}_7\mathrm{C}_5 = 5 \times \frac{7!}{5! \cdot 2!} = 5 \times \frac{7 \cdot 6}{2 \cdot 1} = 5 \times 21 = 105$$

$$n \cdot {}_{n-1}\mathrm{C}_{r-1} = 7 \times {}_6\mathrm{C}_4 = 7 \times \frac{6!}{4! \cdot 2!} = 7 \times \frac{6 \cdot 5}{2 \cdot 1} = 7 \times 15 = 105$$ となって，

$r \cdot {}_n\mathrm{C}_r = n \cdot {}_{n-1}\mathrm{C}_{r-1}$ が成り立つことが確認できるんだね。大丈夫？

● 組合せ ${}_n\mathrm{C}_r$ で最短経路や組分け問題を解こう！

組合せ ${}_n\mathrm{C}_r$ の典型的な応用例として，図 8 に示すような最短経路の問題がある。横に 5 区画，縦に 3 区画の碁盤目状の道を，P 点から Q 点まで移動する最短経路の総数を求めるのに組合せの数 ${}_n\mathrm{C}_r$ が利用できるんだね。

図 8　最短経路の問題

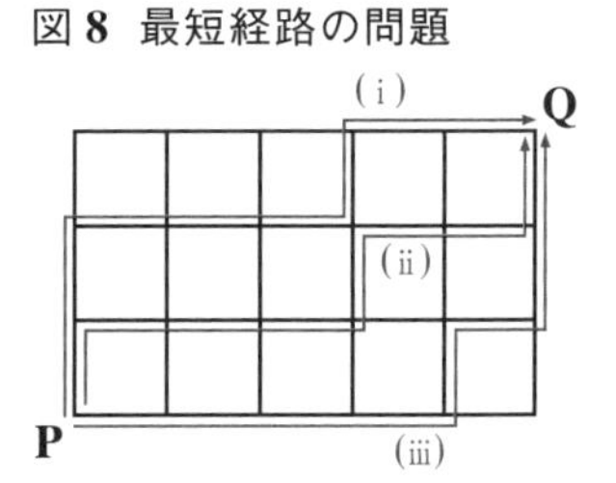

図 8 には，この最短経路の例として (i), (ii), (iii) の 3 つを示している。最短経路はいずれも，右に行く (→) か，上に行く (↑) かのいずれかで，(i), (ii), (iii) の経路は (→) と (↑) で次のように表される。

(i) ↑ ↑ → → → ↑ → →

(ii) ↑ → → → ↑ → → ↑

(iii) → → → → ↑ → ↑ ↑

これから，この最短経路は，縦横合わせて 8 区間の内，右に行く (→) 5 区間 (または，上に行く (↑) 3 区間) を選び出すことと同じなので，P から Q まで移動する最短経路の総数は，

$${}_8\mathrm{C}_5 = \frac{8!}{5! \cdot 3!} = \frac{8 \cdot 7 \cdot 6}{3 \cdot 2 \cdot 1} = 56$$ 通りとなる。

これは，${}_8\mathrm{C}_3$ で求めても構わない。

次に，組分け問題を具体例で解説しよう。8 人の学生を

(i) 4 人ずつ A 組と B 組に分ける場合の数と，

(ii) 4 人ずつただ 2 つの組に分ける場合の数を求めよう。

この違いがあるのかって？もちろん，あるんだね。

(i)の場合，まず8人中4人を選んでA組に入れ($_8C_4$通り)，残り4人をB組に入れる($_4C_4$通り)ので，この組分けの場合の数は，

$_8C_4 \times \underbrace{_4C_4}_{1} = \frac{8!}{4! \cdot 4!} = \frac{8 \cdot 7 \cdot 6 \cdot 5}{4 \cdot 3 \cdot 2 \cdot 1} = 70$ 通りとなる。ところが，

(ii)の場合，組にA組やB組の区別がないため，(i)の組に区別がある場合では，a，b，c，d，e，f，g，hの8人の生徒が，たとえば，

・A組(a，b，c，d)とB組(e，f，g，h)に組分けされたものと，
・A組(e，f，g，h)とB組(a，b，c，d)に組分けされたものを

区別して，2通りとしてカウントしていたんだけれど，組に区別がなければ，これらは単に(a，b，c，d)と(e，f，g，h)の2組に分けられているだけで，1通りとしてカウントしなければならない。

よって，(ii)の組に区別がない場合，(i)の組に区別がある場合の分け方の総数(70通り)を2(=2!)で割る必要があるんだね。これから，組に区別がない場合の分け方の総数は，

$\frac{_8C_4 \times {_4C_4}}{2!} = \frac{70}{2} = 35$ 通りとなるんだね。大丈夫？

では，次の例題で組分けの典型問題を解いてみよう。

例題5　8冊の異なる本を次のように分ける方法は何通りあるか。

(1) 2冊ずつ，4つの本箱A，B，C，Dに分ける。
(2) 2冊ずつ，4つの組に分ける。
(3) 3冊と3冊と2冊の3つの組に分ける。

(1)・8冊の異なる本から2冊を選んで本箱Aに入れ：$_8C_2$通り
・残り6冊から2冊を選んで本箱Bに入れ：$_6C_2$通り
・残り4冊から2冊を選んで本箱Cに入れ：$_4C_2$通り
・最後に残った2冊を本箱Dに入れる：$_2C_2 = 1$通り

以上より，8冊の異なる本を2冊ずつA，B，C，Dの本箱に分けて入れる場合の数は，

$$_8C_2 \times {}_6C_2 \times {}_4C_2 \times \underbrace{{}_2C_2}_{1} = \frac{8!}{2!\cdot 6!} \times \frac{6!}{2!\cdot 4!} \times \frac{4!}{2!\cdot 2!}$$

$$= \frac{8\cdot 7\cdot 6\cdot 5\cdot 4\cdot 3}{2\cdot 1\times 2\cdot 1\times 2\cdot 1} = 2520 \text{ 通りとなる。}$$

これは，**4** つの組が **A**，**B**，**C**，**D** と区別できる場合の組分けの総数だ。

(2) **8** 冊の異なる本を **2** 冊ずつ **4** 組に分けるとき，これら **4** つの組に区別はないので，**(1)** の結果を **4!** で割ったものが，この場合の分け方の数になる。

$$\therefore \frac{_8C_6 \times {}_6C_2 \times {}_4C_2}{4!} = \frac{7\cdot 6\cdot 5\cdot 4\cdot 3}{4\cdot 3\cdot 2\cdot 1} = 105 \text{ 通りである。}$$

(3) **8** 冊の異なる本を **3** 冊と **3** 冊と **2** 冊に分ける場合，別に名前はついていなくても，**3** 冊の組と **2** 冊の組の区別は明らかにつく。しかし，**3** 冊と **3** 冊の **2** 組の区別はつかないので"区別有り"として求めた組分けの総数を **2!** で割らないといけないんだね。よって，今回の組分けの総数は，

$$\frac{_8C_3 \times {}_5C_3 \times \overset{1}{{}_2C_2}}{2!} = \frac{1}{2} \times \frac{8!}{3!\cdot 5!} \times \frac{5!}{3!\cdot 2!} = \frac{8\cdot 7\cdot 6\cdot 5\cdot 4}{2\times 3\cdot 2\cdot 1\times 2\cdot 1}$$

$$= 280 \text{ 通りとなるんだね。納得いった？}$$

● 重複組合せ $_nH_r$ にもチャレンジしよう！

この節の最終テーマとして，**重複組合せ**(じゅうふくくみあわ)**の数** $_nH_r$ について解説しよう。まず，この公式を下に示そう。

重複組合せの数 $_nH_r$

重複組合せの数 $_nH_r = {}_{n+r-1}C_r$ ： n 個の異なるものの中から重複を許して，r 個を選び出す選び方の総数。

何故，このような公式になるのか？具体例を使って解説しよう。

異なる **4** つの文字 **a**，**b**，**c**，**d** から重複を許して **6** つを選び出す場合の数 $_4H_6$ が，$_4H_6 = {}_{4+6-1}C_6 = {}_9C_6$ で計算できることを示そう。この場合，選び出された **6** 個のものの順列は考えなくていいので，これを **a**，**b**，**c**，**d** の順にキレイに並べて表すことにすると，たとえば，これらは，

aabccd, aaacdd, bbccdd, cccccd, dddddd, … などとなる。

このように順序正しく並べて表すと，上の例は，**a** と **b**，**b** と **c**，**c** と **d** の間に仕切り板(しきりいた)(|)を入れると，もはや **a, b, c, d** の文字は使うことなく，記号(○)を使って，次のように表現できるんだね。

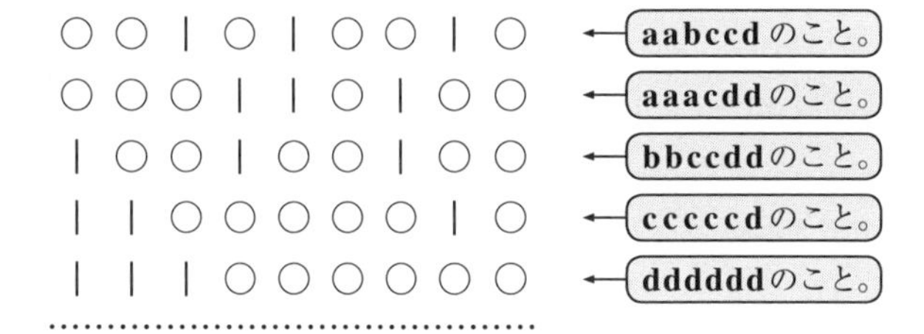

これから，異なる **4** つのもの (**a, b, c, d**) から重複を許して **6** つを選び出す場合の数 $_4\mathrm{H}_6$ は，**9** つの場所から記号(○)を入れる **6** つ(または，仕切り板(|)を入れる **3** つ) を選び出す場合の数 ($_9\mathrm{C}_6$ または $_9\mathrm{C}_3$) に等しいことが分かる。よって，

$$_4\mathrm{H}_6 = {}_{4+6-1}\mathrm{C}_6 = {}_9\mathrm{C}_6 = \frac{9!}{6!\cdot 3!} = \frac{9\cdot 8\cdot 7}{3\cdot 2\cdot 1} = 3\times 4\times 7 = 84 \text{ 通り}$$

公式：$_n\mathrm{H}_r = {}_{n+r-1}\mathrm{C}_r$

となることが分かるんだね。そして，これこそ，公式 $_n\mathrm{H}_r = {}_{n+r-1}\mathrm{C}_r$ が成り立つことを表しているんだね。納得いった？

それでは，重複組合せの数の計算練習をしておこう。

(1) $_3\mathrm{H}_4 = {}_{3+4-1}\mathrm{C}_4 = {}_6\mathrm{C}_4 = \frac{6!}{4!\cdot 2!} = \frac{6\cdot 5}{2\cdot 1} = 15$ ← 3個の異なるものの中から重複を許して4個を選び出す場合の数

(2) $_6\mathrm{H}_3 = {}_{6+3-1}\mathrm{C}_3 = {}_8\mathrm{C}_3 = \frac{8!}{3!\cdot 5!} = \frac{8\cdot 7\cdot 6}{3\cdot 2\cdot 1} = 56$ ← 6個の異なるものの中から重複を許して3個を選び出す場合の数

(3) $_4\mathrm{H}_9 = {}_{4+9-1}\mathrm{C}_9 = {}_{12}\mathrm{C}_9 = \frac{12!}{9!\cdot 3!} = \frac{12\cdot 11\cdot 10}{3\cdot 2\cdot 1} = 220$ ← 4個の異なるものの中から重複を許して9個を選び出す場合の数

どう？これで重複組合せの数 $_n\mathrm{H}_r = {}_{n+r-1}\mathrm{C}_r$ の計算にも慣れたでしょう？
以上で，場合の数の計算の解説講義は終了です。この後，演習問題でさらに実力に磨きをかけていこう！

演習問題 1　●順列の数(Ⅰ)●

次の問いに答えよ。

(1) **1, 2, 3, 4, 5, 6, 7** の **7** 個の数字をすべて使って，**7** 桁の整数を作る。このとき，偶数同士が隣り合わないような **7** 桁の整数の個数を求めよ。

(2) **T, E, N, T, A, I** (天体)の文字を **1** つずつ書いた **6** 個の玉を円形に並べる並べ方の総数を求めよ。

ヒント！ **(1)** は，順列の問題で，偶数同士が隣り合わないための条件を模式図から考えよう。**(2)** は，円順列と同じものを含む順列の融合問題だね。

解答＆解説

(1) 偶数が隣り合わないように，**7** 桁の整数を作るためには，

奇数 **1, 3, 5, 7** の並べ替え **4!** 通り

○ 奇 ○ 奇 ○ 奇 ○ 奇 ○

偶数 **2, 4, 6** は，このいずれかに入る。$_5P_3$ 通り

(i) まず，**4** 個の奇数(**1, 3, 5, 7**)を並べる。

$\therefore 4! = 4\cdot3\cdot2\cdot1 = 24$ 通り

(ii) 次に，奇数と奇数の間，および両端の **5** 個の場所(◌)のいずれかに **3** 個の偶数(**2, 4, 6**)を配置すればいい。

$\therefore {}_5P_3 = \dfrac{5!}{2!} = 5\cdot4\cdot3 = 60$ 通り

以上(i)(ii)より，求める整数の個数は $24\times60 = 1440$ 個である。……(答)

(2) **T, E, N, T, A, I** の内，**E** を固定して，

(**T** と **T** は 同じもの)

残り **5** 文字 **T, N, T, A, I** を円形に並べることにすると，**2** つの **T** が同じものなので，この並べ方の総数は，

$\dfrac{5!}{2!} = 5\cdot4\cdot3 = 60$ 通りである。……(答)

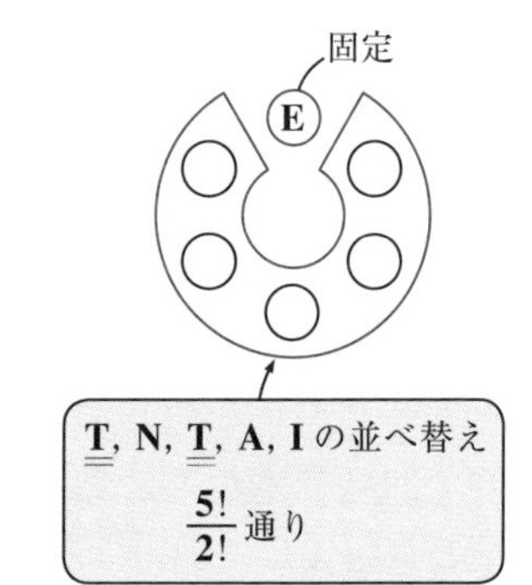

演習問題 2　● 順列の数 (Ⅱ) ●

5 個の数字 **0**，**1**，**3**，**5**，**7** から異なる **3** 個を選んで **3** 桁の整数を作るとき，次の問いに答えよ。

(1) 整数は何個あるか。　　**(2)** **3** の倍数は何個あるか。

(3) **6** の倍数は何個あるか。

ヒント！ **(1)** では，百の位に **0** はこないことに要注意だ。**(2)** では，たとえば，**537** は **3** の倍数になるけれど，これは，**5**＋**3**＋**7**＝**15** が **3** の倍数だからだ。**(3)** では，**(2)** の内，一の位の数が偶数になるものを調べればいいんだね。

解答＆解説

(1) **0**，**1**，**3**，**5**，**7** の数字から異なる **3** つを選んで作る **3** 桁の数は，百の位に **0** がこないことに注意して，

$4\times{}_4P_2=4\times\frac{4!}{2!}=4\times4\times3=48$ 個 ………(答)

百の位　十の位　一の位

0 以外の **4** 通り

残り **4** つから **2** つを選んで並べ替え ${}_4P_2$ 通り

(2) **3** の倍数となる **3** 桁の数の組合せは，次の **4** 通りである。

(ⅰ)(**0**, **1**, **5**)　(ⅱ)(**0**, **5**, **7**)　(ⅲ)(**1**, **3**, **5**)　(ⅳ)(**3**, **5**, **7**)

3 桁の数 abc が **3** の倍数となるための条件は，$a+b+c$ が **3** の倍数となることだからね。たとえば，**135** は $1+3+5=9$ より，**3** の倍数だ。

(ⅰ)(ⅱ) の場合，**3** 桁の数はそれぞれ $2\times2!=4$ 個 ← 百の位に **0** はこない。

(ⅲ)(ⅳ) の場合，**3** 桁の数はそれぞれ $3!=6$ 個できる

以上 (ⅰ)～(ⅳ) より，**3** の倍数となる **3** 桁の整数の個数は

$2\times4+2\times6=8+12=20$ 個である。………………………………(答)

(3) $6=2\times3$ より，**(2)** の各 **3** 桁の整数の内で **2** の倍数となるもの，すなわち一の位の数が偶数となるものを調べる。

(ⅰ)(ⅱ) の場合，一の位に **0** がくるものは，それぞれ $2!=2$ 個

(ⅰ)(**0**, **1**, **5**)，(ⅱ)(**0**, **5**, **7**) → **510**，**150** と，**570**，**750**

(ⅲ)(ⅳ) の場合，すべて奇数となって条件をみたさない。

以上より，**6** の倍数となる，**3** 桁の数の個数は

$2\times2=4$ 個である。………………………………………(答)

演習問題 3　●最短経路の数●

右図のような格子状の経路がある。
次の各場合の点 **O** から点 **P** に移動する最短経路の数を求めよ。

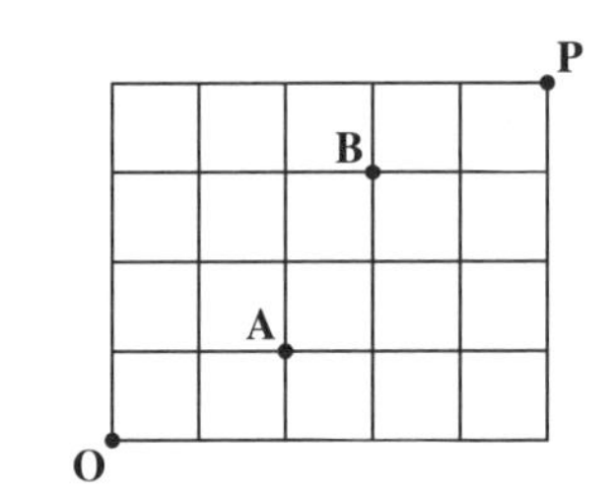

(1) 全最短経路。
(2) 点 **A** を通る場合。
(3) 点 **B** を通る場合。
(4) 点 **A** と点 **B** を共に通る場合。
(5) 点 **A** または点 **B** を通る場合。
(6) 点 **A** を通らないか，または点 **B** を通らない場合。

ヒント！ 全最短経路の場合を U，点 **A** を通る場合を A，点 **B** を通る場合を B とおくと，**(1)**は $n(U)$，**(2)**は $n(A)$，**(3)**は $n(B)$，**(4)**は $n(A\cap B)$ を求めればいい。そして **(5)**は，$n(A\cup B)=n(A)+n(B)-n(A\cap B)$ として求め，**(6)**はド・モルガンの法則より，$n(\overline{A}\cup\overline{B})=n(\overline{A\cap B})=n(U)-n(A\cap B)$ として計算すればいいんだね。頑張ろう！

解答＆解説

(1) **O** から **P** まで，横に **5** 区間，縦に **4** 区間あるので，**O** から **P** に移動する全最短経路の数を $n(U)$ とおくと，

$$n(U)={}_9C_5=\frac{9!}{5!\cdot4!}=\frac{9\cdot8\cdot7\cdot\cancel{6}}{4\cdot\cancel{3}\cdot\cancel{2}\cdot1}=126\text{ 通り}\quad\cdots\cdots①\quad\cdots\cdots(答)$$

（${}_9C_5$：全 **9** 区間の内，横に行く(→) **5** 区間を選ぶ場合の数に等しい。）

(2) **O→A→P** となる最短経路の数を $n(A)$ とおくと，

$$n(A)={}_3C_2\times{}_6C_3=3\times\frac{6!}{3!\cdot3!}$$

（${}_3C_2$：**O→A**：全 **3** 区間の内，横に行く **2** 区間を選ぶ。）
（${}_6C_3$：**A→P**：全 **6** 区間の内，横に行く **3** 区間を選ぶ。）

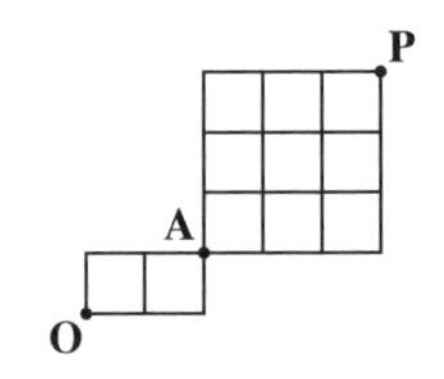

$$=3\times\frac{\cancel{6}\cdot5\cdot4}{\cancel{3}\cdot\cancel{2}\cdot1}=60\text{ 通り}\quad\cdots\cdots②\quad\cdots\cdots(答)$$

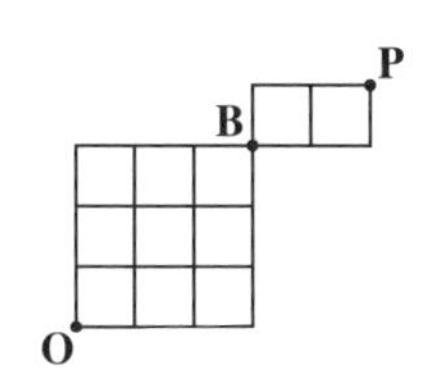

(3) O→B→P となる最短経路の数を

$n(B)$ とおくと，

$n(B) = {}_6C_3 \times {}_3C_2 = 20 \times 3 = 60$ 通り

（${}_6C_3$：O→B）（${}_3C_2$：B→P）

……③ ………(答)

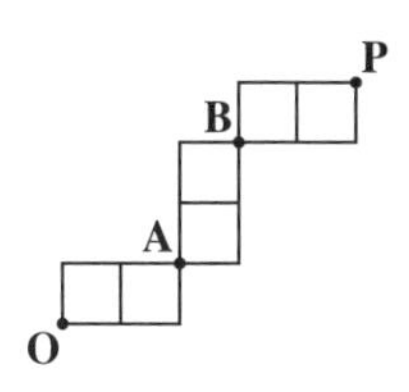

(4) O→A→B→P となる最短経路の数を

$n(A \cap B)$ とおくと，

$n(A \cap B) = {}_3C_2 \times {}_3C_1 \times {}_3C_2$

（${}_3C_2$：O→A）（${}_3C_1$：A→B）（${}_3C_2$：B→P）

$= 3 \times 3 \times 3 = 27$ 通り……④ ………(答)

(5) A または B を通る最短経路の数を $n(A \cup B)$ とおくと，②，③，④より，

$n(A \cup B) = n(A) + n(B) - n(A \cap B)$

（$n(A)$ = 60（②より））（$n(B)$ = 60（③より））（$n(A \cap B)$ = 27（④より））

$= 60 + 60 - 27 = 93$ 通り（②，③，④より）……………………(答)

(6) Aを通らないか，またはBを通らない最短経路の数を $n(\overline{A} \cup \overline{B})$ とおくと，

ド・モルガンの法則より，

$n(\overline{A} \cup \overline{B}) = n(\overline{A \cap B})$

$= n(U) - n(A \cap B)$

（$n(\overline{X}) = n(U) - n(X)$）

（$n(U)$ = 126（①より））（$n(A \cap B)$ = 27（④より））

$= 126 - 27 = 99$ 通り（①，④より）……………………………(答)

演習問題 4　●重複組合せの数●

次の各問いに答えよ。

(1) p, q, r をそれぞれ 0 以上の整数とする。このとき，

　(i) $p+q+r=10$ となる場合の数を求めよ。

　(ii) $p+q+r=10$ かつ，$0 \leqq p \leqq q \leqq r \leqq 10$ となる場合の数を求めよ。

(2) $x+y+z+w=25$, $x \geqq 8$, $y \geqq 4$, $z \geqq 2$, $w \geqq 0$ をみたす整数の組 (x, y, z, w) は何通りあるか。

ヒント！ (1)(i) $p+q+r=10$ をみたす 0 以上の整数 p, q, r が例えば $p=3$, $q=5$, $r=2$ のとき，これを $\underbrace{ppp}_{3個}\underbrace{qqqqq}_{5個}\underbrace{rr}_{2個}$ のことだと考えると，これは，3 つの異なるもの p, q, r から重複を許して 10 個を選び出す重複組合せの問題になっているんだね。(ii) は，体系立てて具体的に (p, q, r) の値の組を並べて解いていこう。(2) では，$x'=x-8$, $y'=y-4$, $z'=z-2$, $w'=w$ とおくと，$x'+y'+z'+w'=11$, $x' \geqq 0$, $y' \geqq 0$, $z' \geqq 0$, $w' \geqq 0$ となるので，(1)(i) と同様に重複組合せの問題に帰着するんだね。頑張ろう！

解答＆解説

(1)(i) $p+q+r=10$　(p, q, r : 0 以上の整数)

　これをみたす (p, q, r) の値の組の全通り数は，3 つの異なるもの p, q, r の中から重複を許して 10 個を選び出す場合の数 ${}_3H_{10}$ に等しい。

$$\therefore {}_3H_{10} = {}_{3+10-1}C_{10} = {}_{12}C_{10} = {}_{12}C_2$$

公式：${}_nH_r = {}_{n+r-1}C_r$ を使った。

$$= \frac{12!}{2!\cdot 10!} = \frac{12\cdot 11}{2\cdot 1} = 66 \text{ 通りである。}$$ ……………………(答)

(ii) 次に，$p+q+r=10$ かつ $0 \leqq p \leqq q \leqq r \leqq 10$ をみたす (p, q, r) の値の組をすべて列記すると，

$(p, q, r) = (0, 0, 10)$, $(0, 1, 9)$, $(0, 2, 8)$,
$(0, 3, 7)$, $(0, 4, 6)$, $(0, 5, 5)$,
$(1, 1, 8)$, $(1, 2, 7)$, $(1, 3, 6)$,
$(1, 4, 5)$, $(2, 2, 6)$, $(2, 3, 5)$,
$(2, 4, 4)$, $(3, 3, 4)$ となる。

このように，$p \leqq q \leqq r$ をみたすように，順に並べて書き出すことがポイントだね。

よって，この場合の数は，全部で **14** 通りである。…………………(答)

(1)(ⅱ)のような問題は，理論的に結果を導こうとするよりも，実際に体系立てて具体例をすべて列記して求める方がうまくいくんだね。これは，場合の数がそれ程大きくないときに有効な解法なので，覚えておこう。

(2) $x+y+z+w=25$……①，$x \geqq 8$，$y \geqq 4$，$z \geqq 2$，$w \geqq 0$ をみたす整数の組 (x, y, z, w) の全通り数を求めるために，

$x'=x-8$，$y'=y-4$，$z'=z-2$，$w'=w$ とおくと①は，

$\underbrace{x'+8}_{x}+\underbrace{y'+4}_{y}+\underbrace{z'+2}_{z}+\underbrace{w'}_{w}=25$ より，

$x'+y'+z'+w'+14=25$，$x'+y'+z'+w'=11$ ……①′ となる。

よって，整数の組 (x, y, z, w) の全通り数は，

$x'+y'+z'+w'=11$ ……①′，$x' \geqq 0$，$y' \geqq 0$，$z' \geqq 0$，$w' \geqq 0$

をみたす整数の組 (x', y', z', w') の全通り数に等しい。そして，これは，4 つの異なるもの x'，y'，z'，w' の中から重複を許して 11 個を選び出す場合の数 ${}_4H_{11}$ に等しい。

$\therefore\ {}_4H_{11}={}_{4+11-1}C_{11}={}_{14}C_{11}={}_{14}C_3$ ← 公式：${}_nH_r={}_{n+r-1}C_r$

$=\dfrac{14!}{3!\cdot 11!}=\dfrac{14\cdot 13\cdot 12}{3\cdot 2}$

$=14\cdot 13\cdot 2=364$ 通りである。………………………………(答)

§2. 確率の計算

さァ，これから“**確率の計算**”の講義を始めよう。今回は確率計算の基本として，まず“**確率の加法定理**”，“**余事象の確率**”，“**独立な試行の確率**”，そして“**反復試行の確率**”について解説する。これらは高校で既に習っている方がほとんどだと思うけれど，復習も兼ねて練習しておこう。

そして，確率計算の応用として，“**条件付き確率**”や“**確率の乗法定理**”，さらに“**確率と漸化式**”についても解説するつもりだ。

エッ，難しそうだって？　大丈夫！　確率計算は，本質的に場合の数の計算と同様だから，類似した公式も沢山出てくるので，理解しやすいはずだ。

● 確率計算の基本から始めよう！

サイコロを投げたり，カードを引いたり，何度でも同様のことを繰り返せる行為を“**試行**(しこう)”といい，その結果，偶数の目が出たり，エースが出たりする事柄のことを“**事象**(じしょう)”と呼ぶんだね。

そして，事象 A の起こる確率 $P(A)$ は，次のようにして求める。

確率 $P(A)$ の定義

すべての根元事象が同様に確からしいとき，

$$P(A)=\frac{n(A)}{n(U)}=\frac{\text{事象 }A\text{ の場合の数}}{\text{全事象 }U\text{ の場合の数}}\left[=\frac{\bigcirc}{\square}\right]$$

この“**根元事象**”とは，これ以上簡単なものに分けることのできない事象のことだ。そして，上の定義から分かるように，確率計算の本質は(事象 A の場合の数)を(全事象 U の場合の数)で割ったものなんだね。

ここで，根元事象が 1 つもない事象を“**空事象**(くうじしょう)”といい，ϕ(ファイ)で表す。当然，空事象 ϕ の起こる確率は $P(\phi)=0$ であり，逆に全事象 U の起こる確率は $P(U)=1$ (全確率)となるのもいいね。式で表すと，

$P(\phi)=\dfrac{n(\phi)}{n(U)}=\dfrac{0}{n(U)}=0$ だし，$P(U)=\dfrac{n(U)}{n(U)}=1$ となるんだね。

そして，一般に事象Aの起こる確率$P(A)$のとり得る値の範囲は，$0 \leqq P(A) \leqq 1$となる。

次，2つの事象A，Bについて，

・「AまたはBの起こる事象」を“**和事象**”といい，$A \cup B$で表し，
・「AかつBの起こる事象」を“**積事象**”といい，$A \cap B$で表す。

そして，$A \cap B = \phi$のとき，AとBは“**互いに排反**(はいはん)”という。
(i) $A \cap B \neq \phi$の場合と(ii) $A \cap B = \phi$の，それぞれの場合について，“**確率の加法定理**”を以下に示そう。

確率の加法定理

(i) $A \cap B \neq \phi$のとき，

$$P(A \cup B) = P(A) + P(B) - P(A \cap B)$$

(ii) $A \cap B = \phi$のとき，← AとBが互いに排反

$$P(A \cup B) = P(A) + P(B)$$

(i)の公式も，場合の数の公式から次のように導かれる。
(i) $A \cap B \neq \phi$ (排反でない)のとき，

$n(A \cup B) = n(A) + n(B) - n(A \cap B)$となる。

この両辺を$n(U)$で割って，

$$\underbrace{\frac{n(A \cup B)}{n(U)}}_{P(A \cup B)} = \underbrace{\frac{n(A)}{n(U)}}_{P(A)} + \underbrace{\frac{n(B)}{n(U)}}_{P(B)} - \underbrace{\frac{n(A \cap B)}{n(U)}}_{P(A \cap B)}$$

より，確率の加法定理：

$P(A \cup B) = P(A) + P(B) - P(A \cap B)$が導けるんだね。

(ii) $A \cap B = \phi$ (排反である)のときも，同様に導けばいい。

では次，“**余事象**(よじしょう)”の確率$P(\overline{A})$についても解説しよう。
“Aでない事象”のことをAの余事象といい，$\overline{A}$で表す。
当然，$P(A) + P(\overline{A}) = 1$ (全確率) ← $n(A) + n(\overline{A}) = n(U)$の両辺を$n(U)$で割ったもの。
となるので，次の公式：

(i) $P(A)=1-P(\overline{A})$ や (ii) $P(\overline{A})=1-P(A)$ が成り立つ。

さらに，“**ド・モルガンの法則**”：

(i) $\overline{A\cup B}=\overline{A}\cap\overline{B}$ (ii) $\overline{A\cap B}=\overline{A}\cup\overline{B}$ も成り立つので，これらの確率の公式として，

(i) $P(\overline{A\cup B})=P(\overline{A}\cap\overline{B})$ (ii) $P(\overline{A\cap B})=P(\overline{A}\cup\overline{B})$ も成り立つ。

それでは，例題で確率の基本計算を練習しておこう。

例題6 1から8までの数字が書かれた8枚のカードが箱の中にある。これから3枚のカードを無作為に取り出したとき，この内，少なくとも1枚は偶数の書かれたカードである確率を求めよ。

1から8までの数字が書かれた8枚のカードから，無作為に3枚を取り出す全場合の数 $n(U)$ は，

$$n(U)={}_8C_3=\frac{8!}{3!\cdot 5!}=\frac{8\cdot 7\cdot 6}{3\cdot 2\cdot 1}=56 \text{ 通りである。}$$

また，事象 A を，

A：取り出した3枚の内少なくとも1枚が偶数の書かれたカードである

とおくと，この余事象 $\overline{A}$ は，

$\overline{A}$：取り出した3枚のカードすべてが奇数の書かれたカードである

となる。よって，求める事象 A の起こる確率 $P(A)$ は，

$$P(A)=1-P(\overline{A})=1-\frac{n(\overline{A})}{n(U)}=1-\frac{{}_4C_3}{56}$$

1, 3, 5, 7 のカードから3枚を取り出す場合の数

$$=1-\frac{4}{56}=1-\frac{1}{14}=\frac{14-1}{14}=\frac{13}{14}$$ となるんだね。大丈夫？

もう1題，今度は，ド・モルガンの法則と余事象の確率，確率の加法定理を利用する問題だ。

例題7 2つの事象 A, B について，確率 $P(A)=\frac{1}{2}$, $P(B)=\frac{1}{3}$, $P(A\cap B)=\frac{1}{6}$ のとき，確率 $P(\overline{A}\cap\overline{B})$ を求めてみよう。

$$P(\overline{A}\cap\overline{B}) = P(\overline{A\cup B}) = 1 - P(A\cup B)$$

（ド・モルガンの法則）

（余事象の確率の公式 $P(\overline{X}) = 1 - P(X)$）

$$= 1 - \{P(A) + P(B) - P(A\cap B)\}$$

（確率の加法定理）

$$= 1 - \left(\frac{1}{2}+\frac{1}{3}-\frac{1}{6}\right) = 1 - \frac{3+2-1}{6} = \frac{1}{3}$$ となる。

どう！うまく公式を使いこなせた？

● 独立な試行の確率と反復試行の確率も押さえよう！

サイコロを投げて6の目が出ることと，トランプカードを引いて絵カードが出ることとは全く無関係だね。このように，2つ以上の試行の結果が互いに他に全く影響を及ぼさないとき，それらの試行を“**独立な試行**”という。この“**独立な試行の確率**”の定理を下に示そう。

独立な試行の確率

2つの独立な試行 T_1，T_2 があり，T_1 で事象 A が起こり，かつ T_2 で事象 B が起こる確率は：$P(A)\times P(B)$ である。

このように，2つの独立な試行の確率は，それぞれ独立に計算してその積をとればいいんだね。これは2つ以上の独立な試行においても同様だよ。

そして，この独立な同じ試行を n 回繰り返したとき，事象 A が k 回 $(0\leqq k\leqq n)$ 起こる確率を，“**反復試行の確率**”というんだよ。

反復試行の確率

1回の試行で事象 A の起こる確率が p である独立な試行を n 回行なう。このとき A がちょうど r 回起こる確率は，$q = 1-p$ として，

$${}_n\mathrm{C}_r\, p^r\cdot q^{n-r} \quad (r = 0, 1, 2, \cdots, n)$$

（A の余事象 $\overline{A}$ の確率 $P(\overline{A})$ のこと。$P(\overline{A}) = 1 - P(A)$ だね。）

この“反復試行の確率”は，この後“**二項分布**”(P65)のところでまた登場するから，シッカリ覚えておこう。それでは，次の例題を解いてみよう。そして，この例題の中で ${}_n\mathrm{C}_r$ の意味もシッカリ押さえておこう！

例題 8　サイコロを 5 回投げて，その内 3 の倍数の目が 2 回だけ出る確率を求めよう。

1 回サイコロを投げて，3 の倍数の目が出ることを事象 A とおき，その確率を p とおくと，（3 と 6 の目）

$$p = P(A) = \frac{2}{6} = \frac{1}{3} \text{ だ。}$$

よって，余事象 $\overline{A}$ の起こる（事象 A の起こらない）確率を q とおくと，

$$q = P(\overline{A}) = 1 - p = 1 - \frac{1}{3} = \frac{2}{3} \text{ だね。}$$

以上より，5 回中 2 回だけ事象 A の起こる確率は，

反復試行の確率より，

$$ {}_5C_2 \left(\frac{1}{3}\right)^2 \left(\frac{2}{3}\right)^3 = \frac{5!}{2!\cdot 3!} \times \frac{2^3}{3^5} = \frac{80}{243}$$

（$\frac{1}{3}$ は p，$\frac{2}{3}$ は q，指数 3 は $5-2$，$\frac{5!}{2!\cdot3!} = \frac{5\cdot4}{2\cdot1} = 10$）

3 の倍数の目を○，そうでない目を × とおくと，5 回中 2 回だけ○より，

○○×××
○×○××
……………
×××○○

${}_5C_2$ 通りある。

となる。大丈夫だった？

● 条件付き確率をマスターしよう！

次，“**条件付き確率**”について解説しよう。

(i) 事象 A が起こったという条件の下で事象 B が起こる確率を“**条件付き確率**”と呼び，$P(B|A)$ と表す。

（高校では，これを $P_A(B)$ と表した。）

(ii) 同様に，事象 B が起こったという条件の下で事象 A が起こる条件付き確率は，$P(A|B)$ と表す。

図 1　条件付き確率とベン図

(i) $P(B|A) = \dfrac{P(A\cap B)}{P(A)}$

(ii) $P(A|B) = \dfrac{P(A\cap B)}{P(B)}$

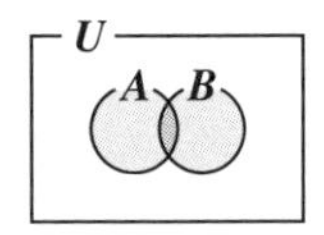

図 1 にそのイメージを示すように，これらの確率は次の公式で求めることができる。

条件付き確率

(i) 事象 A が起こったという条件の下で事象 B が起こる条件付き確率は,

$$P(B|A)=\frac{P(A\cap B)}{P(A)} \quad \cdots\cdots(a)$$

(ii) 事象 B が起こったという条件の下で事象 A が起こる条件付き確率は,

$$P(A|B)=\frac{P(A\cap B)}{P(B)} \quad \cdots\cdots(b)$$

そして, (a), (b) から, $P(A\cap B)$ は次のように表せる。これを“**確率の乗法定理**(じょうほうていり)”と呼ぶんだね。

確率の乗法定理

(i) $P(A\cap B)=P(A)\cdot P(B|A)$ (ii) $P(A\cap B)=P(B)\cdot P(A|B)$

簡単な条件付き確率の問題を解いてみよう。サイコロを1回投げてその結果, 事象 A:“出た目が偶数”, 事象 B:“出た目が3以上”とおくことにしよう。このとき, 条件付き確率 $P(B|A)$ を求めてみよう。

(A が起こったという条件の下で, B が起こる確率)

$P(A)=\frac{3}{6}=\frac{1}{2}$, (3: 2, 4, 6の目) $P(A\cap B)=\frac{2}{6}=\frac{1}{3}$ (2: 4, 6の目 ← 偶数かつ3以上だからね。)

以上より, 求める条件付き確率 $P(B|A)$ は,

$$P(B|A)=\frac{P(A\cap B)}{P(A)}=\frac{\frac{1}{3}}{\frac{1}{2}}=\frac{2}{3}$$ となる。

これを素直に

$\frac{2}{3}$ (2: 4, 6の目, 3: 2, 4, 6の目)

と求めても構わない。

それでは, さらに例題で練習しよう。

例題9 赤球2個と白球3個の入った袋Xと, 赤球3と白球2個の入った袋Yがある。まず, X, Yそれぞれを $\frac{2}{3}$ と $\frac{1}{3}$ の確率で選択し, 選択した袋から無作為に1個の球を取り出した結果, その球は赤だった。このとき, 選択した袋がXであった確率を求めよう。

頭が混乱しそうだって？ まず，2つの事象に整理して考えよう。

$\begin{cases} \text{事象}A：\text{X の袋を選択する。(余事象}\overline{A}：\text{Y の袋を選択する。)} \\ \text{事象}B：\text{袋から取り出した球が赤球である。} \end{cases}$

そして，求めるものは，B が起こったという条件の下で A が起こる確率，

すなわち，$P(A|B)=\dfrac{P(A\cap B)}{P(B)}$ ……① ということになる。

ここで，

確率の乗法定理だ。

$$P(A\cap B)=\underline{P(A)}\cdot\underline{\underline{P(B|A)}}=\underline{\frac{2}{3}}\times\underline{\underline{\frac{2}{5}}}=\frac{4}{15}\ \cdots\cdots②$$ だね。

Xを選んで　赤を取り出す　5個中2個の赤球から1つ取り出す

次，赤玉を取り出す確率 $P(B)$ は，(ⅰ) X を選んで赤球を取り出すか，または (ⅱ) Y を選んで赤球を取り出す場合の，2つの確率の和となることに注意して，

確率の乗法定理

$$P(B)=\underline{P(A)}\cdot\underline{\underline{P(B|A)}}+P(\overline{A})\cdot P(B|\overline{A})$$

Xを選んで　赤を取り出す　Yを選んで　赤を取り出す

$$=\frac{2}{3}\times\frac{2}{5}+\frac{1}{3}\times\frac{3}{5}=\frac{7}{15}\ \cdots\cdots③$$ となる。

5個中3個の赤球から1つ取り出す

以上②，③を①に代入して，求める条件付き確率は，

$$P(A|B)=\frac{\frac{4}{15}}{\frac{7}{15}}=\frac{4}{7}$$ となって，答えだ！

ン？ それでもまだ釈然としないって？ そうだね，事象 A と B の間には時間の流れがあるから，実は赤球を取り出した事象 B の起こった時点で，その前に袋 X，Y のいずれを選んだか (A または $\overline{A}$) は，本当は確定されているはずなんだね。条件付き確率には，このような面白い現象がつきまとう。このような確率には“**事後確率**(じご)”という名称が与えられていて，「事後に事前の確率を予想する」面白い問題なんだね。

それでは次，"**事象の独立**"についても解説しよう。

事象の独立（Ⅰ）

2つの事象 A と B が独立であるための必要十分条件は，
$P(A\cap B)=P(A)\cdot P(B)$ である。

"試行の独立"については，各試行の結果が互いに他に影響しないことを判断して決めるんだけれど，"事象の独立"は，あくまでも
$P(A\cap B)=P(A)\cdot P(B)$ をみたすときに成り立つというんだよ。
これを，条件付き確率の公式に代入すると，

・$P(B|A)=\dfrac{P(A\cap B)}{P(A)}=\dfrac{\cancel{P(A)}\cdot P(B)}{\cancel{P(A)}}$ となって，A が起こる起こらない

に関わらず，$P(B|A)=P(B)$ となるんだね。同様に，

・$P(A|B)=\dfrac{P(A\cap B)}{P(B)}=\dfrac{P(A)\cdot\cancel{P(B)}}{\cancel{P(B)}}=P(A)$ となる。

つまり，2つの事象 A, B が独立ならば，条件付き確率は，$P(B|A)=P(B)$, $P(A|B)=P(A)$ となる。そして，これらも，A と B が独立であることの必要十分条件となるので，公式として頭に入れておこう。

事象の独立（Ⅱ）

2つの事象 A と B が独立であるための必要十分条件は，
$P(A\cap B)=P(A)\cdot P(B)\iff P(B|A)=P(B)\iff P(A|B)=P(A)$

そして，A と B が独立，すなわち $P(A\cap B)=P(A)\cdot P(B)$ ならば，それぞれの余事象 $\overline{A}$ と $\overline{B}$ も独立となるんだね。これは，次の例題で証明しておこう。

例題 **10**　事象 A と B が独立ならば，それぞれの余事象 $\overline{A}$ と $\overline{B}$ も独立となることを証明しよう。

つまり，命題：「$\underline{P(A\cap B)=P(A)\cdot P(B)}\Longrightarrow\underline{P(\overline{A}\cap\overline{B})=P(\overline{A})\cdot P(\overline{B})}$」

（A と B が独立の条件）　（$\overline{A}$ と $\overline{B}$ が独立の条件）

が成り立つことを示せばいいんだね。それじゃ，いくよ。

まず，A と B は独立より，$P(A\cap B)=P(A)\cdot P(B)$ ……① となる。

このとき，（ド・モルガン）（余事象）

$$P(\overline{A}\cap\overline{B})=P(\overline{A\cup B})=1-P(A\cup B)$$

（加法定理）

$$=1-\{P(A)+P(B)-P(A\cap B)\}$$

（A と B の独立）

$$=1-P(A)-P(B)+P(A)\cdot P(B)$$

$$=\{1-P(A)\}-P(B)\{1-P(A)\}$$

$$=\{1-P(A)\}\{1-P(B)\}$$

$$=P(\overline{A})\cdot P(\overline{B})$$ ←（余事象）

$\therefore P(\overline{A}\cap\overline{B})=P(\overline{A})\cdot P(\overline{B})$ が導けたので，$\overline{A}$ と $\overline{B}$ も独立である。

同様に，$P(A\cap B)=P(A)\cdot P(B)$ ならば，（独立）

$$P(A\cap\overline{B})=P(A)-P(A\cap B)=P(A)-P(A)\cdot P(B)$$

$$=P(A)\{1-P(B)\}=P(A)\cdot P(\overline{B})$$ も導けるので，

U　A　B　$A\cap\overline{B}$

A と $\overline{B}$ も独立であることが言える。

さらに，同様に $\overline{A}$ と B の独立も示せる。自分で確かめてみるといいよ。

● 確率と漸化式の問題は模式図で解こう！

“確率と漸化式” の問題では，第 n 回目に事象 A の起こる確率 $P_n\ (n=1,2,\cdots)$ を求めるんだね。そして，この P_n を求める際に，下に示す模式図が非常に有効だ。第 n 回目と第 $n+1$ 回目の関係を調べて，漸化式にもち込むのがポイントだ。

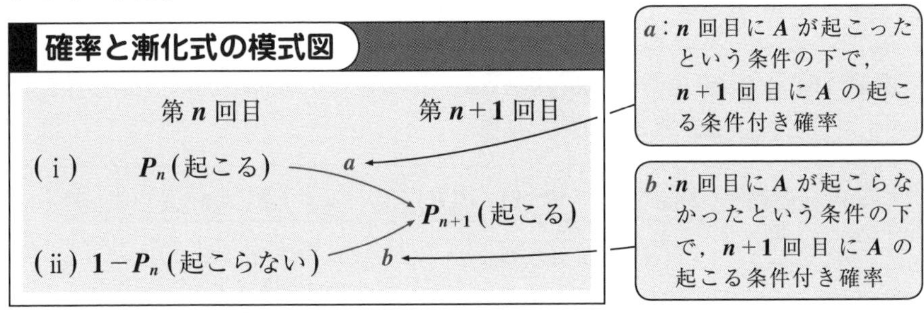

第 $n+1$ 回目に事象 A が起こる場合，次の 2 通りがある。

(i)「第 n 回目に事象 A が起こって (P_n)，かつ次の第 $n+1$ 回目も A が起こる」か，または

(ii)「第 n 回目に事象 A が起こらなくて $(1-P_n)$，かつ次の第 $n+1$ 回目には A が起こる」かのいずれかだね。

ここで，模式図の a は，第 n 回目に A が起こったという条件の下で，第 $n+1$ 回目に A が起こる条件付き確率であり，b は第 n 回目に A が起こらなかったという条件の下で第 $n+1$ 回目に A が起こる条件付き確率なんだ。

以上 (i)，(ii) より，第 $n+1$ 回目に事象 A の起こる確率 P_{n+1} は，

$$P_{n+1} = \underbrace{aP_n}_{\text{(i)}} + \underbrace{b(1-P_n)}_{\text{(ii)}}$$

となるんだね。

これは，2 項間の漸化式の問題に帰着するので，後は特性方程式の解を利用して，等比関数列型の漸化式 $F(n+1)=rF(n)$ にもち込んで，$F(n)=F(1)\cdot r^{n-1}$ として解けばいいんだね。この解法に慣れていない方のために，ここで簡単に説明しておこう。

一般に，等比数列の漸化式は，$a_{n+1}=ra_n$ であり，その解の一般項は $a_n=a_1\cdot r^{n-1}$ となるんだね。そして，これを一般化したものが，等比関数列型漸化式 $F(n+1)=r\cdot F(n)$ と，その解 $F(n)=F(1)\cdot r^{n-1}$ になる。
いくつか例を示しておこう。

$(ex1)$ $a_{n+1}-3=\dfrac{1}{2}(a_n-3)$ より，

$$\left[F(n+1)=\frac{1}{2}\cdot F(n)\right]$$

$$a_n-3=(a_1-3)\cdot\left(\frac{1}{2}\right)^{n-1}$$

$$\left[\ F(n)\ =\ F(1)\ \cdot\left(\frac{1}{2}\right)^{n-1}\right]$$

$(ex2)$ $b_{n+1}+2=-3(b_n+2)$ より，

$$[F(n+1)=-3\cdot F(n)]$$

$$b_n+2=(b_1+2)\cdot(-3)^{n-1}$$

$$[\ F(n)\ =\ F(1)\ \cdot(-3)^{n-1}]$$

$(ex3)$ $a_{n+1}+b_{n+1}=2(a_n+b_n)$ より，

$$[\ F(n+1)\ =2\cdot F(n)\ ]$$

$$a_n+b_n=(a_1+b_1)\cdot 2^{n-1}$$

$$[\ F(n)\ =\ F(1)\ \cdot 2^{n-1}\ ]$$

$(ex4)$ $c_{n+1}+2^{n+1}=4(c_n+2^n)$ より，

$$[\ F(n+1)\ =4\cdot F(n)\ ]$$

$$c_n+2^n=(c_1+2^1)\cdot 4^{n-1}$$

$$[\ F(n)\ =\ F(1)\ \cdot 4^{n-1}\ ]$$

例題 11　ある地方で，雨の降った翌日に雨の降る確率は$\frac{1}{6}$，雨の降らなかった翌日に雨の降る確率は$\frac{1}{3}$であるとする。初日に雨は降ったものとして，それから第 n 日目に雨の降る確率を求めよう。

この地方で，第 n 日目に雨の降る確率を P_n とおくと，問題文より，第 n 日目と第 $n+1$ 日目の間の関係は，次の模式図で示せる。

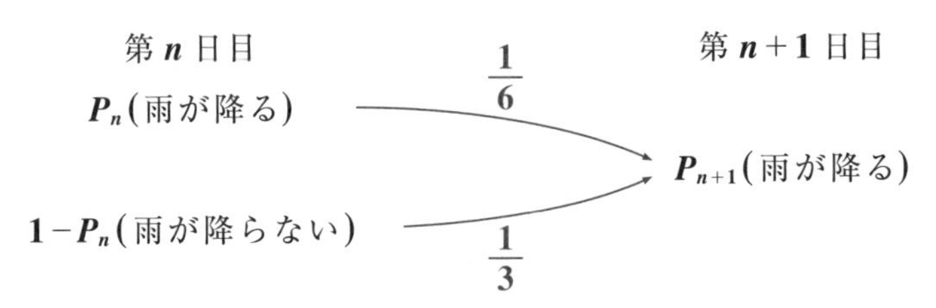

よって，$P_{n+1}=\frac{1}{6}P_n+\frac{1}{3}(1-P_n)$　　これをまとめて，

$P_{n+1}=-\frac{1}{6}P_n+\frac{1}{3}$ ……①　$(n=1,\ 2,\ \cdots)$ ←（2項間の漸化式）

①を変形して，

$$P_{n+1}-\frac{2}{7}=-\frac{1}{6}\left(P_n-\frac{2}{7}\right)$$ ←（等比関数列型の漸化式）

$$\left[F(n+1)=-\frac{1}{6}\cdot F(n)\right]$$

$$P_n-\frac{2}{7}=\left(\underset{1}{P_1}-\frac{2}{7}\right)\cdot\left(-\frac{1}{6}\right)^{n-1}$$

$$\left[F(n)=F(1)\cdot\left(-\frac{1}{6}\right)^{n-1}\right]$$

特性方程式
$x=-\frac{1}{6}x+\frac{1}{3}$，$\frac{7}{6}x=\frac{1}{3}$　$\therefore x=\frac{2}{7}$

$$\begin{cases}P_{n+1}=-\frac{1}{6}P_n+\frac{1}{3} & \cdots\cdots① \\ x=-\frac{1}{6}x+\frac{1}{3} & \cdots\cdots②\end{cases}$$

①−②より，
$P_{n+1}-x=-\frac{1}{6}(P_n-x)$ となる。
$\left[F(n+1)=-\frac{1}{6}\cdot F(n)\right]$
これに $x=\frac{2}{7}$ を代入すればいい。

初日に雨は降っているので，$P_1=1$ より，

$P_n=\frac{2}{7}+\frac{5}{7}\left(-\frac{1}{6}\right)^{n-1}$ $(n=1,2,\cdots)$ となるんだね。

思ったより簡単に解けて，面白かっただろう？

ここで，$n\to\infty$の極限をとると，$\lim_{n\to\infty}P_n=\lim_{n\to\infty}\left\{\frac{2}{7}+\frac{5}{7}\left(-\frac{1}{6}\right)^{n-1}\right\}=\frac{2}{7}$ となる。（第2項は $\to 0$）

よって，地球最期の日(?)にこの地方に雨の降る確率が$\frac{2}{7}$だと分かるんだね。

> 例題 12　1から5までの数値の書かれた5枚のカードから無作為に1枚を取り出して数値を記録してから元に戻す操作を n 回繰り返す。ここで，記録された数値の合計が奇数となる確率を P_n とする。この P_n を求めよう。

1回の試行で奇数のカードを取り出す確率を a,
偶数のカードを取り出す確率を b とおくと，

$a = \frac{3}{5}$,（1, 3, 5のカード）　　$b = \frac{2}{5}$（2, 4のカード） となる。

ここで，第 n 回目と第 $n+1$ 回目との間の関係の模式図は次のようになる。

第 n 回目　　　　　　　　　　第 $n+1$ 回目

P_n(数値の和が奇数) ―― $b=\frac{2}{5}$（和が奇数＋(偶数)）――→ P_{n+1}(数値の和が奇数)

$1-P_n$(数値の和が偶数) ―― $a=\frac{3}{5}$（和が偶数＋(奇数)）――→ P_{n+1}(数値の和が奇数)

よって，$P_{n+1} = \frac{2}{5}P_n + \frac{3}{5}(1-P_n)$ となる。これをまとめて，

$$P_{n+1} = -\frac{1}{5}P_n + \frac{3}{5} \quad \cdots\cdots ①$$

特性方程式
$x = -\frac{1}{5}x + \frac{3}{5}$,
$\frac{6}{5}x = \frac{3}{5}$　$\therefore x = \frac{1}{2}$

①を変形して，

$$P_{n+1} - \frac{1}{2} = -\frac{1}{5}\left(P_n - \frac{1}{2}\right) \quad \left[F(n+1) = -\frac{1}{5}F(n)\right]$$

$$P_n - \frac{1}{2} = \left(P_1 - \frac{1}{2}\right)\cdot\left(-\frac{1}{5}\right)^{n-1} \quad \left[F(n) = F(1)\left(-\frac{1}{5}\right)^{n-1}\right]$$

（P_1 は $\frac{3}{5}$）

ここで，$P_1 = a = \frac{3}{5}$ より，

$$P_n = \frac{1}{2} + \frac{1}{10}\left(-\frac{1}{5}\right)^{n-1} \quad (n=1,\ 2,\ \cdots)$$ となる。

これで，確率と漸化式の解法にも慣れただろう。

演習問題 5　●じゃんけんの確率●

5 人が 1 回じゃんけんをする。このとき，次の各問いに答えよ。
ただし，5 人はいずれも，グー，チョキ，パーを等しい割合で出すものとする。

(1) 5 人中 k 人 $(k=1,\ 2,\ 3,\ 4)$ が勝つ確率 P_k を求めよ。

(2) あいことなる確率 q を求めよ。

ヒント！ (1) で 5 人中 k 人 $(k=1,\ 2,\ 3,\ 4)$ が勝つ確率 P_k を求めたならば，(2) のあいことなる確率 q は，これを直接求めるのは難しいので，全確率 1 から余事象の確率 $(P_1+P_2+P_3+P_4)$ を引いて求めればいいんだね。

解答＆解説

(1) 5 人が 1 回じゃんけんをするとき，5 人それぞれがグー，チョキ，パーの 3 通りを出すので，全根元事象の場合の数 $n(U)$ は $n(U)=3^5$ 通りである。
また，5 人中 k 人 $(k=1,\ 2,\ 3,\ 4)$ が勝つ場合の数は，

$_5C_k\cdot 3$ 通りである。

（3：勝つ手は，グー，チョキ，パーのいずれか，3 通り。）

（$_5C_k$：5 人中，k 人の勝者を選ぶ。）

よって，5 人中 k 人 $(k=1,\ 2,\ 3,\ 4)$ が勝つ確率 P_k は，

$P_k=\dfrac{_5C_k\cdot 3}{3^5}=\dfrac{_5C_k}{3^4}$ ……① $(k=1,\ 2,\ 3,\ 4)$ である。……………………(答)

(2) ①より，1 人，2 人，3 人，4 人の勝者が決まる確率は，

$P_1=\dfrac{_5C_1}{3^4}=\dfrac{5}{81}$，$P_2=\dfrac{_5C_2}{3^4}=\dfrac{10}{81}$，$P_3=\dfrac{_5C_3}{3^4}=\dfrac{10}{81}$，

（$_5C_2={}_5C_3=\dfrac{5!}{2!\cdot 3!}=\dfrac{5\cdot 4}{2\cdot 1}=10$）

$P_4=\dfrac{_5C_4}{3^4}=\dfrac{_5C_1}{81}=\dfrac{5}{81}$　である。

よって，5 人が 1 回じゃんけんをして，あいことなる事象を A とおくと，この確率 $q=P(A)$は，余事象の確率 $P(\overline{A})$を用いて，次のように求められる。

$q=P(A)=1-P(\overline{A})=1-(P_1+P_2+P_3+P_4)=1-\dfrac{5+10+10+5}{81}$

（$P(\overline{A})$：1，2，3，4 人のいずれかの勝者が決まる確率。）

$=1-\dfrac{30}{81}=1-\dfrac{10}{27}=\dfrac{17}{27}$ ……………………………………………(答)

演習問題 6 ● 独立な試行の確率 ●

A, **B**, **C**, **D** の **4** 人がある資格試験に合格する確率は，順に $\frac{2}{3}$, $\frac{1}{2}$, $\frac{5}{6}$, $\frac{1}{3}$ である。この **4** 人の内少なくとも **2** 人が合格する確率を求めよ。

ヒント！ 4 人中 k 人 ($k=0$, 1, 2, 3, 4) が合格する確率を P_k とおくと，少なくとも 2 人が合格する確率を $P_2+P_3+P_4$ として求めるよりも，余事象の確率 (P_0+P_1) を用いて，$1-(P_0+P_1)$ として求めた方が，計算は楽になるんだね。

解答＆解説

4 人中 k 人 ($k=0$, 1, 2, 3, 4) が合格する確率を P_k ($k=0$, 1, 2, 3, 4) とおく。また，4 人の内少なくとも 2 人が合格する事象を A とおくと，確率 $P(A)$ とその余事象の確率 $P(\overline{A})$ は，

$P(A)=P_2+P_3+P_4$, $P(\overline{A})=P_0+P_1$ となる。

ここで，$\underbrace{P_0+P_1}_{P(\overline{A})}+\underbrace{P_2+P_3+P_4}_{P(A)}=1$ （全確率）より，

$P(A)=1-P(\overline{A})=1-(P_0+P_1)$ ……① となる。

ここで，合格を "○"，不合格を "×" で表すと，P_0 と P_1 は，

$$P_0=\left(1-\frac{2}{3}\right)\times\left(1-\frac{1}{2}\right)\times\left(1-\frac{5}{6}\right)\times\left(1-\frac{1}{3}\right)=\frac{1}{3}\times\frac{1}{2}\times\frac{1}{6}\times\frac{2}{3}=\frac{1}{54} \quad \cdots\cdots②$$

[× × × ×]

$$P_1=\frac{2}{3}\times\frac{1}{2}\times\frac{1}{6}\times\frac{2}{3}+\frac{1}{3}\times\frac{1}{2}\times\frac{1}{6}\times\frac{2}{3}+\frac{1}{3}\times\frac{1}{2}\times\frac{5}{6}\times\frac{2}{3}+\frac{1}{3}\times\frac{1}{2}\times\frac{1}{6}\times\frac{1}{3}$$

[○ × × ×][× ○ × ×][× × ○ ×][× × × ○]

$$=\frac{4+2+10+1}{108}=\frac{17}{108} \quad \cdots\cdots③$$ となる。

よって，②，③を①に代入して求める確率 $P(A)$ は，

$$P(A)=1-\left(\frac{1}{54}+\frac{17}{108}\right)=1-\frac{19}{108}=\frac{89}{108}$$ である。……………………………(答)

演習問題 7　●余事象の確率の利用●

9 枚のカードに 1 から 9 までの数字が 1 つずつ記してある。このカードの中から無作為に 1 枚を抜き出し，その数字を記録して，元に戻すという操作を n 回繰り返す。

(1) 記録された数字の積が 2 で割り切れる確率を求めよ。

(2) 記録された数字の積が 5 で割り切れる確率を求めよ。

(3) 記録された数字の積が 10 で割り切れる確率を求めよ。

ヒント！ 記録された数字の積が 2 で割り切れる事象を A，5 で割り切れる事象を B とおいて，(1)では，A の起こる確率 $P(A)$ を $P(A)=1-P(\overline{A})$ から求め，(2)では，B の起こる確率 $P(B)$ を $P(B)=1-P(\overline{B})$ から求めればいいんだね。さらに，(3)では，$A\cap B$ となる確率は $P(A\cap B)=1-P(\overline{A\cap B})=1-P(\overline{A}\cup\overline{B})=1-\{P(\overline{A})+P(\overline{B})-P(\overline{A}\cap\overline{B})\}$ として計算できる。頑張ろう！

解答＆解説

n 回の試行の結果，記録された数字の積を X_n とおき，事象 A，B を次のように定める。

$$\begin{cases}\text{事象 } A：X_n \text{ が 2 で割り切れる。}\\ \text{事象 } B：X_n \text{ が 5 で割り切れる。}\end{cases}$$

(1) 事象 A は，n 回中少なくとも 1 回は，偶数 2, 4, 6, 8 のカードのいずれかを抜き出した場合に対応する。よって，この余事象 $\overline{A}$ は，n 回中すべて奇数 1, 3, 5, 7, 9 の記されたカードを抜き出したことになるので，

（1, 3, 5, 7, 9 のカードのいずれか）

$P(\overline{A})=\left(\frac{5}{9}\right)^n$ ……① となる。

ゆえに，求める確率 $P(A)$ は，

$P(A)=1-P(\overline{A})=1-\left(\frac{5}{9}\right)^n$ である。 ……………………………………(答)

(2) 事象 B は，n 回中少なくとも 1 回は，5 の記されたカードを抜き出した場合に対応する。よって，この余事象 $\overline{B}$ は，n 回中すべて $1, 2, 3, 4, 6, 7, 8, 9$ の記されたカードを抜き出したことになるので，

1, 2, 3, 4, 6, 7, 8, 9 のカードのいずれか

$P(\overline{B})=\left(\frac{8}{9}\right)^n$ ……② となる。

ゆえに，求める確率 $P(B)$ は，

$P(B)=1-P(\overline{B})=1-\left(\frac{8}{9}\right)^n$ である。 ……………………………………(答)

(3) X_n が 10 で割り切れる場合，すなわち $A\cap B$ となる確率 $P(A\cap B)$ は，

X_n が 2 で割り切れ，かつ 5 で割り切れる。

$$P(A\cap B)=1-P(\overline{A\cap B})=1-P(\overline{A}\cup\overline{B})$$

ド・モルガンの法則
$\overline{A\cap B}=\overline{A}\cup\overline{B}$

$$=1-\left\{P(\overline{A})+P(\overline{B})-P(\overline{A}\cap\overline{B})\right\} \text{ ……③}$$

となる。

ここで，$\overline{A}\cap\overline{B}$ とは，n 回中すべて 5 以外の奇数 $1, 3, 7, 9$ の記されたカードを抜き出したことになるので，

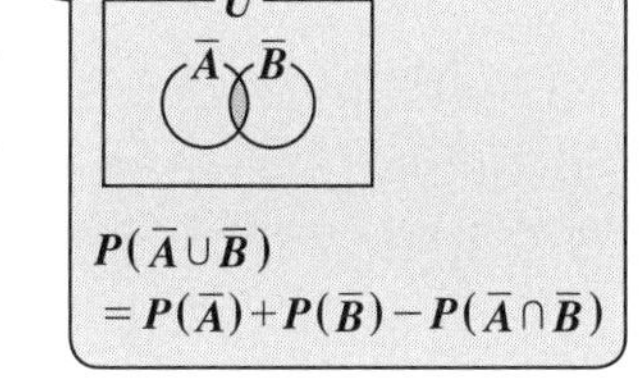

$P(\overline{A}\cup\overline{B})$
$=P(\overline{A})+P(\overline{B})-P(\overline{A}\cap\overline{B})$

1, 3, 7, 9 のカードのいずれか

$P(\overline{A}\cap\overline{B})=\left(\frac{4}{9}\right)^n$ ……④　となる。

以上より，①，②，④を③に代入して，求める確率 $P(A\cap B)$ は，

$$P(A\cap B)=1-\left\{\left(\frac{5}{9}\right)^n+\left(\frac{8}{9}\right)^n-\left(\frac{4}{9}\right)^n\right\}$$

$$=1-\left(\frac{5}{9}\right)^n-\left(\frac{8}{9}\right)^n+\left(\frac{4}{9}\right)^n$$ である。 ……………………………(答)

演習問題 8　●確率の乗法定理●

当たりくじ 3 本を含む 7 本のくじを，A，B，C の 3 人がこの順に 1 本ずつ引く。引いたくじは戻さないものとして，A，B，C がそれぞれ当たりくじを引く確率 P_A，P_B，P_C を求めよ。

ヒント！ 引いたくじを戻さないので，確率の乗法定理を使って解いていこう。P_A，P_B，P_C がいずれも同じ確率となること，つまり引く順番によって有利・不利はないことを確認しておこう。

解答＆解説

当たり 3 本を含む 7 本のくじを A，B，C が順に 1 本ずつ引くとき，当たりを“○”，はずれを“×”で表すと，

(i) A が当たりを引く確率 P_A は，

（3 本の当たりから 1 本を引く。）

$$P_A=\frac{{}_3C_1}{{}_7C_1}=\frac{3}{7}$$ である。……………………(答)

[○]

(ii) B が当たりを引く確率 P_B は，

（A が当たりの後，B は 2 本中 1 本の当たりを引く。）（A がはずれの後，B は 3 本中 1 本の当たりを引く。）

$$P_B=\frac{3}{7}\times\frac{2}{6}+\frac{4}{7}\times\frac{3}{6}=\frac{6+12}{42}=\frac{18}{42}=\frac{3}{7}$$ である。……………………(答)

[○　○][×　○]

(iii) C が当たりを引く確率 P_C は，

（A, B が当たりの後, C は 1 本中 1 本の当たりを引く。）（A が当たり, B がはずれの後, C は 2 本中 1 本の当たりを引く。）（A がはずれ, B が当たりの後, C は 2 本中 1 本の当たりを引く。）（A, B がはずれの後, C は 3 本中 1 本の当たりを引く。）

$$P_C=\frac{3}{7}\times\frac{2}{6}\times\frac{1}{5}+\frac{3}{7}\times\frac{4}{6}\times\frac{2}{5}+\frac{4}{7}\times\frac{3}{6}\times\frac{2}{5}+\frac{4}{7}\times\frac{3}{6}\times\frac{3}{5}$$

[○　○　○][○　×　○][×　○　○][×　×　○]

$$=\frac{6+24+24+36}{210}=\frac{90}{210}=\frac{3}{7}$$ である。……………………(答)

演習問題 9　● 反復試行の確率 (Ⅰ) ●

1 つのサイコロを 1 回投げて，出た目が 3 の倍数ならば 4 点，それ以外ならば 1 点を得点とする。この試行を 8 回行ったとき，各回の得点の合計が 4 で割り切れる確率 Q を求めよ。

ヒント！ 8 回の試行の内，x 回だけ 3 の倍数の目が出たものとして，得点の合計 X を求めると，$X=4\times x+1\times(8-x)=3x+8$ となるので，X が 4 の倍数となるための x の値は，$x=0,\ 4,\ 8$ の 3 通りに限られるんだね。後は反復試行の確率計算になるんだね。

解答＆解説

1 つのサイコロを 8 回投げて，その内 x 回 $(0\leqq x\leqq 8)$ だけ 3 の倍数の目 (3，6 の目) が出たものとすると，このときの得点の合計 X は，

$X=4\times x+1\times(8-x)=3\cdot\underline{x}+\underline{8}$ より，X が 4 の倍数となるのは

（$x=0,\ 4,\ 8$ のときのみ，X は 4 の倍数）（4 の倍数）

$x=0,\ 4,\ 8$ のときのみである。

ここで，サイコロを投げる 1 回の試行で，3 の倍数の目が出る確率は $p=\dfrac{2}{6}=\dfrac{1}{3}$ で（2：3，6 の目）

あり，3 の倍数とならない確率は $q=1-p=\dfrac{2}{3}$ である。

よって，この試行を 8 回行って，3 の倍数が (ⅰ) $x=0$ 回，または (ⅱ) $x=4$ 回，または (ⅲ) $x=8$ 回だけ出る確率の総和が求める確率 Q である。

これらを反復試行の確率計算で求めると，

$$Q={}_8C_0\,q^8+{}_8C_4\,p^4q^4+{}_8C_8\,p^8$$

（${}_8C_0=1$，${}_8C_4=70$，${}_8C_8=1$）

$${}_8C_4=\frac{8!}{4!\cdot 4!}=\frac{8\cdot 7\cdot 6\cdot 5}{4\cdot 3\cdot 2\cdot 1}=70$$

$$=\left(\frac{2}{3}\right)^8+70\cdot\left(\frac{1}{3}\right)^4\cdot\left(\frac{2}{3}\right)^4+\left(\frac{1}{3}\right)^8=\frac{2^8+70\times 2^4+1}{3^8}$$

$$=\frac{256+1120+1}{3^8}=\frac{1377}{3^8}=\frac{17}{3^4}=\frac{17}{81}$$ である。……………………………(答)

（$1377=3^4\times 17$）

演習問題 10 ● 反復試行の確率 (Ⅱ) ●

x 軸上を動く点 **A** があり，最初は原点にある。**1** つのサイコロを投げて，**1**，**2**，**3**，**4** の目が出たら正の向きに **1** だけ進み，**5**，**6** の目が出たら負の向きに **1** だけ進む。サイコロを **6** 回投げるものとして，以下の確率を求めよ。

(1) サイコロを **6** 回投げたとき，点 **A** が原点に戻る確率。

(2) サイコロを **6** 回投げたとき，点 **A** が **2** 回目に原点に戻り，かつ **4** 回目に原点に戻り，かつ **6** 回目に原点に戻る確率。

(3) サイコロを **6** 回投げたとき，点 **A** が初めて原点に戻る確率。

ヒント！ **(1)(2)(3)** いずれも，反復試行の確率の問題だね。動点 **A** が原点に戻り得るのは **2**，**4**，**6** 回目のみだね。**(3)** では，**(1)** で求めた **6** 回目に点 **A** が原点に戻る確率から，(ⅰ)**(2)** の **2**，**4**，**6** 回目に原点に戻る確率と (ⅱ)**2**，**6** 回目のみに原点に戻る確率と (ⅲ)**4**，**6** 回目のみに原点に戻る確率を引いて求めればいいんだね。

解答＆解説

サイコロを **1** 回投げて，点 **A** が x 軸上を

(ⅰ) 正の向きに **1** だけ動く確率 p は，$p=\frac{4}{6}=\frac{2}{3}$ であり，（1, 2, 3, 4 の目）

(ⅱ) 負の向きに **1** だけ動く確率 q は，$q=\frac{2}{6}=\frac{1}{3}$ である。（5, 6 の目）

(1) 初めに原点 **0** にあった動点 **A** がサイコロを **6** 回投げた後で，原点 **0** に戻る確率を P_6 とおくと，これは，**6** 回中 **3** 回だけ正の向きに **1** 移動し，**3** 回だけ負の向きに **1** 移動する場合の確率に対応するので，反復試行の確率より，

$$P_6={}_6C_3\,p^3q^3=\frac{6!}{3!\cdot3!}\left(\frac{2}{3}\right)^3\left(\frac{1}{3}\right)^3=\frac{20\times8}{3^6}=\frac{160}{729}$$ ……① である。……(答)

$\left(\frac{6!}{3!\cdot3!}=\frac{6\cdot5\cdot4}{3\cdot2\cdot1}=20\right)$

(2) サイコロを 6 回投げて，点 A が 2 回目，4 回目，6 回目に原点に戻る確率を $R_{2,4,6}$ とおくと，これは 1，2 回，3，4 回，5，6 回のそれぞれにおいて，点 A は正の向きと負の向きに 1 ずつ移動する場合の確率に対応する。よって，反復試行の確率より，

$$\underline{R_{2,4,6}} = {}_2C_1 p^1 q^1 \times {}_2C_1 p^1 q^1 \times {}_2C_1 p^1 q^1$$

$$= ({}_2C_1 p \cdot q)^3 = \left(2 \cdot \frac{2}{3} \cdot \frac{1}{3}\right)^3 = \frac{2^6}{3^6} = \underline{\frac{64}{729}}$$ ……② である。…………(答)

(3)(ⅰ) サイコロを 6 回投げて，点 A が 2 回目と 6 回目に原点に戻る確率を $P_{2,6}$ とおくと，これは 1，2 回に点 A は，正負の向きに 1 ずつ，そして 3 ～ 6 回に点 A は，正負の向きに 2 ずつ移動する場合の確率に対応する。よって，

$$P_{2,6} = {}_2C_1 p \cdot q \times {}_4C_2 p^2 q^2 = 2 \cdot \frac{2}{3} \cdot \frac{1}{3} \times 6 \cdot \left(\frac{2}{3}\right)^2 \cdot \left(\frac{1}{3}\right)^2 = \frac{4 \times 6 \times 4}{3^6} = \frac{96}{729}$$ …③

となる。ただし，この中には 2，4，6 回目に A が原点 0 に戻る確率が含まれる。よって，点 A が 2 回目と 6 回目のみに原点に戻る確率を $R_{2,6}$ とおくと，

$$\underline{R_{2,6}} = P_{2,6} - R_{2,4,6} = \frac{96}{729} - \frac{64}{729} = \underline{\frac{32}{729}}$$ ……④ である。(②，③より)

(ⅱ) サイコロを 6 回投げて，点 A が 4 回目と 6 回目に原点に戻る確率を $P_{4,6}$ とおくと，これは 1 ～ 4 回に点 A は，正負の向きに 2 ずつ，そして 5，6 回目に点 A は正負の向きに 1 ずつ移動する確率に対応する。よって，

$$P_{4,6} = {}_4C_2 p^2 q^2 \times {}_2C_1 p \cdot q = 6 \cdot \left(\frac{2}{3}\right)^2 \left(\frac{1}{3}\right)^2 \times 2 \cdot \frac{2}{3} \cdot \frac{1}{3} = \frac{96}{729}$$ ……⑤ となる。

ただし，この中には 2，4，6 回目に A が原点 0 に戻る確率が含まれる。よって，点 A が 4 回目と 6 回目のみに原点に戻る確率を $R_{4,6}$ とおくと

$$\underline{\underline{R_{4,6}}} = P_{4,6} - R_{2,4,6} = \frac{96}{729} - \frac{64}{729} = \underline{\underline{\frac{32}{729}}}$$ ……⑥ である。(②，⑤より)

以上より，サイコロを 6 回投げたとき，点 A が初めて原点 0 に戻る確率を Q_6 とおくと，

$$Q_6 = \underline{P_6} - (\underline{R_{2,4,6}} + \underline{R_{2,6}} + \underline{\underline{R_{4,6}}}) = \underline{\frac{160}{729}} - \left(\underline{\frac{64}{729}} + \underline{\frac{32}{729}} + \underline{\underline{\frac{32}{729}}}\right)$$

$$= \frac{160 - 128}{729} = \frac{32}{729}$$ である。(①，②，④，⑥より) ……………(答)

演習問題 11　●条件付き確率(Ⅰ)●

同じ形の赤玉 **5** 個と白玉 **3** 個の入った袋 **X** と，同じ形の赤玉 **6** 個と白玉 **2** 個の入った袋 **Y** がある。**X** と **Y** の袋から無作為に **1** つの袋を選び，その袋から同時に **2** 個の玉を取り出した結果，**2** 個とも赤玉であった。このとき，選択した袋が **X** であった確率を求めよ。

ヒント！ 事象 A を「袋 **X** を選択する」とおき，事象 B を「取り出した **2** 個の玉がいずれも赤玉である」とおいて，条件付き確率 $P(A|B)$ を求めればいいんだね。

解答＆解説

2 つの事象 A，B を次のようにおく。

$\begin{cases} \text{事象 } A\text{：袋 X を選択する。} \\ \text{事象 } B\text{：取り出した 2 個の玉が 2 つとも赤玉である。} \end{cases}$

このとき，事象 B が起こったという条件の下で，事象 A が起こる条件付き確率

$P(A|B)=\dfrac{P(A\cap B)}{P(B)}$ ……① を求める。

ここで，$P(A\cap B)$ は，袋 **X** を $\dfrac{1}{2}$ の確率で選択し，かつ **2** 個の玉を取り出した結果，それが **2** 個とも赤玉である確率なので，

$$P(A\cap B)=\frac{1}{2}\times\frac{{}_5C_2}{{}_8C_2}=\frac{1}{2}\times\frac{10}{28}=\frac{5}{28}\ \cdots\cdots②$$

（5 個の赤玉から 2 個を取り出す。）

$$P(B)=\frac{1}{2}\times\frac{{}_5C_2}{{}_8C_2}+\frac{1}{2}\times\frac{{}_6C_2}{{}_8C_2}=\frac{1}{2}\left(\frac{10}{28}+\frac{15}{28}\right)$$

（$\dfrac{1}{2}$ の確率で **X** を選び，**2** 個の赤玉を取り出す。）
（$\dfrac{1}{2}$ の確率で **Y** を選び，**2** 個の赤玉を取り出す。）

$${}_5C_2=\frac{5!}{2!\cdot3!}=\frac{5\cdot4}{2\cdot1}=10$$
$${}_8C_2=\frac{8!}{2!\cdot6!}=\frac{8\cdot7}{2\cdot1}=28$$
$${}_6C_2=\frac{6!}{2!\cdot4!}=\frac{6\cdot5}{2\cdot1}=15$$

$=\dfrac{1}{2}\times\dfrac{25}{28}=\dfrac{25}{56}$ ……③となる。

②，③を①に代入して，求める条件付き確率 $P(A|B)$ は，

$$P(A|B)=\frac{\frac{5}{28}}{\frac{25}{56}}=\frac{10}{25}=\frac{2}{5}$$

（分子・分母に **56** をかけた。）

$=\dfrac{2}{5}$ である。……………………………(答)

演習問題 12　● 条件付き確率(Ⅱ) ●

2 つの独立な事象 A, B があり，それぞれが起こる確率は，$P(A)=\frac{3}{5}$, $P(B)=\frac{2}{7}$ である。このとき，次の条件付き確率を求めよ。

(1) A が起こらなかったという条件の下で，B が起こる確率 $P(B|\overline{A})$

(2) B が起こったという条件の下で，A が起こらない確率 $P(\overline{A}|B)$

ヒント！ **2** つの事象 A, B が独立のとき，$P(A\cap B)=P(A)\cdot P(B)$ であり，さらに A と $\overline{B}$, $\overline{A}$ と B, そして $\overline{A}$ と $\overline{B}$ も独立となることを利用して解いていこう。

解答＆解説

$P(\mathrm{A})=\frac{3}{5}$ より，$P(\overline{\mathrm{A}})=1-P(\mathrm{A})=1-\frac{3}{5}=\frac{2}{5}$

$P(\mathrm{B})=\frac{2}{7}$ より，$P(\overline{\mathrm{B}})=1-P(\mathrm{B})=1-\frac{2}{7}=\frac{5}{7}$ となる。

ここで，**2** つの事象 A, B は独立より，

$P(A\cap B)=P(A)\cdot P(B)=\frac{3}{5}\times\frac{2}{7}=\frac{6}{35}$ であり，

また，$\overline{A}$ と B も独立となるので，

$P(\overline{A}\cap B)=P(\overline{A})\cdot P(B)=\frac{2}{5}\times\frac{2}{7}=\frac{4}{35}$ である。

> A と B が独立事象のとき，
> $\cdot P(A\cap B)=P(A)\cdot P(B)$
> $\cdot P(A\cap\overline{B})=P(A)\cdot P(\overline{B})$
> $\cdot P(\overline{A}\cap B)=P(\overline{A})\cdot P(B)$
> $\cdot P(\overline{A}\cap\overline{B})=P(\overline{A})\cdot P(\overline{B})$
> となる。

> $P(\overline{A}\cap B)=P(B)-P(A\cap B)$
> $=P(B)-P(A)\cdot P(\mathrm{B})$
> $=\{1-P(A)\}\cdot P(B)$
> $=P(\overline{A})\cdot P(B)$

(1) 以上より，A が起こらなかったという条件の下で，B が起こる条件付き確率 $P(B|\overline{A})$ は，

$$P(B|\overline{A})=\frac{P(\overline{A}\cap B)}{P(\overline{A})}=\frac{\frac{4}{35}}{\frac{2}{5}}=\frac{4\times5}{2\times35}=\frac{2}{7}$$ である。……………………(答)

(2) B が起こったという条件の下で，A が起こらない条件付き確率 $P(\overline{A}|B)$ は，

$$P(\overline{A}|B)=\frac{P(\overline{A}\cap B)}{P(B)}=\frac{\frac{4}{35}}{\frac{2}{7}}=\frac{4\times7}{2\times35}=\frac{2}{5}$$ である。……………………(答)

演習問題 13　● 確率と漸化式 ●

次の各問いに答えよ。ただし，$n = 1,\ 2,\ 3,\ \cdots$とする。

(1) ラーメン好きな**O**さんは，ラーメンを食べた翌日にラーメンを食べる確率は$\dfrac{3}{4}$であり，ラーメンを食べなかった翌日にラーメンを食べる確率は$\dfrac{5}{6}$である。第**1**日目に**O**さんはラーメンを食べた。このとき，第n日目に**O**さんがラーメンを食べる確率P_nを求めよ。

(2) **2**枚のコインを同時に投げる試行を**1**回行って，**2**枚とも表が出たら**2**点，それ以外は**1**点を得点とする。この試行をn回行った結果，全得点の総和をX_nとおく。X_nが偶数である確率P_nを求めよ。

ヒント！ (1)，(2) 共に，確率と漸化式の問題なので模式図を利用して，P_nとP_{n+1}の関係式（漸化式）を導き，これを解いて，一般項P_nを計算しよう。

解答＆解説

(1) n日目に**O**さんがラーメンを食べる確率をP_nとおくと，

(ｉ) n日目にラーメンを食べた翌日にラーメンを食べる確率は$\dfrac{3}{4}$であり，

(ⅱ) n日目にラーメンを食べなかった翌日にラーメンを食べる確率は$\dfrac{5}{6}$

より，次の模式図が描ける。

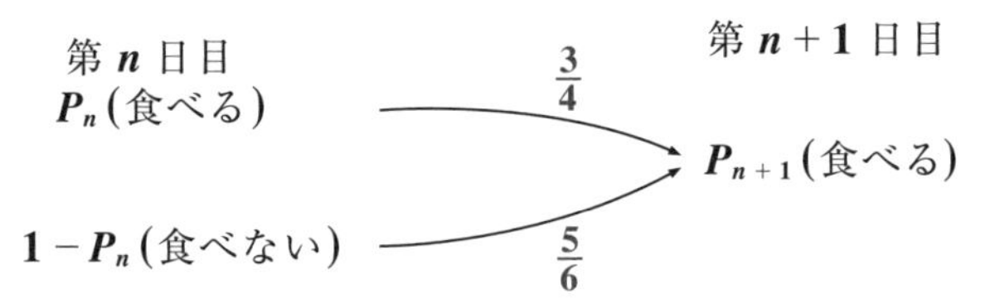

以上より，

$$P_{n+1} = \frac{3}{4}P_n + \frac{5}{6}(1 - P_n)$$

$$\therefore\ P_{n+1} = -\frac{1}{12}P_n + \frac{5}{6}\ \cdots\cdots①$$

$(n = 1,\ 2,\ 3,\ \cdots)$

特性方程式（①より）

$x = -\dfrac{1}{12}x + \dfrac{5}{6}$

$\dfrac{13}{12}x = \dfrac{5}{6}$，$x = \dfrac{5}{6}\cdot\dfrac{12}{13} = \dfrac{10}{13}$

①を変形して，

$$P_{n+1}-\frac{10}{13}=-\frac{1}{12}\left(P_n-\frac{10}{13}\right) \quad \left[F(n+1)=-\frac{1}{12}F(n)\right]$$

アッという間

$$P_n-\frac{10}{13}=\left(P_1-\frac{10}{13}\right)\cdot\left(-\frac{1}{12}\right)^{n-1} \quad \left[F(n)=F(1)\cdot\left(-\frac{1}{12}\right)^{n-1}\right]$$

P_1 = 1（第1日目にOさんはラーメンを食べている）

ここで，$P_1=1$ を代入すると，求める確率 P_n は，

$$P_n-\frac{10}{13}=\frac{3}{13}\cdot\left(-\frac{1}{12}\right)^{n-1} \quad \therefore P_n=\frac{10}{13}+\frac{3}{13}\left(-\frac{1}{12}\right)^{n-1} \ (n=1,2,3,\cdots)\cdots(答)$$

(2) 同時に投げた2枚のコインが共に表のときの確率は $\left(\frac{1}{2}\right)^2=\frac{1}{4}$ であり，

それ以外の確率は $1-\frac{1}{4}=\frac{3}{4}$ である。

(ⅰ) 2枚のコインが共に表のときの得点は2点であり

(ⅱ) 2枚のコインが共に表以外のときの得点は1点である。

そして，n 回の試行の後，得点の総和 X_n が偶数である確率を P_n とおくと，次のような模式図が描ける。

第 n 回目 → 第 $n+1$ 回目

P_n（偶数である） —$\frac{1}{4}$→ P_{n+1}（偶数である）

$1-P_n$（奇数である） —$\frac{3}{4}$→ P_{n+1}（偶数である）

・偶数の X_n に，$\frac{1}{4}$ の確率で2がたされて X_{n+1} は偶数になる。

・奇数の X_n に，$\frac{3}{4}$ の確率で1がたされて X_{n+1} は偶数になる。

以上より，

$$P_{n+1}=\frac{1}{4}P_n+\frac{3}{4}(1-P_n) \quad \therefore P_{n+1}=-\frac{1}{2}P_n+\frac{3}{4} \ \cdots\cdots② \quad (n=1,2,3,\cdots)$$

②を変形して，

$$P_{n+1}-\frac{1}{2}=-\frac{1}{2}\left(P_n-\frac{1}{2}\right) \quad \left[F(n+1)=-\frac{1}{2}F(n)\right]$$

$$P_n-\frac{1}{2}=\left(P_1-\frac{1}{2}\right)\cdot\left(-\frac{1}{2}\right)^{n-1} \quad \left[F(n)=F(1)\cdot\left(-\frac{1}{2}\right)^{n-1}\right]$$

特性方程式（②より）

$x=-\frac{1}{2}x+\frac{3}{4}$，$\frac{3}{2}x=\frac{3}{4}$

$\therefore x=\frac{1}{2}$

P_1 = $\frac{1}{4}$（第1回目に表が2枚出ると，得点 $X_1=2$ となって偶数になる）

ここで，$P_1=\frac{1}{4}$ を代入すると，求める確率 P_n は，

$$P_n=\frac{1}{2}-\frac{1}{4}\cdot\left(-\frac{1}{2}\right)^{n-1}=\frac{1}{2}\left\{1+\left(-\frac{1}{2}\right)^n\right\} \quad (n=1,2,3,\cdots) \ \cdots\cdots\cdots\cdots(答)$$

講義1 ●場合の数と確率の基本 公式エッセンス

1. 順列 (i) 順列 ${}_n\mathrm{P}_r = \dfrac{n!}{(n-r)!}$ (ii) 同じものを含む順列 $\dfrac{n!}{p!q!\cdots}$

2. 組合せ (i) 組合せ ${}_n\mathrm{C}_r = \dfrac{n!}{r!\cdot(n-r)!}$ (ii) 重複組合せ ${}_n\mathrm{H}_r = {}_{n+r-1}\mathrm{C}_r$

3. 確率の加法定理

(i) $A \cap B \neq \phi$ (A と B が互いに排反でない)のとき，

$P(A \cup B) = P(A) + P(B) - P(A \cap B)$

(ii) $A \cap B = \phi$ (A と B が互いに排反)のとき，

$P(A \cup B) = P(A) + P(B)$

4. 余事象の確率

$P(A) + P(\overline{A}) = 1 \iff P(A) = 1 - P(\overline{A})$

5. 独立な試行の確率

互いに独立な試行 T_1, T_2 について，試行 T_1 で事象 A が起こり，かつ試行 T_2 で事象 B が起こる確率は，$P(A) \times P(B)$

6. 反復試行の確率

ある試行を 1 回行って事象 A の起こる確率を p とおくと，この独立な試行を n 回行って，その内 r 回だけ事象 A の起こる確率は，

${}_n\mathrm{C}_r p^r \cdot q^{n-r}$ $(r = 0, 1, 2, \cdots, n)$ (ただし，$q = 1 - p$)

7. 条件付き確率

$P(B|A) = \dfrac{P(A \cap B)}{P(A)}$ (A が起こったという条件の下で B が起こる確率)

8. 事象の独立 2 つの事象 A, B が独立であるとき，

$P(A \cap B) = P(A) \cdot P(B) \iff P(B|A) = P(B) \iff P(A|B) = P(A)$

9. 確率と漸化式

n 回目　$n+1$ 回目

P_n —(a)→ P_{n+1}

$1-P_n$ —(b)→ P_{n+1}

より，$P_{n+1} = aP_n + b(1 - P_n)$

確率分布

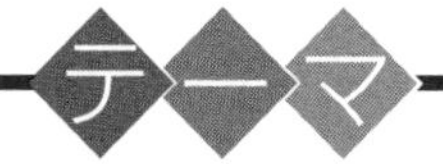

▶ 離散型確率分布

$\left(\text{分散 } V[X] = \sigma^2 = \sum_{k=1}^{n} (x_k - \mu)^2 p_k\right)$

$\left(\text{モーメント母関数 } M(\theta) = E[e^{\theta X}]\right)$

▶ 連続型確率分布

$\left(\text{分散 } V[X] = \sigma^2 = \int_{-\infty}^{\infty} (x - \mu)^2 f(x) dx\right)$

$\left(\text{正規分布 } f_N(x) = \frac{1}{\sqrt{2\pi}\,\sigma} e^{-\frac{(x-\mu)^2}{2\sigma^2}}\right)$

$\left(\text{標準正規分布 } f_S(z) = \frac{1}{\sqrt{2\pi}} e^{-\frac{z^2}{2}}\right)$

§1. 離散型確率分布

さァ，これから“**離散型確率分布**”の講義に入ろう。ここではまず，与えられた確率分布の“**期待値**”，“**分散**”，“**標準偏差**”の求め方と，その意味を解説しよう。そして，最も重要な確率分布“**二項分布**”の期待値と分散の公式についても教えよう。さらに，この公式を導くのに必要な“**モーメント母関数**”についても，その基本を詳しく教えるつもりだ。

● 確率分布から期待値，分散を求めよう！

“**離散型**(りさんがた)”とは飛び飛びの値を取るという意味なんだね。そして，離散型確率変数 $X = x_1, x_2, \cdots, x_n$ に対して，それぞれ確率 $P = p_1, p_2, \cdots, p_n$ が割り当てられている“**確率分布**”に対して，確率変数 X の“**期待値**(きたいち)”，“**分散**(ぶんさん)”，“**標準偏差**(ひょうじゅんへんさ)”は，次の公式により求められる。

確率分布と期待値・分散・標準偏差

右のような確率分布に対して，確率変数 X の期待値 $E[X]$，分散 $V[X]$，標準偏差 σ は，以下の公式により求められる。

確率分布表

確率変数 X	x_1	x_2	……	x_n
確率 P	p_1	p_2	……	p_n

(ただし，$p_1 + p_2 + \cdots + p_n = 1$(全確率))

(1) 期待値 $E[X] = \mu = \sum_{k=1}^{n} x_k p_k$

(2) 分散 $V[X] = \sigma^2 = \sum_{k=1}^{n} (x_k - \mu)^2 p_k = \sum_{k=1}^{n} x_k^2 p_k - \mu^2$

$V[X]$の定義式　　$V[X]$の計算式

(3) 標準偏差 $D[X] = \sigma = \sqrt{V[X]}$

まず，確率分布の確率の総和が

$\sum_{k=1}^{n} p_k = p_1 + p_2 + \cdots + p_n = 1$ (全確率)

となることに気を付けよう。

また，$x_k p_k$ $(k = 1, 2, \cdots, n)$ の総和が期待値 $E[X]$ のことだ。これは，“**平均**”または“**平均値**”とも呼ばれ，μ で表す

図 1　確率分布と期待値

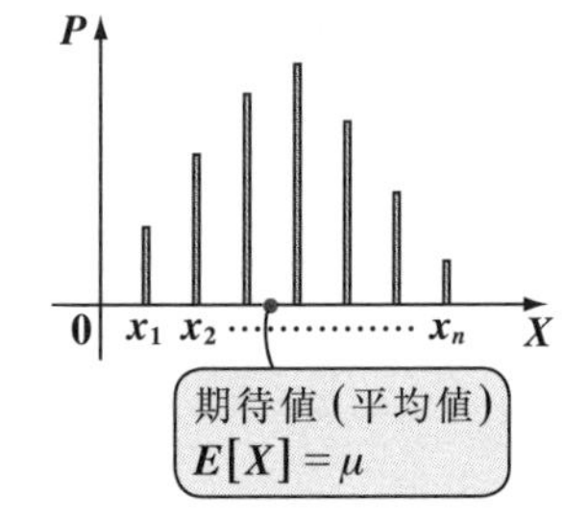

ことにする。図 **1** に示すように，これは確率変数の平均を表す，代表値の **1** つなんだ。これに対して，分散 $V[X]$ や標準偏差 σ は平均のまわりの分布の広がり具合を表す。図 **2**(ⅰ)のように $V[X]$(または σ) が大きいとき，横に広がった分布となり，図 **2**(ⅱ)のように $V[X]$(または σ) が小さいときは，たてにシャープな分布となることが分かるんだね。

つまり，期待値(平均)によって分布の中心となる値が分かり，分散(または標準偏差)の大きさによって，分布の広がり(バラツキ)具合が分かるんだ。納得いった？

図 **2** 確率分布と分散

(ⅰ) $V[X]$ が大きいとき
横に広がった分布

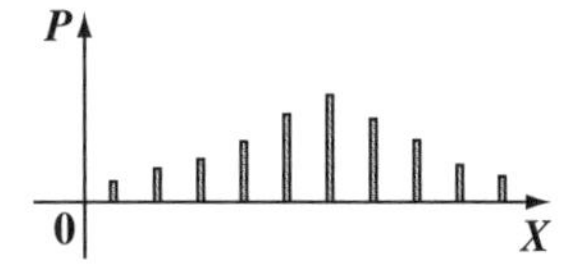

(ⅱ) $V[X]$ が小さいとき
たてにシャープな分布

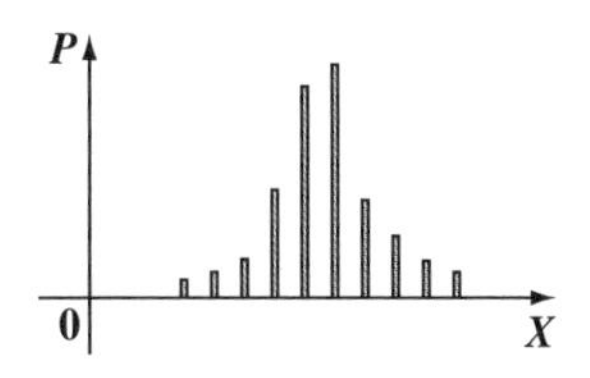

分散 $V[X]$ の定義式は，$V[X]=\sum_{k=1}^{n}(x_k-\mu)^2p_k$ なんだけれど，これを変形して，計算式 $V(X)=\sum_{k=1}^{n}x_k^2p_k-\mu^2$ を導いてみよう。

$$V[X]=\sum_{k=1}^{n}(x_k-\mu)^2p_k=\sum_{k=1}^{n}(x_k^2-\underbrace{2\mu}_{\text{定数}}x_k+\underbrace{\mu^2}_{\text{定数}})p_k$$

$$=\sum_{k=1}^{n}x_k^2p_k-2\mu\underbrace{\sum_{k=1}^{n}x_kp_k}_{\mu=E[X]}+\mu^2\underbrace{\sum_{k=1}^{n}p_k}_{1\,(\text{全確率})}$$

$$=\sum_{k=1}^{n}x_k^2p_k-2\mu^2+\mu^2=\sum_{k=1}^{n}x_k^2p_k-\mu^2$$ (計算式) と，ナルホド導けた！

そして，この分散 $V[X]$ の正の平方根が標準偏差 $D[X]=\sigma$ になるんだね。逆に，これから分散 $V[X]$ のことを σ^2 と表すこともあるので，覚えておこう。

それでは，確率変数の期待値，分散，標準偏差を次の例題で実際に求めてみよう。

例題 13　右の確率分布に従う確率変数 X の期待値 $E[X]$, 分散 $V[X]$, 標準偏差 σ を求めてみよう。

確率分布表

X	0	1	2	3	4
P	$\frac{1}{10}$	$\frac{2}{10}$	$\frac{4}{10}$	$\frac{2}{10}$	$\frac{1}{10}$

確率の総和
$\frac{1}{10}+\frac{2}{10}+\cdots+\frac{1}{10}=1$ (全確率) となる。

公式通りに求めればいいんだね。

・期待値 $\mu = E[X] = \sum_{k=1}^{5} x_k p_k$

$$= 0\cdot\frac{1}{10} + 1\cdot\frac{2}{10} + 2\cdot\frac{4}{10} + 3\cdot\frac{2}{10} + 4\cdot\frac{1}{10}$$

$$= \frac{2+8+6+4}{10} = \frac{20}{10} = 2$$ となる。

・分散 $\sigma^2 = V[X] = \sum_{k=1}^{5} x_k{}^2 p_k - \mu^2$

$$= 0^2\cdot\frac{1}{10} + 1^2\cdot\frac{2}{10} + 2^2\cdot\frac{4}{10} + 3^2\cdot\frac{2}{10} + 4^2\cdot\frac{1}{10} - 2^2$$

$$= \frac{2+16+18+16}{10} - 4 = \frac{52}{10} - 4 = \frac{12}{10} = \frac{6}{5}$$ となる。

・標準偏差 $\sigma = \sqrt{V[X]} = \sqrt{\frac{6}{5}} = \frac{\sqrt{30}}{5}$ となるんだね。大丈夫?

● m 次のモーメントも定義しよう!

ここで, 期待値 $E[X] = \sum_{k=1}^{n} x_k p_k$ の公式から, 次のような "**m 次のモーメント**" ($m = 1, 2, 3, \cdots$) を定義することができる。

m 次のモーメント

(Ⅰ) 原点のまわりの m 次のモーメント:

$$E[X^m] = \sum_{k=1}^{n} x_k{}^m p_k = x_1{}^m p_1 + x_2{}^m p_2 + \cdots + x_n{}^m p_n$$

(Ⅱ) μ のまわりの m 次のモーメント:

$$E[(X-\mu)^m] = \sum_{k=1}^{n} (x_k-\mu)^m p_k = (x_1-\mu)^m p_1 + (x_2-\mu)^m p_2 + \cdots + (x_n-\mu)^m p_n$$

これでみると，期待値(平均) $\mu = E[X]$ は，原点のまわりの1次のモーメント $E[X^1]$ であり，分散 $\sigma^2 = V[X] = \sum_{k=1}^{n}(x_k - \mu)^2 p_k$ は，μ のまわりの2次のモーメント $E[(X-\mu)^2]$ であることが分かるね。

このように，E を1つの演算子と考えると，定数 a, b に対して，

($E[\ ]$ の中の変数に p_k をかけて，Σ 計算する演算子)

$$E[aX+b] = \sum_{k=1}^{n}(ax_k + b)p_k = a\underbrace{\sum_{k=1}^{n} x_k p_k}_{E[X]} + b\underbrace{\sum_{k=1}^{n} p_k}_{1\ (\text{全確率})}$$

$= aE[X] + b$ となるので，

演算子 E には線形性： $E[aX+b] = aE[X] + b$ が成り立つことが分かる。

これから，分散 $V[X] = E[(X-\mu)^2]$ は E を使って，

$$V[X] = E[(X-\mu)^2] = E[X^2 - 2\mu X + \mu^2]$$

(線形性！)

$$= E[X^2] - 2\mu \underbrace{E[X]}_{\mu} + \mu^2 \underbrace{E[1]}_{\sum_{k=1}^{n} 1 p_k = 1\ (\text{全確率})}$$

$= E[X^2] - \underbrace{\mu^2}_{E[X]^2} = E[X^2] - E[X]^2$ と表すこともできる。大丈夫？

それでは次，確率変数 X を使って，新たな確率変数 Y を，$Y = aX + b$ (a, b：定数)で定義したとき，この Y の期待値，分散，標準偏差は，次のように X の期待値，分散，標準偏差で表現できる。

確率変数 $Y = aX + b$

$Y = aX + b$ (a, b：定数)のとき，

(1) 期待値　$E[Y] = E[aX+b] = aE[X] + b$ ← (線形性！)

(2) 分散　$V[Y] = V[aX+b] = a^2 V[X]$

(3) 標準偏差　$D[Y] = \sqrt{V[Y]} = \sqrt{a^2 V[X]} = |a|\sqrt{V[X]}$

(1) の $E[Y] = E[aX+b] = aE[X] + b$ は，演算子 E の線形性そのものだから問題ないね。(3) も (2) の結果に $\sqrt{\ }$ をつけるだけだから，これも大丈夫なはずだ。問題は (2) だろうね。この公式を証明してみよう。

(2) $V[Y] = E[(Y - \mu_Y)^2] = E[\{aX + \cancel{b} - (a\mu + \cancel{b})\}^2]$

（Yの期待値 $E[Y] = E[aX + b] = aE[X] + b = a\mu + b$ のこと）

$= E[a^2(X - \mu)^2] = a^2E[(X - \mu)^2] = a^2V[X]$ となって導けるんだね。

（Eの線形性）

このように分散の場合，分布のバラツキ具合のみを表す指標なので，$Y = aX + b$ の b のような Y 軸方向の平行移動項の影響は受けないんだね。

それでは次の例題で，新たな変数Yの期待値，分散，標準偏差を求めよう。

例題 **14**　確率変数 X の期待値，分散，標準偏差がそれぞれ

$E[X] = 2$，$V[X] = \frac{6}{5}$，$D[X] = \frac{\sqrt{30}}{5}$ とする。

このとき，新たな確率変数 Y を $Y = 5X + 1$ で定義するとき，Y の期待値，分散，標準偏差を求めよう。

公式通りに求めていけばいいんだね。

・期待値 $E[Y] = E[5X + 1] = 5E[X] + 1 = 5 \cdot 2 + 1 = 11$ となる。

（線形性）（$E[X]$ は 2）

・分散 $V[Y] = V[5X + 1] = 5^2V[X] = 25 \cdot \frac{6}{5} = 30$ となる。

（$V[X]$ は $\frac{6}{5}$）

・標準偏差 $D[Y] = \sqrt{V[Y]} = \sqrt{30}$ となって，オシマイだね。納得いった？

（$V[Y]$ は 30）

● $E[X+Y]$ と $E[XY]$ の公式も調べよう！

では次に，**2**つの確率変数XとYが与えられているときについて考えよう。一般に，$X + Y$ の期待値 $E[X + Y]$ は，次の公式で表される。

$E[X + Y] = E[X] + E[Y]$ ……$(*1)$ ←（これも線形性の1種だね。）

この公式が成り立つことを，少し簡略化するけれど，これから示そう。

表 **1** に示すように，**2** つの確率変数 $X = x_1, x_2, \cdots, x_m$，$Y = y_1, y_2, \cdots, y_n$ の確率分布が与えられているとき，それぞれの期待値 $E(X)$ と $E(Y)$ は，

$$E[X] = \underbrace{x_1}_{\text{確率変数}}\underbrace{p_1}_{\text{確率}} + x_2 p_2 + \cdots + x_m p_m$$

$$E[Y] = y_1 q_1 + y_2 q_2 + \cdots + y_n q_n$$

表 **1**　X と Y の確率分布表

(i) X の確率分布表

変数 X	x_1	x_2	…	x_m
確率 P	p_1	p_2	…	p_m

(ii) Y の確率分布表

変数 Y	y_1	y_2	…	y_n
確率 Q	q_1	q_2	…	q_n

となるんだね。でも，ここでは話を少し簡略化して，

$X = x_1, x_2$，$Y = y_1, y_2, y_3$ とおく。すると，$E(X)$ と $E(Y)$ は，

$E[X] = x_1 p_1 + x_2 p_2$ ……①，　$E[Y] = y_1 q_1 + y_2 q_2 + y_3 q_3$ ……② となるのもいいね。それでは，ここで，$X + Y$ の期待値 $E[X + Y]$ を考えよう。この場合，$X + Y$ の具体的な値は，

$X + Y = x_1 + y_1,\ x_1 + y_2,\ x_1 + y_3,$

$\qquad x_2 + y_1,\ x_2 + y_2,\ x_2 + y_3$ の

6 通りになるので，X と Y の確率分布を同時に考えなければならない。よって，表 **2** に示すような X と Y の確率分布のことを**同時確率分布**（どうじかくりつぶんぷ）と呼ぶ。ここでは，$X = x_i$，かつ $Y = y_j$ となる確率を，

表 **2**　X と Y の同時確率分布

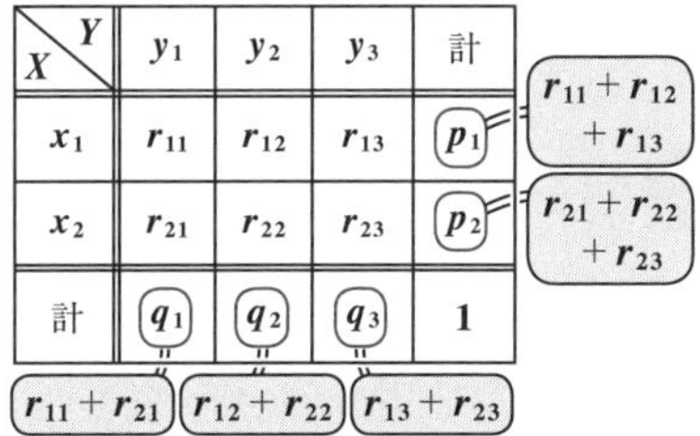

X ＼ Y	y_1	y_2	y_3	計
x_1	r_{11}	r_{12}	r_{13}	p_1 ＝ $r_{11} + r_{12} + r_{13}$
x_2	r_{21}	r_{22}	r_{23}	p_2 ＝ $r_{21} + r_{22} + r_{23}$
計	q_1 ＝ $r_{11} + r_{21}$	q_2 ＝ $r_{12} + r_{22}$	q_3 ＝ $r_{13} + r_{23}$	**1**

$P(X = x_i,\ Y = y_j) = r_{ij}$　$(i = 1, 2,\ j = 1, 2, 3)$ とおいている。

具体的には，$P(X = x_1,\ Y = y_1) = r_{11}$，$P(X = x_1,\ Y = y_2) = r_{12}$，…，

$P(X = x_2,\ Y = y_3) = r_{23}$ のことなんだね。そして，

$P(X = x_1) = r_{11} + r_{12} + r_{13} = p_1$，$P(X = x_2) = r_{21} + r_{22} + r_{23} = p_2$

$P(Y = y_1) = r_{11} + r_{21} = q_1$，$P(Y = y_2) = r_{12} + r_{22} = q_2$，$P(Y = y_3) = r_{13} + r_{23} = q_3$

となることにも気を付けよう。

それでは，これで準備がすべて整ったので，期待値 $E[X + Y]$ を計算して，これが $E[X] + E[Y]$ となることを示そう。

$$E[X+Y]=\underbrace{(x_1+y_1)}_{\text{確率変数}}\cdot\underbrace{r_{11}}_{\text{確率}}+(x_1+y_2)\cdot r_{12}+(x_1+y_3)\cdot r_{13}$$

$$+(x_2+y_1)\cdot r_{21}+(x_2+y_2)\cdot r_{22}+(x_2+y_3)\cdot r_{23}$$

$$=x_1(\underbrace{r_{11}+r_{12}+r_{13}}_{p_1})+x_2(\underbrace{r_{21}+r_{22}+r_{23}}_{p_2})$$

$$+y_1(\underbrace{r_{11}+r_{21}}_{q_1})+y_2(\underbrace{r_{12}+r_{22}}_{q_2})+y_3(\underbrace{r_{13}+r_{23}}_{q_3})$$

$$=\underbrace{x_1p_1+x_2p_2}_{E(X)}+\underbrace{y_1q_1+y_2q_2+y_3q_3}_{E(Y)}=E(X)+E(Y)$$ となって,

X と Y の和の期待値の公式

$E[X+Y]=E[X]+E[Y]$ ……(∗1) が導けるんだね。納得いった?

そして,この(∗1)と前回学んだ公式 $E(aX+b)=aE(X)+b$ を併用すれば,複数の確率変数に対して次のような期待値の公式も導ける。

期待値 $E[X+Y]$ などの公式

(1) $E[X+Y]=E[X]+E[Y]$ ……………………………(∗1)

(2) $E[aX+bY+c]=aE[X]+bE[Y]+c$

(3) $E[X+Y+Z]=E[X]+E[Y]+E[Z]$

(4) $E[aX+bY+cZ]=aE[X]+bE[Y]+cE[Z]$

(5) $E[X_1+X_2+\cdots+X_n]=E[X_1]+E[X_2]+\cdots+E[X_n]$

(ただし,a,b,c は,実数定数とする。)

簡単な例題をやっておこう。

$E[X]=3$,$E[Y]=2$,$E[Z]=7$ のとき,

・$E[2X-4Y+3]=2E[X]-4[Y]+3=2\times3-4\times2+3=1$

・$E[X+Y+Z]=E[X]+E[Y]+E[Z]=3+2+7=12$

・$E[3X+5Y-2Z]=3E[X]+5E[Y]-2E[Z]$

$=3\times3+5\times2-2\times7=5$ となるんだね。大丈夫だった?

では，X と Y の積 XY の期待値 $E(XY)$ について，

$E(XY)=E(X)\cdot E(Y)$ ……(＊2)　は，成り立つのか？　残念だけど，

一般に，(＊2) は成り立たない。しかし，次の式：

$$\underbrace{P(X=x_i,\ Y=y_j)}_{r_{ij}\text{のこと}}=\underbrace{P(X=x_i)}_{p_i}\times\underbrace{P(Y=y_j)}_{q_j\text{のこと}}\ \cdots\cdots①\quad(i=1,2,\ j=1,2,3)$$

すなわち，$r_{ij}=p_i\times q_j$ が成り立つとき，X と Y は独立な確率変数という。

そして，X と Y が独立であるときのみ，(＊2) は成り立つんだね。

このとき，表 2 の各確率 r_{ij} を具体的に示すと，

$r_{11}=p_1\cdot q_1$，$r_{12}=p_1\cdot q_2$，$r_{13}=p_1\cdot q_3$，$r_{21}=p_2\cdot q_1$，$r_{22}=p_2\cdot q_2$，$r_{23}=p_2\cdot q_3$

となるので，これらを代入した新たな同時確率分布表を表 3 に示す。

表 3　独立な X と Y の同時確率分布

X \ Y	y_1	y_2	y_3	計
x_1	p_1q_1	p_1q_2	p_1q_3	p_1
x_2	p_2q_1	p_2q_2	p_2q_3	p_2
計	q_1	q_2	q_3	1

$p_1q_1+p_2q_1=\underbrace{(p_1+p_2)}_{1\text{（全確率）}}q_1=q_1$　他も同様。

これから独立な 2 つの確率変数 X と Y の積の期待値 $E[XY]$ を計算してみよう。すると，

$$E[XY]=\underbrace{x_1y_1}_{\text{確率変数}}\ \underbrace{p_1q_1}_{\text{確率}}+x_1y_2\,p_1q_2$$

$$+x_1y_3\,p_1q_3+x_2y_1\,p_2q_1$$

$$+x_2y_2\,p_2q_2+x_2y_3\,p_2q_3$$

$$=x_1p_1\underbrace{(y_1q_1+y_2q_2+y_3q_3)}_{E(Y)}+x_2p_2\underbrace{(y_1q_1+y_2q_2+y_3q_3)}_{E(Y)}$$

$$=\underbrace{(x_1p_1+x_2p_2)}_{E(X)}\cdot E[Y]=E[X]\cdot E[Y]\quad\text{となって，}$$

独立な 2 つの確率変数 X と Y の積の期待値 $E[XY]$ の公式：

$E[XY]=E[X]\cdot E[Y]$　………(＊2)　が導かれるんだね。

そして，この (＊2) から，X と Y の和の分散 $V[X+Y]$ の次の公式も導ける。

$V[X+Y]=V[X]+V[Y]$　……(＊3)　これは，次のように証明できる。

$$V[X+Y]=E[\underbrace{(X+Y)^2}_{X^2+2XY+Y^2}]-\underbrace{E[X+Y]}_{E[X]+E[Y]\ ((＊1)\text{より})}{}^2$$

公式：
$V[X]=E[X^2]-E[X]^2$
を使った。

$$=\underbrace{E[X^2+2XY+Y^2]}_{E[X^2]+2E[XY]+E[Y^2]}-\underbrace{(E[X]+E[Y])^2}_{E[X]^2+2E[X]E[Y]+E[Y]^2}$$

よって，

$$V[X+Y]=E[X^2]+\cancel{2E[XY]}+E[Y^2]-E[X]^2-\cancel{2E[X]E[Y]}-E[Y]^2$$

（$2E[XY]$ について：$E[X]\cdot E[Y]$ （$(*2)$ より））

$$=\underline{E[X^2]-E[X]^2}+\underline{E[Y^2]-E[Y]^2}=V[X]+V[Y]$$ となって，

（$E[X^2]-E[X]^2=V[X]$，$E[Y^2]-E[Y]^2=V[Y]$）

独立な確率変数 X と Y の和の分散 $V[X+Y]$ の公式：

$V[X+Y]=V[X]+V[Y]$ ……$(*3)$　が導かれるんだね。

そして，この $(*3)$ と前回教えた公式 $V[aX+b]=a^2V[X]$ を併用すれば，複数の独立な確率変数に対して，次のような分散の公式が導けることもご理解いただけるはずだ。

分散 $V[X+Y]$ などの公式

独立な確率変数 X，Y，Z，X_1，X_2，…，X_n に対して，

(0) $E[XY]=E[X]\cdot E[Y]$ ……………………………$(*2)$

(1) $V[X+Y]=V[X]+V[Y]$ ……………………………$(*3)$

(2) $V[aX+bY+c]=a^2V[X]+b^2V[Y]$

(3) $V[X+Y+Z]=V[X]+V[Y]+V[Z]$

(4) $V[aX+bY+cZ]=a^2V[X]+b^2V[Y]+c^2V[Z]$

(5) $V[X_1+X_2+\cdots+X_n]=V[X_1]+V[X_2]+\cdots+V[X_n]$

これについても例題で練習しておこう。

独立な変数 X, Y, Z について，$E[X]=2$，$E[Y]=-1$，$E[Z]=3$ であり，$V[X]=5$，$V[Y]=6$，$V[Z]=12$ であるとき，

・$E[XY]=E[X]\cdot E[Y]=2\cdot(-1)=-2$

・$E[XYZ]=E[XY]\cdot E[Z]=E[X]\cdot E[Y]\cdot E[Z]=2\cdot(-1)\cdot 3=-6$

・$V[X+Y]=V[X]+V[Y]=5+6=11$

・$V[2X+3Y+5]=2^2V[X]+3^2V[Y]=4\cdot 5+9\cdot 6=74$

・$V[X+Y+Z]=V[X]+V[Y]+V[Z]=5+6+12=23$

・$V[3X+Y+2Z]=3^2V[X]+V[Y]+2^2V[Z]=9\cdot 5+6+4\cdot 12=99$

証明は結構大変だったけれど，便利で使いやすい公式だから，このようにどんどん利用しながら慣れていくといいんだね。

● 二項分布もマスターしよう！

"**反復試行の確率**"は覚えているね。$\mathbf{1}$回の試行で事象Aの起こる確率がp，起こらない確率が$q\ (p+q=1)$のとき，この試行をn回行って，その内x回だけ事象Aの起こる確率をP_xとおくと，反復試行の確率より，

$P_x = {}_n\mathrm{C}_x p^x q^{n-x}\quad (x=0,\ 1,\ 2,\ \cdots,\ n)$ となるんだった。

ここで，確率変数Xを$X=x\ (x=0, 1, 2, \cdots, n)$とおくと，確率変数$X$は次の確率分布表で表される確率分布となる。この確率分布のことを"**二項分布**(にこうぶんぷ)"と呼び，$B(n,\ p)$と表す。これは大学で学ぶさまざまな確率分布の基礎となる，非常に重要な分布なんだね。

二項分布

確率変数 X	0	1	2	……	n
確率 P	${}_n\mathrm{C}_0 q^n$	${}_n\mathrm{C}_1 p q^{n-1}$	${}_n\mathrm{C}_2 p^2 q^{n-2}$	……	${}_n\mathrm{C}_n p^n$

この確率の総和は，"**二項定理**"より，

$${}_n\mathrm{C}_0 q^n + {}_n\mathrm{C}_1 p q^{n-1} + {}_n\mathrm{C}_2 p^2 q^{n-2} + \cdots + {}_n\mathrm{C}_n p^n$$

$$= (\underbrace{q+p}_{1})^n = 1^n = 1\ (\text{全確率})$$ となって，条件を満たす。

二項定理：$(a+b)^n = {}_n\mathrm{C}_0 a^n + {}_n\mathrm{C}_1 a^{n-1} b + {}_n\mathrm{C}_2 a^{n-2} b^2 + \cdots + {}_n\mathrm{C}_n b^n$

これが，"**二項分布**"と呼ばれる所以(ゆえん)なんだね。

それでは，二項分布についても，次の例題で練習しよう。

例題 15　コインを5回投げて，その内x回だけ表の出る確率をP_xとおく。ここで，確率変数$X=x\ (x=0, 1, \cdots, 5)$とおいて，Xの確率分布表を作り，さらにXの期待値$E[X]$，分散$V[X]$を求めてみよう。

1回コインを投げて表の出る確率を p とおくと，$p=\frac{1}{2}$ で，

表の出ない確率 q は，$q=1-p=\frac{1}{2}$ となる。

よって，5回中 x 回だけ表の出る確率 $P_x\ (x=0,\ 1,\ \cdots,\ 5)$ は，

$P_x={}_5C_x\,p^x q^{5-x}={}_5C_x\left(\frac{1}{2}\right)^x\left(\frac{1}{2}\right)^{5-x}=\frac{{}_5C_x}{2^5}=\frac{{}_5C_x}{32}$ となる。

$\frac{5!}{2!\cdot 3!}=\frac{5\cdot 4}{2\cdot 1}=10$

よって，$P_0=\frac{{}_5C_0}{32}=\frac{1}{32}$　　$P_1=\frac{{}_5C_1}{32}=\frac{5}{32}$　　$P_2=\frac{{}_5C_2}{32}=\frac{10}{32}$

${}_5C_2=10$　　${}_5C_1=5$　　${}_5C_0=1$

$P_3=\frac{{}_5C_3}{32}=\frac{10}{32}$　　$P_4=\frac{{}_5C_4}{32}=\frac{5}{32}$　　$P_5=\frac{{}_5C_5}{32}=\frac{1}{32}$

以上より，確率変数 $X=x\ (x=0,1,\cdots,5)$ の確率分布表は次のようになる。

確率分布表

確率変数 X	0	1	2	3	4	5
確率 P	$\frac{1}{32}$	$\frac{5}{32}$	$\frac{10}{32}$	$\frac{10}{32}$	$\frac{5}{32}$	$\frac{1}{32}$

$\sum_{k=0}^{5}P_k=1$ となっている。

これから X の期待値 $E[X]$ と分散 $V[X]$ を求めると，

$E[X]=\sum_{k=0}^{5}x_kP_k$

$$E[X]=0\cdot\frac{1}{32}+1\cdot\frac{5}{32}+2\cdot\frac{10}{32}+3\cdot\frac{10}{32}+4\cdot\frac{5}{32}+5\cdot\frac{1}{32}$$

$$=\frac{1}{32}(5+20+30+20+5)=\frac{80}{32}=\frac{5}{2}$$ となり，

$$V[X]=E[X^2]-E[X]^2$$

$$=0^2\cdot\frac{1}{32}+1^2\cdot\frac{5}{32}+2^2\cdot\frac{10}{32}+3^2\cdot\frac{10}{32}+4^2\cdot\frac{5}{32}+5^2\cdot\frac{1}{32}-\left(\frac{5}{2}\right)^2$$

$$=\frac{1}{32}(5+40+90+80+25)-\frac{25}{4}$$

$$=\frac{240}{32}-\frac{25}{4}=\frac{30}{4}-\frac{25}{4}=\frac{5}{4}$$ となって，答えだ！

これで，確率分布表から期待値 $E[X]$ や分散 $V[X]$ を計算することにもずい分慣れたと思う。

でも，本当のことを言うと，“二項分布”$B(n, p)$ の期待値 $E[X]$ と分散 $V[X]$ については，次の便利な公式があるんだ。

二項分布の期待値・分散・標準偏差

二項分布 $B(n, p)$ の期待値，分散，標準偏差は次式で求められる。

(1) 期待値　$E[X] = np$

(2) 分散　$V[X] = npq \quad (q = 1 - p)$

(3) 標準偏差　$D[X] = \sqrt{npq}$

この公式を利用すると，例題 15 (P65) の期待値と分散は確率分布表を作るまでもなく結果が出せる。

n は試行回数なので，$n = 5$，また，$p = q = \frac{1}{2}$ は前述の通りだ。

よって，この二項分布の

期待値 $E[X] = np = 5 \cdot \frac{1}{2} = \frac{5}{2}$

分散　$V[X] = npq = 5 \cdot \frac{1}{2} \cdot \frac{1}{2} = \frac{5}{4}$ と，アッという間に同じ答えが出てくる。この公式の威力が分かっただろう。

つまり，試行回数 n と，1回の試行で事象 A の起こる確率 p さえ分かれば，q は $q = 1 - p$ で自動的に定まるので，二項分布 $B(n, p)$ の期待値と分散(それに標準偏差)はすぐに求めることができるんだね。

例として1つやっておくと，

$B\left(\underset{n}{10}, \underset{p}{\frac{1}{4}}\right)$ の期待値は $E[X] = \underset{n}{10} \cdot \underset{p}{\frac{1}{4}} = \frac{5}{2}$，分散は $V[X] = \underset{n}{10} \cdot \underset{p}{\frac{1}{4}} \cdot \underset{q}{\frac{3}{4}} = \frac{15}{8}$

と，簡単に結果が出せる。大丈夫？

でも，どうしたらこんな便利な公式が導けるのかって？　良い質問だ！　少し大学の確率分野に入るけれど，この公式を“**モーメント母関数**”を用いて導いてみよう。

● モーメント母関数をマスターしよう！

X の確率分布の期待値 $E[X]$ や分散 $V[X]$ を求める有力な手段として "**モーメント母関数**" $M(\theta)$ があるので，これから詳しく解説しよう。

（これを "**積率母関数**" といってもかまわない。）

本題に入る前に，必要な知識をここで整理しておこう。

大学数学で指数関数という場合，その底はネイピア数 $e(=2.718\cdots)$ という実数定数を用いる。これは極限の式 $\lim_{h\to 0}(1+h)^{\frac{1}{h}}=e$ により定義される。そして，指数関数 e^x は，微分しても，積分しても変化しない関数なんだね。つまり，$(e^x)'=e^x$ であり，$\int e^x dx=e^x+C$ (C：積分定数) となる。

したがって，指数関数 $y=f(x)=e^x$ とおくと，$f'(x)=(e^x)'=e^x$，$f'(0)=e^0=1$ となって曲線 $y=f(x)$ 上の点 $(0, 1)$ における接線の傾きは当然 1 となるんだね。

（1 は $f(0)$）

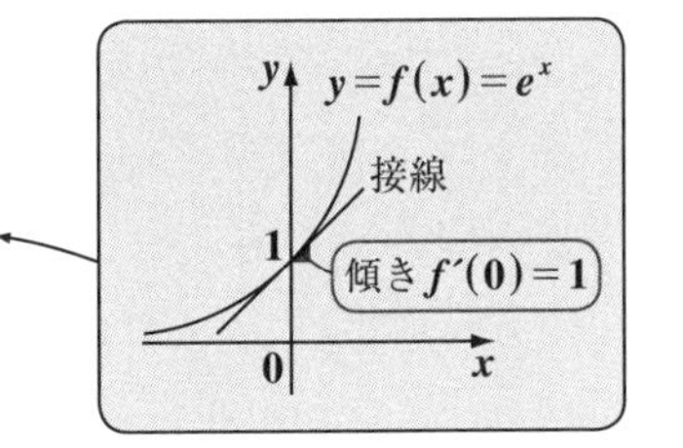

また，指数関数 e^x はマクローリン展開することにより，次のように x のベキ級数として表せることも，当然頭に入れておこう。

(i) 指数関数 e^x のマクローリン展開

$$e^x=1+\frac{x}{1!}+\frac{x^2}{2!}+\frac{x^3}{3!}+\cdots \qquad (-\infty<x<\infty)$$

が成り立つので，この x の代わりに θX を代入すると，

$$e^{\theta X}=1+\frac{\theta X}{1!}+\frac{(\theta X)^2}{2!}+\frac{(\theta X)^3}{3!}+\cdots$$ となるんだね。さらに，

(ii) 演算子 E には線形性が成り立つので，

$E[aX+b]=aE[X]+b$，$E[X+Y]=E[X]+E[Y]$

などと変形できる。

(iii) 分散 $V[X]$ を演算子 E で表現すると，

$V[X]=E[X^2]-E[X]^2$ となることも大丈夫だね。

では，準備も整ったので本題のモーメント母関数の解説に入ろう。

まず，"**モーメント母関数**"(または"**積率母関数**")の定義を下に示す。

モーメント母関数 $M(\theta)$ の定義

確率変数 X と変数 θ に対して，モーメント母関数 $M(\theta)$ を

$M(\theta)=E[e^{\theta X}]$ と定義する。

この定義から，モーメント母関数 $M(\theta)$ を変形してみよう。

$$M(\theta)=E[e^{\theta X}]=E\left[\underline{1+\frac{\theta X}{1!}+\frac{(\theta X)^2}{2!}+\frac{(\theta X)^3}{3!}+\cdots}\right]$$

($e^{\theta X}$ のマクローリン展開)

$$=E\left[1+\frac{\theta}{1!}X+\frac{\theta^2}{2!}X^2+\frac{\theta^3}{3!}X^3+\cdots\right]$$

$$=E[1]+\frac{\theta}{1!}E[X]+\frac{\theta^2}{2!}E[X^2]+\frac{\theta^3}{3!}E[X^3]+\cdots$$

($E[1]=\sum_k 1\cdot P_k=1$)　(演算子 E の線形性)

以上より，モーメント母関数 $M(\theta)$ は次のように表せる。

$$M(\theta)=1+E[X]\frac{\theta}{1!}+E[X^2]\frac{\theta^2}{2!}+E[X^3]\frac{\theta^3}{3!}+\cdots \quad \cdots\cdots①$$

つまり，モーメント $E[X]$，$E[X^2]$，$E[X^3]$，…は定数なので，モーメント母関数 $M(\theta)$ は変数 θ のベキ級数(関数)であることが分かったんだね。この①は期待値 μ や分散 σ^2 を作る $E[X]$ や $E[X^2]$…などのモーメントを産み出す"母なる関数"なので，モーメント母関数と呼ばれるんだよ。

それでは，①から $E[X]$ や $E[X^2]$ を抽出する方法を教えよう。

(i) $E[X]$ の抽出法：

①の両辺を θ で微分して，

$$M'(\theta)=E[X]\frac{1}{1!}+E[X^2]\frac{2\theta}{2!}+E[X^3]\frac{3\theta^2}{3!}+\cdots$$

$$=E[X]+E[X^2]\frac{\theta}{1!}+E[X^3]\frac{\theta^2}{2!}+\cdots \quad \cdots\cdots②$$

となる。よって，②の両辺に $\theta=0$ を代入すると，

$M'(0)=E[X]$ となって，$E[X]$ が抽出できた！

(ii) 次，$E[X^2]$ の抽出法：

②の両辺をさらに θ で微分して，

$$M''(\theta) = E[X^2]\frac{1}{1!} + E[X^3]\frac{2\theta}{2!} + E[X^4]\frac{3\theta^2}{3!} + \cdots$$

$$= E[X^2] + E[X^3]\frac{\theta}{1!} + E[X^4]\frac{\theta^2}{2!} + \cdots \quad \cdots\cdots ③$$ となる。

よって，③の両辺に $\theta = 0$ を代入すると，

$M''(0) = E[X^2]$ となって，$E[X^2]$ も抽出できたんだね。

以上 (i), (ii) の結果より，確率変数 X の期待値と分散は，

・期待値 $E[X] = M'(0)$

・分散 $V[X] = \underbrace{E[X^2]}_{M''(0)} - \underbrace{E[X]^2}_{M'(0)^2} = M''(0) - M'(0)^2$ となるんだね。

以上を公式としてまとめておこう。

期待値と分散のモーメント母関数による表現

モーメント母関数 $M(\theta) = E[e^{\theta X}]$ を用いると，
確率変数 X の期待値 μ と分散 σ^2 は次のように表せる。

期待値 $\mu = E[X] = M'(0)$

分散 $\sigma^2 = V[X] = M''(0) - M'(0)^2$

この公式はすべての離散型の確率分布に応用できる重要公式なんだ。

さァ，それではこれらの公式を "**二項分布**" $B(n, p)$ に応用してみよう。
二項分布 $B(n, p)$ の $X = x$ のときの確率は，
$P_x = {}_n\mathrm{C}_x p^x q^{n-x} \quad (x = 0, 1, \cdots, n)$ だった。よって，二項分布のモーメント母関数 $M(\theta)$ は，

$$M(\theta) = E[e^{\theta X}] = \sum_{x=0}^{n} e^{\theta x} P_x = \sum_{x=0}^{n} e^{\theta x}{}_n\mathrm{C}_x p^x q^{n-x}$$

x の代わりに $e^{\theta x}$ が入る！

$$= \sum_{x=0}^{n} {}_n\mathrm{C}_x (\underbrace{pe^{\theta}}_{a})^x \underbrace{q}_{b}{}^{n-x}$$

$$\therefore M(\theta) = (pe^{\theta} + q)^n \quad \cdots\cdots(a)$$

二項定理
$\sum_{x=0}^{n} {}_n\mathrm{C}_x a^x b^{n-x} = (a+b)^n$

(a) の両辺を θ で微分して，

($pe^{\theta}+q=t$ とおいて合成関数の微分)

$$M'(\theta)=n(pe^{\theta}+q)^{n-1}\underbrace{(pe^{\theta}+q)'}_{pe^{\theta}}=npe^{\theta}(pe^{\theta}+q)^{n-1}\quad\cdots\cdots\cdots(b)$$

(b) の両辺をさらに θ で微分して，

(公式：$(fg)'=f'g+fg'$)

$$M''(\theta)=np\Big[\underbrace{(e^{\theta})'}_{e^{\theta}}(pe^{\theta}+q)^{n-1}+e^{\theta}\underbrace{\{(pe^{\theta}+q)^{n-1}\}'}_{(n-1)(pe^{\theta}+q)^{n-2}pe^{\theta}}\Big]$$

(合成関数の微分)

$$=npe^{\theta}\{(pe^{\theta}+q)^{n-1}+(n-1)pe^{\theta}(pe^{\theta}+q)^{n-2}\}\quad\cdots\cdots(c)$$

(b)，(c) の両辺に $\theta=0$ を代入して，

$$M'(0)=np\overset{1}{e^0}(p\overset{1}{e^0}+q)^{n-1}=np(\overset{1}{p+q})^{n-1}=np\quad\cdots\cdots\cdots(d)$$

$$M''(0)=np\overset{1}{e^0}\{\underbrace{(p\overset{1}{e^0}+q)}_{1}{}^{n-1}+(n-1)p\overset{1}{e^0}\underbrace{(p\overset{1}{e^0}+q)}_{1}{}^{n-2}\}$$

$$=np\{1+(n-1)p\}\quad\cdots\cdots\cdots(e)$$

以上より，二項分布 $B(n,\ p)$ の期待値 $E[X]$ と分散 $V[X]$ は，

$E[X]=M'(0)=np$ となり，((d) より)

$$V[X]=M''(0)-M'(0)^2=np\{1+(n-1)p\}-(np)^2\quad((d),\ (e)\text{ より})$$

$$=np+n(n-1)p^2-n^2p^2=np-np^2$$

$$=np(\underbrace{1-p}_{q})=npq\quad\text{となる。}\quad(\because q=1-p)$$

これで，二項分布 $B(n,\ p)$ の期待値と分散の公式

$E[X]=np$ ，$V[X]=npq$ が導けたんだね。納得いった？

それでは，この後は演習問題を解いて，離散型の確率分布について，さらに理解を深めていくことにしよう。

ここでは，かなり微分・積分の知識を利用したんだね。自信のない方は予め**「初めから学べる 微分積分キャンパス・ゼミ」**で学習されることを勧めます。

演習問題 14　●期待値・分散●

赤玉 **4** 個と白玉 **6** 個が入った袋から **3** 個の玉を同時に取り出す。取り出された赤玉の個数を X とおくとき，次の問いに答えよ。

(1) X の確率分布を求め，X の期待値 $E[X]$，分散 $V[X]$，標準偏差 $D[X]$ の値を求めよ。

(2) 新たな確率変数 Z を $Z=5X+2$ で定義するとき，Z の期待値 $E[Z]$，分散 $V[Z]$，標準偏差 $D[Z]$ を求めよ。

ヒント！ (1) X は，$X=0,\ 1,\ 2,\ 3$ の値をとるので，それぞれの確率を求めて，確率分布表を作り，定義式に従って，X の期待値，分散，標準偏差を求めればいい。(2) では，公式 $E[aX+b]=aE[X]+b$，$V[aX+b]=a^2V[X]$ を利用しよう。

解答＆解説

(1) 赤玉 **4** 個，白玉 **6** 個の計 **10** 個の玉の入った袋から同時に **3** 個を取り出す全場合の数 $n(U)$ は，

$n(U)={}_{10}C_3=\dfrac{10!}{3!\cdot 7!}=\dfrac{10\cdot 9\cdot 8}{3\cdot 2\cdot 1}=120$ 通り　である。

取り出された **3** 個の玉の内，赤玉の個数を X とおくと，$X=0,\ 1,\ 2,\ 3$ であり，それぞれの確率を求めると，

(赤 4 こから 0 こ)(白 6 こから 3 こ)

$$P(X=0)=\frac{{}_4C_0\cdot{}_6C_3}{120}=\frac{1\times 20}{120}=\frac{1}{6}$$

(赤 4 こから 1 こ)(白 6 こから 2 こ)

$$P(X=1)=\frac{{}_4C_1\cdot{}_6C_2}{120}=\frac{4\times 15}{120}=\frac{60}{120}=\frac{1}{2}$$

(赤 4 こから 2 こ)(白 6 こから 1 こ)

$$P(X=2)=\frac{{}_4C_2\cdot{}_6C_1}{120}=\frac{6\times 6}{120}=\frac{36}{120}=\frac{3}{10}$$

(赤 4 こから 3 こ)(白 6 こから 0 こ)

$$P(X=3)=\frac{{}_4C_3\cdot{}_6C_0}{120}=\frac{4\times 1}{120}=\frac{1}{30}$$

$${}_6C_3=\frac{6!}{3!\cdot 3!}=\frac{6\cdot 5\cdot 4}{3\cdot 2\cdot 1}=20$$

$${}_6C_2=\frac{6!}{2!\cdot 4!}=\frac{6\cdot 5}{2\cdot 1}=15$$

以上より，確率変数 $X=0,\ 1,\ 2,\ 3$ の確率分布を右の表に示す。 …………(答)

確率分布表

変数 X	0	1	2	3
確率 P	$\frac{1}{6}$	$\frac{1}{2}$	$\frac{3}{10}$	$\frac{1}{30}$

$\left(\frac{1}{6}+\frac{1}{2}+\frac{3}{10}+\frac{1}{30}=\frac{5+15+9+1}{30}=1\right.$ (全確率) となる。$\left.\right)$

次に，変数 X の期待値 $\mu_X=E[X]$，分散 $\sigma_X{}^2=V[X]$，標準偏差 $\sigma_X=D[X]$ を求めると，

$$\cdot\ \mu_X=E[X]=0\times\frac{1}{6}+1\times\frac{1}{2}+2\times\frac{3}{10}+3\times\frac{1}{30}$$

公式：$E[X]=\sum_{k=1}^{n}x_k p_k$

$$=\frac{5+6+1}{10}=\frac{12}{10}=\frac{6}{5}$$ …………(答)

$$\cdot\ \sigma_X{}^2=V[X]=0^2\times\frac{1}{6}+1^2\times\frac{1}{2}+2^2\times\frac{3}{10}+3^2\times\frac{1}{30}-\left(\frac{6}{5}\right)^2$$

公式：$V[X]=\sum_{k=1}^{n}x_k{}^2 p_k-\mu_X{}^2$

$\left(\frac{6}{5}\right)^2 = \mu_X{}^2$

$$=\frac{5+12+3}{10}-\frac{36}{25}=2-\frac{36}{25}=\frac{50-36}{25}=\frac{14}{25}$$ …………(答)

$$\cdot\ \sigma_X=D[X]=\sqrt{V[X]}=\sqrt{\frac{14}{25}}=\frac{\sqrt{14}}{5}$$ …………(答)

(2) 新たな確率変数 $Z=5X+2$ の期待値 $\mu_Z=E[Z]$，分散 $\sigma_Z{}^2=V[Z]$，標準偏差 $\sigma_Z=D[Z]$ を求めると，

$$\cdot\ \mu_Z=E[Z]=E[5X+2]=5E[X]+2$$

$$=5\times\frac{6}{5}+2=6+2=8$$ …………(答)

$$\cdot\ \sigma_Z{}^2=V[Z]=V[5X+2]=5^2V[X]$$

$$=25\times\frac{14}{25}=14$$ …………(答)

$$\cdot\ \sigma_Z=D[Z]=D[5X+2]=5D[X]$$

$$=5\times\frac{\sqrt{14}}{5}=\sqrt{14}$$ …………(答)

$\cdot\ E[aX+b]=aE[X]+b$
$\cdot\ V[aX+b]=a^2V[X]$
$\cdot\ D[aX+b]=|a|D[X]$

演習問題 15 ●モーメント母関数●

確率変数 X は，右の表の確率分布に従う。このとき，次の問いに答えよ。

確率分布表

変数 X	0	1	2	3
確率 P	$\frac{1}{6}$	$\frac{1}{2}$	$\frac{3}{10}$	$\frac{1}{30}$

(1) 変数 θ を用いて，X のモーメント母関数 $M[\theta]=E[e^{\theta X}]$ を求めよ。

(2) X の期待値 (平均) μ_X と分散 $\sigma_X{}^2$ を，次の公式を用いて求めよ。

(i) $\mu_X=M'(0)$　　(ii) $\sigma_X{}^2=M''(0)-M'(0)^2$

ヒント！ (1) X の確率分布は，演習問題 14 と同じものである。今回は，X のモーメント母関数 $M(\theta)$ を用いて，X の期待値 μ_X と分散 $\sigma_X{}^2$ を求める問題なんだね。

解答＆解説

(1) 確率変数 X のモーメント母関数 $M(\theta)$ は，X の確率分布より，

($X=0, 1, 2, 3$ は，指数部に現われる。)

$$M(\theta)=E[e^{\theta X}]=\frac{1}{6}\underbrace{e^{\theta\cdot 0}}_{1}+\frac{1}{2}e^{\theta\cdot 1}+\frac{3}{10}e^{\theta\cdot 2}+\frac{1}{30}e^{\theta\cdot 3}$$

$$=\frac{1}{6}+\frac{1}{2}e^{\theta}+\frac{3}{10}e^{2\theta}+\frac{1}{30}e^{3\theta}\quad\cdots\cdots ①$$ となる。……………………(答)

(2) ①を θ で 1 回および 2 回微分すると，

$$M'(\theta)=\left(\frac{1}{6}+\frac{1}{2}e^{\theta}+\frac{3}{10}e^{2\theta}+\frac{1}{30}e^{3\theta}\right)'$$

$$=\frac{1}{2}e^{\theta}+\frac{3}{10}\cdot 2e^{2\theta}+\frac{1}{30}\cdot 3e^{3\theta}$$

$$=\frac{1}{2}e^{\theta}+\frac{3}{5}e^{2\theta}+\frac{1}{10}e^{3\theta}\quad\cdots\cdots ②$$

$$M''(\theta)=\left(\frac{1}{2}e^{\theta}+\frac{3}{5}e^{2\theta}+\frac{1}{10}e^{3\theta}\right)'$$

$$=\frac{1}{2}\underbrace{(e^{\theta})'}_{e^{\theta}}+\frac{3}{5}\underbrace{(e^{2\theta})'}_{2e^{2\theta}}+\frac{1}{10}\underbrace{(e^{3\theta})'}_{3e^{3\theta}}$$

$(e^{k\theta})'=ke^{k\theta}$
$(k=1, 2, 3)$
(合成関数の微分)

$\therefore M''(\theta) = \frac{1}{2}e^{\theta} + \frac{6}{5}e^{2\theta} + \frac{3}{10}e^{3\theta}$ ……③ となる。

以上②，③を用いて，確率変数 X の(ⅰ)期待値 $\mu_X = M'(0)$ と(ⅱ)分散 $\sigma_X{}^2 = M''(0) - M'(0)^2$ を求めると，

(ⅰ) $\mu_X = M'(0) = \frac{1}{2} \cdot \underbrace{e^0}_{1} + \frac{3}{5}\underbrace{e^{2\cdot 0}}_{e^0=1} + \frac{1}{10} \cdot \underbrace{e^{3\cdot 0}}_{e^0=1}$ 　(②より)

$= \frac{1}{2} + \frac{3}{5} + \frac{1}{10} = \frac{5+6+1}{10} = \frac{6}{5}$ となる。 ……………………………(答)

(ⅱ) $\sigma_X{}^2 = M''(0) - M'(0)^2$

$= \frac{1}{2}\underbrace{e^0}_{1} + \frac{6}{5}\underbrace{e^{2\cdot 0}}_{1} + \frac{3}{10}\underbrace{e^{3\cdot 0}}_{1} - \underbrace{\left(\frac{6}{5}\right)^2}_{\mu_X{}^2 = M'(0)^2}$

$= \frac{1}{2} + \frac{6}{5} + \frac{3}{10} - \frac{36}{25}$

$= \frac{5+12+3}{10} - \frac{36}{25} = 2 - \frac{36}{25} = \frac{14}{25}$ となる。 ………………………(答)

$\mu_X = \frac{6}{5}$ と $\sigma_X{}^2 = \frac{14}{25}$ は演習問題 **14** の結果と同じものが導けたんだね。このように，離散型確率分布の期待値と分散(そして，標準偏差)は，モーメント母関数(積率母関数)を用いても，求めることができる。この解法パターンもシッカリ練習して，使いこなせるようになろう！

演習問題 16　●同時確率分布(I)●

2つの確率変数 $X=4,\ 8,\ 12$ と $Y=5,\ 10,\ 15$ の同時確率分布表を右に示す。

(1) X と Y が独立な確率変数であるか，否かを調べよ。

(2) X と Y の期待値 $E[X]$ と $E[Y]$，分散 $V[X]$ と $V[Y]$，および $E[XY]$，$V[X+Y]$，さらに $E\left[\frac{1}{3}X+\frac{1}{2}Y\right]$，$V\left[\frac{1}{3}X+\frac{1}{2}Y\right]$ を求めよ。

X と Y の同時確率分布

X＼Y	5	10	15	
4	$\frac{1}{40}$	$\frac{1}{20}$	$\frac{1}{20}$	$\frac{1}{8}$
8	$\frac{1}{10}$	$\frac{1}{5}$	$\frac{1}{5}$	$\frac{1}{2}$
12	$\frac{3}{40}$	$\frac{3}{20}$	$\frac{3}{20}$	$\frac{3}{8}$
	$\frac{1}{5}$	$\frac{2}{5}$	$\frac{2}{5}$	1

ヒント！ (1) $P(X=x_i,\ Y=y_j)=P(X=x_i)\cdot P(Y=y_j)$ $(i=1,\ 2,\ 3,\ \ j=1,\ 2,\ 3)$ が成り立つことを調べて，X と Y が独立な確率変数であることを示せばいい。(2) X と Y が独立な変数より，公式 $E[XY]=E[X]\cdot E[Y]$ や $V[X+Y]=V[X]+V[Y]$ などが利用できるんだね。頑張ろう！

解答＆解説

(1) 2つの確率変数 $X=4,\ 8,\ 12$，$Y=5,\ 10,\ 15$ について，同時確率分布表より，

$$P(X=4,\ Y=5)=\frac{1}{40}=\frac{1}{8}\times\frac{1}{5}=P(X=4)\times P(Y=5)$$

$$P(X=4,\ Y=10)=\frac{1}{20}=\frac{1}{8}\times\frac{2}{5}=P(X=4)\times P(Y=10)$$

……………………………………………………………………

$P(X=12,\ Y=15)=\frac{3}{20}=\frac{3}{8}\times\frac{2}{5}=P(X=12)\times P(Y=15)$ が成り立つ。

$\therefore$ X と Y は独立な確率変数である。…………………………………………(答)

(2) X の確率分布表より，期待値 $E[X]$ と分散 $V[X]$ を求めよう。

X の確率分布表

X	4	8	12
P	$\frac{1}{8}$	$\frac{1}{2}$	$\frac{3}{8}$

$\cdot\ E[X]=\underbrace{4\times\frac{1}{8}}_{\frac{1}{2}}+\underbrace{8\times\frac{1}{2}}_{4}+\underbrace{12\times\frac{3}{8}}_{\frac{9}{2}}=9$ ……(答)

$\cdot\ V[X] = \underbrace{4^2 \times \frac{1}{8} + 8^2 \times \frac{1}{2} + 12^2 \times \frac{3}{8}}_{E[X^2]} - \underbrace{9^2}_{E[X]^2}$　← $V[X] = E[X^2] - E[X]^2$

$= 2 + 32 + 54 - 81 = 7$ である。 ……………………………(答)

同様に，Y の確率分布表より，期待値 $E[Y]$ と分散 $V[Y]$ を求めると，

Y の確率分布表

Y	5	10	15
P	$\frac{1}{5}$	$\frac{2}{5}$	$\frac{2}{5}$

$\cdot\ E[Y] = 5 \times \frac{1}{5} + 10 \times \frac{2}{5} + 15 \times \frac{2}{5}$

$= 1 + 4 + 6 = 11$ ……………………………(答)

$\cdot\ V[Y] = \underbrace{5^2 \times \frac{1}{5} + 10^2 \times \frac{2}{5} + 15^2 \times \frac{2}{5}}_{E[Y^2]} - \underbrace{11^2}_{E[Y]^2} = 5 + 40 + 90 - 121 = 14$ …(答)

ここで，X と Y は独立な確率変数より，

$\cdot\ E[XY] = E[X] \times E[Y] = 9 \times 11 = 99$ ……………………………(答)

$\cdot\ V[X+Y] = V[X] + V[Y] = 7 + 14 = 21$ ……………………………(答)

$\cdot\ E\left[\frac{1}{3}X + \frac{1}{2}Y\right] = \frac{1}{3}E[X] + \frac{1}{2}E[Y]$　← これは，X と Y が独立な変数でなくても成り立つ。

$= \frac{1}{3} \times 9 + \frac{1}{2} \times 11 = 3 + \frac{11}{2} = \frac{17}{2}$ ……………………………(答)

$\cdot\ V\left[\frac{1}{3}X + \frac{1}{2}Y\right] = \left(\frac{1}{3}\right)^2 \cdot V[X] + \left(\frac{1}{2}\right)^2 \cdot V[Y]$

$= \frac{1}{9} \times 7 + \frac{1}{4} \times 14 = \frac{7}{9} + \frac{7}{2} = 7 \times \frac{2+9}{18} = \frac{77}{18}$ ……(答)

演習問題 17	●同時確率分布(Ⅱ)●

赤玉 **4** 個と白玉 **6** 個が入った袋から **3** 個の玉を同時に取り出す。取り出された赤玉の個数を X，白玉の個数を Y とおくとき，次の問いに答えよ。

(1) **2** つの確率変数 X と Y の同時確率分布表を作成せよ。そして，
X と Y が独立な確率変数であるか，否かを調べよ。

(2) Y の期待値 $E[Y]$ を求めよ。

ヒント！ 問題の設定条件は，演習問題 **14(P72)** とまったく同じなんだね。ただし今回は，取り出した **3** 個の玉の内，赤玉の個数を X，白玉の個数を Y とおいて，**2** つの確率変数 X と Y の問題になっている。**(1)** では，X と Y の同時確率分布表を作って，X と Y が独立な確率変数ではないことを示そう。**(2)** は，Y の確率分布表から，期待値 $E[Y]$ を求めればいいんだね。

解答＆解説

(1) 赤玉 **4** 個，白玉 **6** 個の計 **10** 個の玉の入った袋から同時に **3** 個を取り出す全場合の数 $n(U)$ は，$n(U) = {}_{10}C_3 = 120$ 通りである。

取り出した **3** 個の玉の内，赤玉の個数を X，白玉の個数を Y とおくので

$X + Y = 3$ ……① となる。よって，X と Y の取り得る値の組は，

これから，$X=0$ のとき $Y=3$，$X=1$ のとき $Y=2$，$X=2$ のとき $Y=1$，$X=3$ のとき $Y=0$ となる。つまり，X の値が決まれば，Y の値は自動的に決まるんだね。

$(X, Y) = (0, 3)$，$(1, 2)$，$(2, 1)$，$(3, 0)$ の **4** 通りのみである。

これらの確率を求めると，

赤 **4** こから **0** こ　白 **6** こから **3** こ

$$P(X=0) = P(Y=3) = \frac{{}_4C_0 \times {}_6C_3}{120} = \frac{1 \times 20}{120} = \frac{1}{6}$$

赤 **4** こから **1** こ　白 **6** こから **2** こ

$$P(X=1) = P(Y=2) = \frac{{}_4C_1 \times {}_6C_2}{120} = \frac{4 \times 15}{120} = \frac{1}{2}$$

$$P(X=2)=P(Y=1)=\frac{{}_4C_2\times{}_6C_1}{120}=\frac{6\times6}{120}=\frac{3}{10}$$

（赤4こから2こ：${}_4C_2$，白6こから1こ：${}_6C_1$）

$$P(X=3)=P(Y=0)=\frac{{}_4C_3\times{}_6C_0}{120}=\frac{4\times1}{120}=\frac{1}{30}$$ である。

（赤4こから3こ：${}_4C_3$，白6こから0こ：${}_6C_0$）

そして，これ以外の (X, Y) の組合せについての確率はすべて 0 となるので，X と Y の同時確率分布表は右表のようになる。 ……………………………(答)

X と Y の同時確率分布表

X＼Y	0	1	2	3	
0	0	0	0	$\frac{1}{6}$	$\frac{1}{6}$
1	0	0	$\frac{1}{2}$	0	$\frac{1}{2}$
2	0	$\frac{3}{10}$	0	0	$\frac{3}{10}$
3	$\frac{1}{30}$	0	0	0	$\frac{1}{30}$
	$\frac{1}{30}$	$\frac{3}{10}$	$\frac{1}{2}$	$\frac{1}{6}$	1

ここで，この表より，1例として

$P(X=0,\ Y=0)$ と $P(X=0)\times P(Y=0)$

を調べると，

$$P(X=0,\ Y=0)=0\neq\frac{1}{6}\times\frac{1}{30}=P(X=0)\times P(Y=0)$$

よって，$P(X=0,\ Y=0)=P(X=0)\times P(Y=0)$ は成り立たない。

$\therefore X$ と Y は，独立な確率変数ではない。……(答)　反例は1つで十分だね。

(2) Y の確率分布表より，Y の期待値 $E[Y]$ を求めると，

Y の確率分布表

Y	0	1	2	3
P	$\frac{1}{30}$	$\frac{3}{10}$	$\frac{1}{2}$	$\frac{1}{6}$

$$E[Y]=0\times\frac{1}{30}+1\times\frac{3}{10}+2\times\frac{1}{2}+3\times\frac{1}{6}$$

$$=\frac{3}{10}+1+\frac{1}{2}=\frac{3+10+5}{10}=\frac{18}{10}=\frac{9}{5}$$ ……………………………(答)

今回の問題では，$X+Y=3$ となる確率は 1(全確率) なので，$E[X+Y]=E[3]=3$

また，演習問題 14 で $E[X]=\frac{6}{5}$ を求めている。よって，

$E[X]+E[Y]=\frac{6}{5}+\frac{9}{5}=\frac{15}{5}=3$ となるので，X と Y がたとえ独立な確率変数でなくても，

公式：$E[X+Y]=E[X]+E[Y]$ が成り立つことが確認できるんだね。

もちろん，X と Y は独立ではないので，公式 $E[XY]=E[X]\times E[Y]$ と

$V[X+Y]=V[X]+V[Y]$ は成り立つとは限らないことに要注意だね。

演習問題 18　●二項分布（Ⅰ）●

二項分布 $B(n,\ p)$ に従う確率変数 X の期待値が 6，分散が $\frac{3}{2}$ である。このとき n と p の値を求めよ。また，$X=k$ となる確率を $P_k\ (k=0,\ 1,\ \cdots,\ n)$ とおく。$\frac{P_4}{P_5}$ の値を求めよ。

ヒント！ $X=k$ となる確率 $P_k={}_n\mathrm{C}_k\,p^k\,q^{n-k}\ (q=1-p)$ となる二項分布 $B(n,\ p)$ に従う確率変数 X の期待値は $\mu=np$ であり，分散は $\sigma^2=npq$ なんだね。

解答＆解説

二項分布 $B(n,\ p)$ に従う確率変数 X の期待値 $\mu=6$，分散 $\sigma^2=\frac{3}{2}$ より，

$\mu=np=6$ ……①，　$\sigma^2=npq=\frac{3}{2}$ ……② であり，

また，$q=1-p$ ……③ である。

ここで，② ÷ ①より，$\frac{\sigma^2}{\mu}=\frac{npq}{np}=\frac{\frac{3}{2}}{6}$　$\therefore q=\frac{3}{12}=\frac{1}{4}$ ……④

④を③に代入して，$\frac{1}{4}=1-p$　$\therefore p=\frac{3}{4}$ ……⑤ ……………………（答）

⑤を①に代入して $n\cdot\frac{3}{4}=6$　$\therefore n=6\times\frac{4}{3}=8$ ……………………（答）

以上より，$X=k\ (k=0,\ 1,\ 2,\ \cdots,\ 8)$ となる確率 P_k は，

$P_k={}_8\mathrm{C}_k\,p^k\,q^{8-k}$　$\left(p=\frac{3}{4},\ q=\frac{1}{4}\right)$ より，求める $\frac{P_4}{P_5}$ の値は

$$\frac{P_4}{P_5}=\frac{{}_8\mathrm{C}_4\,p^4\,q^4}{{}_8\mathrm{C}_5\,p^5\,q^3}=\frac{\frac{8!}{4!\cdot4!}}{\frac{8!}{5!\cdot3!}}\times\frac{q}{p}=\frac{5!}{4!}\times\frac{3!}{4!}\times\frac{\frac{1}{4}}{\frac{3}{4}}$$

（$\frac{5!}{4!}=5$，$\frac{3!}{4!}=\frac{1}{4}$）

$=5\times\frac{1}{4}\times\frac{1}{3}=\frac{5}{12}$ である。……………………………………（答）

演習問題 19 ●二項分布(Ⅱ)●

確率変数 X は二項分布 $B(n,\ p)$ に従い，その平均(期待値)は 4 である。また，$X=k$ $(k=0,\ 1,\ 2,\ \cdots,\ n)$ となる確率を P_k とおくと，$P_2=5P_1$ である。このとき，n と p の値を求めよ。

ヒント！ X は二項分布 $B(n,\ p)$ に従うので，X の平均 $\mu=np=4$ であり，$X=k$ となる確率 P_k は $P_k={}_n\mathrm{C}_k\,p^kq^{n-k}$ より，$P_1={}_n\mathrm{C}_1\,pq^{n-1}$，$P_2={}_n\mathrm{C}_2\,p^2q^{n-2}$ となる。

解答＆解説

二項分布 $B(n,\ p)$ に従う確率変数 X の平均 $\mu=E[X]=np$ より，

$\mu=\boxed{np=4}$ ……① また，$p+q=1$ ……② である。

また，$X=k$ $(k=0,\ 1,\ 2,\ \cdots,\ n)$ となる確率を P_k とおくと，

$P_k={}_n\mathrm{C}_k\,p^kq^{n-k}$ より，

$P_1={}_n\mathrm{C}_1\,p^1q^{n-1}=npq^{n-1}$ ……③ $P_2={}_n\mathrm{C}_2\,p^2q^{n-2}=\dfrac{n(n-1)}{2}p^2q^{n-2}$ ……④

$\left({}_n\mathrm{C}_2=\dfrac{n!}{2!\cdot(n-2)!}=\dfrac{n\cdot(n-1)}{2\cdot 1}\right)$

ここで $P_2=5P_1$ ……⑤ より，③，④を⑤に代入して，

$\dfrac{n(n-1)}{2}p^2\cdot q^{n-2}=5\cdot npq^{n-1}$ $(n-1)\cdot\dfrac{p^2}{p}=10\cdot\dfrac{q^{n-1}}{q^{n-2}}$ $\left(\dfrac{p^2}{p}=p,\ \dfrac{q^{n-1}}{q^{n-2}}=q\right)$

$(n-1)p=10q$，$(n-1)p=10(1-p)$，$np-p=10-10p$ (①，②より)

($q=(1-p)$ (②より)，$np=4$ (①より))

$4-p=10-10p$ より，$9p=6$ $\therefore p=\dfrac{6}{9}=\dfrac{2}{3}$ ……⑥ …………………(答)

⑥を①に代入して，$n\cdot\dfrac{2}{3}=4$ より，$n=4\times\dfrac{3}{2}=6$ である。 ……………(答)

§2. 連続型確率分布

確率変数には，これまで解説してきた飛び飛びの値をとる“**離散型のもの**”と，“**連続型のもの**”があり，これらの取り扱い方はまったく異なるんだね。これから，この“**連続型確率分布**”について，詳しく解説しよう。

この連続型の確率分布は，“**確率密度**”または“**確率密度関数**”で表され，その“**期待値**”や“**分散**”は，これらと絡めた定積分の形で求められるんだね。また，これらを求めるための，モーメント母関数(積率母関数)も当然定積分を使って求めることになる。何か難しく感じているかも知れないけれど，これらの計算手法は，離散型のときのものとの関連もあるので，それ程違和感なく理解できると思う。

また，典型的な連続型確率分布として，“**正規分布**”や“**標準正規分布**”についても解説しよう。

また分かりやすく教えるので，シッカリついてらっしゃい！

● 確率密度の基本をマスターしよう！

ではまず，離散型と連続型の確率分布の違いを簡単な例を使って解説しよう。

(Ⅰ) 離散型の確率分布

図 **1** に示すように，x 軸上の **5** つの飛び飛びの離散的な目盛り **1**, **2**, **3**, **4**, **5** を同様に確からしく針がカチカチ…と指すものとしよう。このとき，これらの目盛りを確率変数 X とおくと，$X=1, 2, 3, 4, 5$ となる確率 P はすべて等しく $\frac{1}{5}$ となるんだね。よって，この離散型変数 X の確率分布は図 **1** のようになるのは大丈夫だね。

図 1　離散型確率分布の例

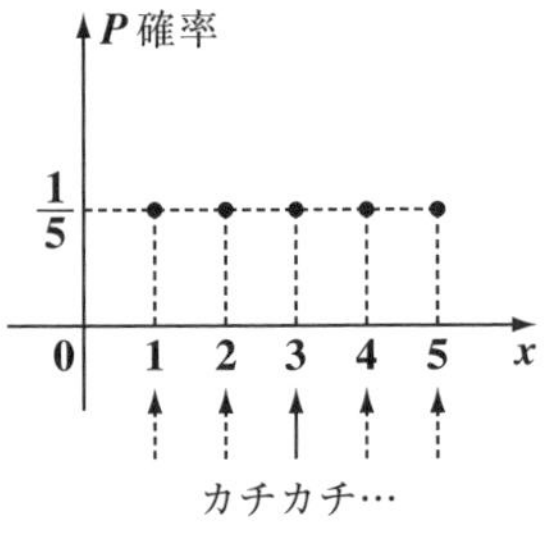

これに対して，

(Ⅱ) 連続型の確率分布

図 **2** に示すように，x 軸上の $1 \leqq x \leqq 5$ の範囲の値を針が自由にスルスル…と動いて，無作為にある **1** 点 x を指して止まっている場合を考えよう。このとき，針が $X = x$ $(1 \leqq x \leqq 5)$ の点を指す確率を計算できる？ そう…，$1 \leqq x \leqq 5$ の範囲には連続的に点(実数)が無限に並んでいるわけだから，$X = x$ となる確率は，x の値に関わらず常に $0\left(=\dfrac{1}{\infty}\right)$ となる。でも，X が $2 \leqq X \leqq 4$ の範囲に入る確率だったら，$\dfrac{2}{4} = \dfrac{1}{2}$ とすぐに求めることができるんだね。

図 2　連続型確率分布の例

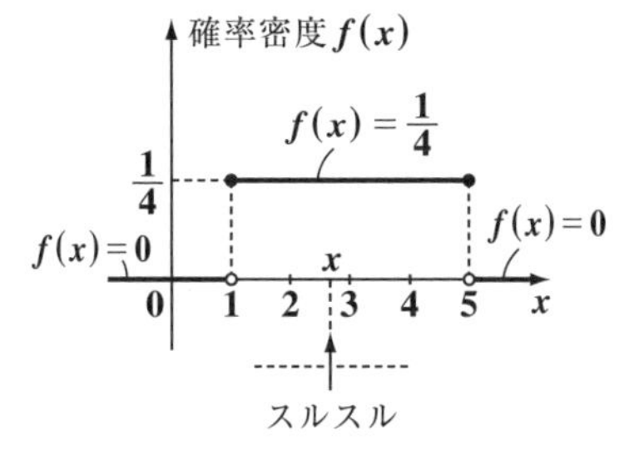

(2―2―4，1―4―5)

一般に連続型の確率計算では，確率変数 X が $a \leqq X \leqq b$ の範囲に入る確率 $P(a \leqq X \leqq b)$ を，$P(a \leqq X \leqq b) = \int_a^b f(x)dx$ の定積分の形で表すんだね。

この被積分関数 $f(x)$ のことを“**確率密度関数**(かくりつみつどかんすう)”または“**確率密度**(かくりつみつど)”と呼ぶ。

図 **2** の例では，確率変数 X が，$1 \leqq X \leqq 5$ の範囲に入る確率が全確率 **1** で

(ここに等号はなくてもかまわない。どうせ $X=1, 5$ となる確率は **0** だからね。)

あり，また，この範囲内のどの点に対しても針は同様に確からしく指すはずだから，この確率密度 $f(x)$ は $f(x) = c$ (定数)と定数関数になるはずだ。よって，

$\int_1^5 f(x)dx = c[x]_1^5 = 4c = 1$ (全確率) となるね。

$\therefore c = \dfrac{1}{4}$ より，この確率密度 $f(x)$ は $f(x) = \dfrac{1}{4}$ $(1 \leqq x \leqq 5)$ となる。当然，$x < 1$，$5 < x$ のとき $f(x) = 0$ だね。(図 **2** を参照してくれ。)

それでは，連続型確率変数と確率密度について，まとめておこう。

連続型確率変数 X と確率密度 $f(x)$

連続型確率変数 X が $a \leqq X \leqq b$ となる確率 $P(a \leqq X \leqq b)$ は次式で表される。

$$P(a \leqq X \leqq b) = \int_a^b f(x)dx \quad (a < b)$$

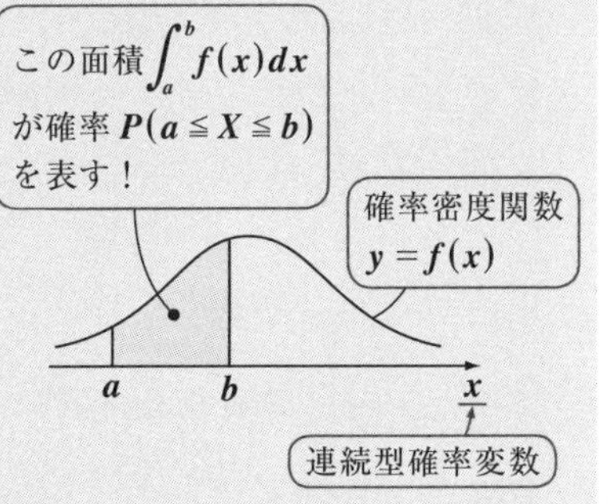

このような関数 $f(x)$ が存在するとき，$f(x)$ を“**確率密度**”と呼び，確率変数 X は確率密度 $f(x)$ の連続型確率分布に従うという。また，$y = f(x)$ のグラフを X の**分布曲線**(ぶんぷきょくせん)と呼ぶ。

（注意）連続型確率分布では，$X = x$ のように表す場合がよくある。この場合，「確率変数 X が，ある値 x である」というように考えるといいよ。ただし，確率密度 $f(x)$ では，x は変数として扱われる。このような独特の表現法にも慣れていくことだね。

そして，確率密度 $f(x)$ は，当然積分区間 $-\infty < x < \infty$ で積分した場合，必ず $\int_{-\infty}^{\infty} f(x)dx = 1$（全確率）となる。これは，離散型における確率分布の条件 $\sum_{k=1}^{n} P_k = 1$（全確率）に対応しているんだね。

以上をまとめて，連続型確率分布の性質として下に示そう。

連続型確率分布の性質

(i) $P(X = a) = 0$　　(ii) $f(x) \geqq 0$　　(iii) $\int_{-\infty}^{\infty} f(x)dx = 1$（全確率）

（$x = a$ となる確率は 0）

(iv) $\int_a^b f(x)dx = P(a \leqq X \leqq b) = P(a < X \leqq b)$

$= P(a \leqq X < b) = P(a < X < b)$

（$X = a$，$X = b$ となる確率は 0 なので，等号はあってもなくても同じになる。）

また，$-\infty < X \leqq x$，すなわち x 以下の確率を表す関数を $F(x)$ で表し，これを“**分布関数**(ぶんぷかんすう)”という。つまり，

分布関数 $F(x) = \int_{-\infty}^{x} f(t)dt$ ← ここでは，x を定数のように扱っているので，積分変数に t を用いた。

それでは，例題で練習してみよう。

例題 16
確率密度 $f(x)$ が，$f(x) = \begin{cases} ax & (1 \leqq x \leqq 3) \\ 0 & (x < 1,\ 3 < x) \end{cases}$ (a：定数)
で定義されているとき，
(1) a の値を求めよう。　(2) 分布関数 $F(x)$ を求めよう。

(1) $\int_{-\infty}^{\infty} f(x)dx = 1$ （全確率）より，

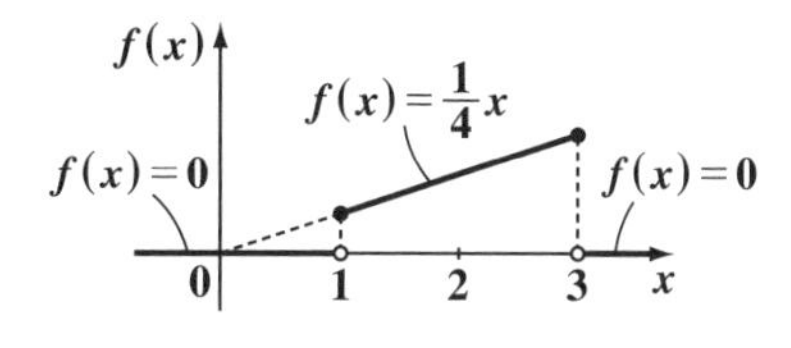

$$\underbrace{\int_{-\infty}^{1} 0 \cdot dx}_{0} + \int_{1}^{3} ax\,dx + \underbrace{\int_{3}^{\infty} 0 \cdot dx}_{0} = 1$$

$f(x)=0$ $(x<1)$　$f(x)=ax$ $(1 \leqq x \leqq 3)$　$f(x)=0$ $(3<x)$

$a \cdot \frac{1}{2}\underbrace{[x^2]_1^3}_{3^2-1^2=8} = 1$　　$a \cdot \frac{1}{2} \cdot 8 = 1$　　$4a = 1$ より，$a = \frac{1}{4}$ となる。

(2) (1)の結果より，$f(t) = \begin{cases} \frac{1}{4}t & (1 \leqq t \leqq 3) \\ 0 & (t < 1,\ 3 < t) \end{cases}$ ← 変数を t に変えた。

よって，分布関数 $F(x)$ は，(ⅰ) $x<1$，(ⅱ) $1 \leqq x \leqq 3$，(ⅲ) $3 < x$ の3通りに場合分けして求める。

(ⅰ) $x < 1$ のとき，$F(x) = \int_{-\infty}^{x} \underbrace{f(t)}_{0} dt = 0$

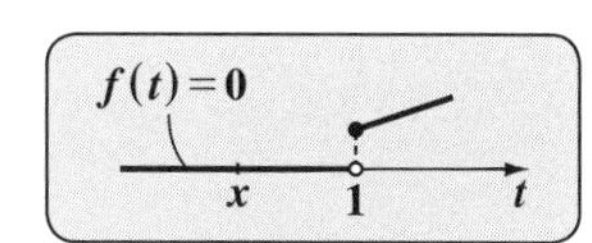

(ⅱ) $1 \leqq x \leqq 3$ のとき，

$$F(x) = \int_{-\infty}^{x} f(t)dt = \underbrace{\int_{-\infty}^{1} 0 \cdot dt}_{0} + \int_{1}^{x} \frac{1}{4}t\,dt$$

$$= \frac{1}{8}[t^2]_1^x = \frac{1}{8}(x^2 - 1)$$

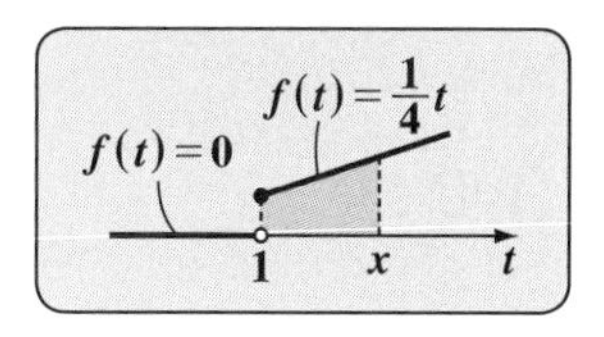

(iii) $3 < x$ のとき，

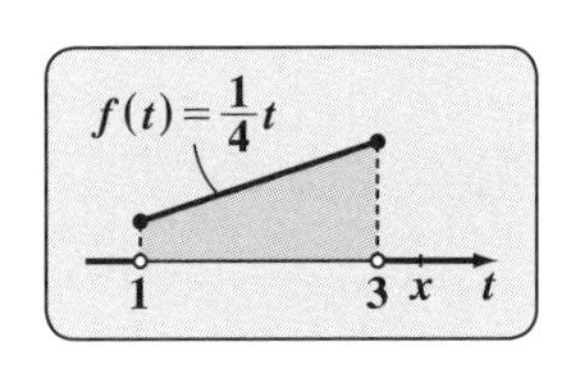

$$F(x) = \int_{-\infty}^{x} f(t)dt$$

$$= \int_{-\infty}^{1} 0 \cdot dt + \int_{1}^{3} \frac{1}{4} t\, dt + \int_{3}^{x} 0 \cdot dt$$

$$= \frac{1}{4}\left[\frac{1}{2}t^2\right]_1^3 = \frac{1}{8}(3^2 - 1^2) = 1$$

以上(i)(ii)(iii)より，分布関数 $F(x)$ は，

$$F(x) = \begin{cases} 0 & (x < 1) \\ \frac{1}{8}(x^2 - 1) & (1 \leqq x \leqq 3) \\ 1 & (3 < x) \end{cases}$$ となる。

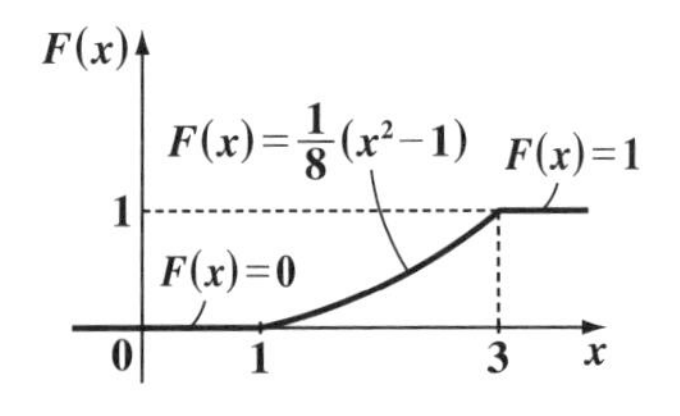

● 連続型確率分布の期待値と分散を押さえよう！

確率密度 $f(x)$ に従う確率変数 X の**期待値(平均)** $\mu = E[X]$ と**分散** $\sigma^2 = V[X]$ と**標準偏差** $\sigma = D[X]$ の定義式と計算式を次に示す。

X の期待値・分散・標準偏差

確率密度 $f(x)$ に従う連続型確率変数 X の期待値，分散，標準偏差は次のようになる。

(1) 期待値 $\mu = E[X] = \int_{-\infty}^{\infty} x f(x) dx$

(2) 分散 $\sigma^2 = V[X] = \int_{-\infty}^{\infty} (x-\mu)^2 f(x) dx$

$$= E[X^2] - E[X]^2$$

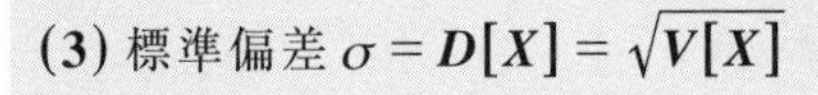

(3) 標準偏差 $\sigma = D[X] = \sqrt{V[X]}$

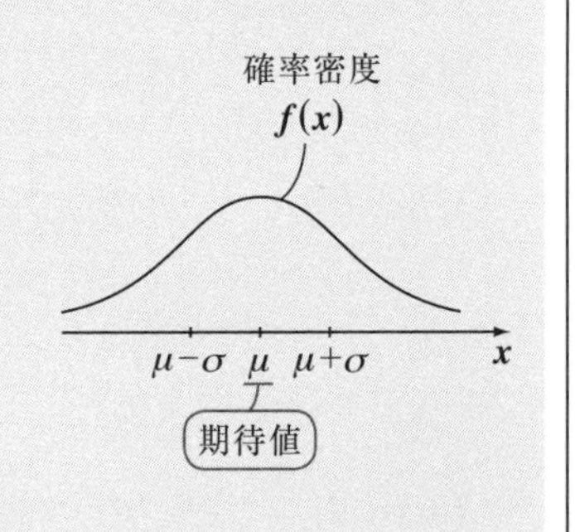

離散型確率変数 X の場合のもの，すなわち，

(1) 期待値 $\mu = E[X] = \sum_{k=1}^{n} x_k p_k$　　(2) 分散 $\sigma^2 = V[X] = \sum_{k=1}^{n} (x_k - \mu)^2 p_k$

(3) 標準偏差 $\sigma = D[X] = \sqrt{V[X]}$　と対比して覚えよう！

期待値 μ（ミュー），分散 σ^2，標準偏差 σ（シグマ）を求める場合，

・離散型の $\sum_{k=1}^{n}$ が，連続型の積分記号 $\int_{-\infty}^{\infty}$ に置き換えられ，

・離散型の p_k が，連続型の $f(x)dx$ に置き換えられているのに気付くはずだ。

次に，連続型の "**m 次のモーメント**" ($m = 1, 2, 3, \cdots$) を下に示そう。

m 次のモーメント

(Ⅰ) 原点のまわりの m 次のモーメント：

$$E[X^m] = \int_{-\infty}^{\infty} x^m f(x)dx$$

(Ⅱ) μ のまわりの m 次のモーメント：

$$E[(X-\mu)^m] = \int_{-\infty}^{\infty} (x-\mu)^m f(x)dx$$

離散型では，
(Ⅰ) $E[X^m] = \sum_{k=1}^{n} x_k{}^m p_k$
(Ⅱ) $E[(X-\mu)^m] = \sum_{k=1}^{n} (x_k-\mu)^m p_k$
だったね。

これから，期待値 (平均) $\mu = E[X]$ は，原点のまわりの 1 次のモーメントであり，分散 $\sigma^2 = V[X] = \int_{-\infty}^{\infty} (x-\mu)^2 f(x)dx$ は，μ のまわりの 2 次のモーメント $E[(X-\mu)^2]$ であると言えるんだね。そして，離散型のときと同様に，連続型においても，分散 $\sigma^2 = V[X] = E[X^2] - E[X]^2$ の形で表すことができる。これも次に証明しておこう。

$$\sigma^2 = V[X] = E[(X-\mu)^2] = \int_{-\infty}^{\infty} (x-\mu)^2 f(x)dx$$

$$= \int_{-\infty}^{\infty} (x^2 - 2\mu x + \mu^2) f(x)dx$$

$$= \underbrace{\int_{-\infty}^{\infty} x^2 f(x)dx}_{E[X^2]} - 2\mu \underbrace{\int_{-\infty}^{\infty} x f(x)dx}_{E[X]=\mu} + \mu^2 \underbrace{\int_{-\infty}^{\infty} f(x)dx}_{1\,(\text{全確率})}$$

$$= E[X^2] - 2\mu^2 + \mu^2 = E[X^2] - \underbrace{\mu^2}_{E[X]^2} = E[X^2] - E[X]^2$$ となって，

σ^2 の計算式：$\sigma^2 = E[X^2] - E[X]^2$ が導けるんだね。納得いった？

それでは，次の例題で，実際に期待値 μ と分散 σ^2 などを求めてみよう。

例題 17　確率密度 $f(x)$ が，$f(x)=\begin{cases}\frac{1}{4}x & (1\leqq x\leqq 3)\\ 0 & (x<1,\ 3<x)\end{cases}$ で定義されている。このとき，$f(x)$ に従う確率変数 X の
(ⅰ) 期待値 μ，(ⅱ) 分散 σ^2，(ⅲ) 標準偏差 σ を求めよう。

与えられている確率密度 $f(x)$ は，例題 16 (P85) のものと同じなので，確率密度の条件 $\int_{-\infty}^{\infty}f(x)dx=1$ (全確率) をみたすことは大丈夫だね。それでは，この確率変数 X の (ⅰ) 期待値 $\mu=E[X]$，(ⅱ) 分散 $\sigma^2=V[X]$，(ⅲ) 標準偏差 $\sigma=D[X]$ を定義式や計算式を使って求めてみよう。

(ⅰ) 期待値 $\mu=E[X]=\int_{-\infty}^{\infty}x\cdot f(x)dx$

$$=\underbrace{\int_{-\infty}^{1}x\cdot 0\,dx}_{0}+\int_1^3 x\cdot\frac{1}{4}x\,dx+\underbrace{\int_3^{\infty}x\cdot 0\,dx}_{0}$$

$$=\frac{1}{4}\int_1^3 x^2dx=\frac{1}{4}\left[\frac{1}{3}x^3\right]_1^3=\frac{1}{12}(3^3-1^3)$$

$$=\frac{26}{12}=\frac{13}{6}$$ となるんだね。では次に，

(ⅱ) 分散 $\sigma^2=V[X]=\underbrace{E[X^2]}_{\int_{-\infty}^{\infty}x^2f(x)dx=\int_1^3x^2\cdot\frac{1}{4}x\,dx}-\underbrace{E[X]^2}_{\mu^2=\left(\frac{13}{6}\right)^2}$

$$=\frac{1}{4}\int_1^3x^3dx-\left(\frac{13}{6}\right)^2=\frac{1}{4}\left[\frac{1}{4}x^4\right]_1^3-\frac{169}{36}$$

$$=\underbrace{\frac{1}{16}(3^4-1^4)}_{\frac{81-1}{16}=\frac{80}{16}=5}-\frac{169}{36}=\frac{180-169}{36}=\frac{11}{36}$$ となる。最後に，

(ⅲ) 標準偏差 $\sigma=D[X]=\sqrt{\sigma^2}=\sqrt{\frac{11}{36}}=\frac{\sqrt{11}}{6}$ となって，答えだ！大丈夫？

● 新たな変数 Y の期待値, 分散を求めよう！

さらに, 確率変数 X を使って, 新たな確率変数 Y を $Y=aX+b$ (a, b：実数定数) と定義したとき, Y の期待値 $E[Y]$, 分散 $V[Y]$ と標準偏差 $D[Y]$ は次のようになる。この結果も離散型のときのものと同様だから覚えやすいはずだ。

Y の期待値・分散・標準偏差

$Y=aX+b$ (a, b：実数定数) により, Y を新たに定義すると,

(1) 期待値 $E[Y]=E[aX+b]=aE[X]+b$ ← 線形性

(2) 分散 $V[Y]=V[aX+b]=a^2V[X]$

(3) 標準偏差 $D[Y]=\sqrt{V[Y]}=\sqrt{a^2V[X]}=|a|\sqrt{V[X]}=|a|D[X]$

(1), (2) について, 証明しておこう。

(1) $E[Y]=E[aX+b]=\int_{-\infty}^{\infty}(ax+b)f(x)dx=a\underbrace{\int_{-\infty}^{\infty}xf(x)dx}_{E[X]}+b\underbrace{\int_{-\infty}^{\infty}f(x)dx}_{1\,(\text{全確率})}$

$=aE[X]+b$ となる。また,

(2) $V[Y]=V[aX+b]=\int_{-\infty}^{\infty}\{\underbrace{(ax+\cancel{b})}_{Y}-\underbrace{(a\mu+\cancel{b})}_{Y\text{の期待値}E(Y)}\}^2f(x)dx$ ← 分散の定義式

$=a^2\int_{-\infty}^{\infty}(x-\mu)^2f(x)dx=a^2V[X]$ となるのも大丈夫？

それでは, 例題17の期待値 $E[X]=\dfrac{13}{6}$, $V[X]=\dfrac{11}{36}$ を使って練習しておこう。

この変数 X を用いて新たに確率変数 Y を $Y=2X-\dfrac{1}{3}$ で定義し, この Y の期待値 $E[Y]$, 分散 $V[Y]$, 標準偏差 $D[Y]$ を求めると,

・$E[Y]=E\left[2X-\dfrac{1}{3}\right]=2E[X]-\dfrac{1}{3}=2\times\dfrac{13}{6}-\dfrac{1}{3}=\dfrac{12}{3}=4$ となり,

・$V[Y]=V\left[2X-\dfrac{1}{3}\right]=2^2V[X]=4\times\dfrac{11}{36}=\dfrac{11}{9}$ となる。また,

・$D[Y]=D\left[2X-\dfrac{1}{3}\right]=|2|\sqrt{V[X]}=2\cdot\dfrac{\sqrt{11}}{6}=\dfrac{\sqrt{11}}{3}$ となるんだね。

では，次の例題で，さらに練習しておこう。

例題 18	ある確率密度$\boldsymbol{f(x)}$に従う確率変数$\boldsymbol{X}$の期待値$\boldsymbol{E[X]}$と，分散$\boldsymbol{V[X]}$が，$\boldsymbol{E[X]=\mu}$，$\boldsymbol{V[X]=\sigma^2}$（$\mu$：定数，$\sigma$：正の定数）であるとき，$\boldsymbol{X}$を使って新たな確率変数$\boldsymbol{Z}$を$\boldsymbol{Z=aX+b}$で定義する。$\boldsymbol{Z}$の期待値$\boldsymbol{E[Z]=0}$，分散$\boldsymbol{V[Z]=1}$となるような定数$\boldsymbol{a}$，$\boldsymbol{b}$の値を決定しよう。（ただし，$\boldsymbol{a>0}$とする）

今回μやσはある定数であることに気を付けよう。確率変数$\boldsymbol{X}$の期待値と分散がそれぞれ

$\boldsymbol{E[X]=\mu}$ ……①　　$\boldsymbol{V[X]=\sigma^2}$ ……②　（μ：定数，σ：正の定数）

で与えられているとき，$\boldsymbol{X}$から作られた新たな確率変数$\boldsymbol{Z=aX+b}$ ……③（$\boldsymbol{a}$，$\boldsymbol{b}$：定数）の期待値$\boldsymbol{E[Z]}$が$\boldsymbol{0}$，分散$\boldsymbol{V[Z]}$が$\boldsymbol{1}$となるような$\boldsymbol{a}$，$\boldsymbol{b}$の値を求める問題なんだね。よって，

$$\boldsymbol{E[Z]=E[aX+b]=a\underbrace{E[X]}_{\mu}+b=\boxed{a\mu+b=0}} \text{ ……④　（①より）}$$

$$\boldsymbol{V[Z]=V[aX+b]=a^2\underbrace{V[X]}_{\sigma^2}=\boxed{a^2\sigma^2=1}} \text{ …………⑤　（②より）}$$

⑤より，$\boldsymbol{a^2=\dfrac{1}{\sigma^2}}$　ここで$\boldsymbol{a>0}$，$\boldsymbol{\sigma>0}$より　$\boldsymbol{a=\dfrac{1}{\sigma}}$ ……⑥ となる。

⑥を④に代入して，$\boldsymbol{\dfrac{\mu}{\sigma}+b=0}$　　$\boldsymbol{\therefore b=-\dfrac{\mu}{\sigma}}$ ……⑦ となって

$\boldsymbol{a}$と$\boldsymbol{b}$の値が決まって，これが答えなんだね。

ここで，⑥，⑦を③に代入すると，新たな変数$\boldsymbol{Z}$は，$\boldsymbol{Z=\dfrac{1}{\sigma}X-\dfrac{\mu}{\sigma}}$，

すなわち，$\boldsymbol{Z=\dfrac{X-\mu}{\sigma}}$ となることが分かるだろう？

実は，これは確率変数$\boldsymbol{X}$の"**標準化**（ひょうじゅんか）"という大切なテーマの$\boldsymbol{1}$つなんだね。期待値μ，標準偏差σ（または，分散σ^2）の確率分布に従う確率変数$\boldsymbol{X}$を基に新たな確率変数$\boldsymbol{Z}$を$\boldsymbol{Z=\dfrac{X-\mu}{\sigma}}$で定義すると，$\boldsymbol{Z}$の従う確率分布の期待値

$E[Z]=0$ に，分散 $V[Z]=1$ になる。この確率変数の変換を“**標準化**”といい，変換された変数 Z のことを“**標準化変数**（ひょうじゅんかへんすう）”というんだね。

例題で練習しておこう。

(ex1) 期待値 $\mu=-1$，標準偏差 $\sigma=5$ の確率分布に従う確率変数 X から，新たな確率変数 Z を $Z=\dfrac{X-\mu}{\sigma}=\dfrac{X-(-1)}{5}=\dfrac{X+1}{5}$ で定義すると，Z は，期待値 0，分散（または，標準偏差）1 の確率分布に従う。

(ex2) 平均 $\mu=4$，分散 $\sigma^2=10$ の確率分布に従う確率変数 X から，新たな確率変数 Z を $Z=\dfrac{X-4}{\sqrt{10}}$ で定義すると，Z は平均 0，分散 1 の確率分布に従うことになるんだね。大丈夫？

この標準化の操作は，連続型，離散型のいずれにおいても同様に行って構わない。しかし，この威力が発揮されるのは“**正規分布**（せいきぶんぷ）”と“**標準正規分布**（ひょうじゅんせいきぶんぷ）”の解説のときなんだね。これについては，後で詳しく解説しよう。

● 連続型確率分布のモーメント母関数もマスターしよう！

離散型確率分布でのモーメント母関数（積率母関数）$M(\theta)=E[e^{\theta X}]$ は，連続型の確率分布においても同様に，次のように定義されるんだね。

モーメント母関数 $M(\theta)$

確率密度 $f(x)$ をもつ連続型確率変数 X と変数 θ に対して，モーメント母関数 $M(\theta)$ を，$M(\theta)=E[e^{\theta X}]=\displaystyle\int_{-\infty}^{\infty}e^{\theta x}f(x)dx$ と定義する。

指数関数 e^t のマクローリン展開は，

$e^t=1+\dfrac{t}{1!}+\dfrac{t^2}{2!}+\dfrac{t^3}{3!}+\cdots$ となるので，

$e^{\theta X}=1+\dfrac{\theta X}{1!}+\dfrac{(\theta X)^2}{2!}+\dfrac{(\theta X)^3}{3!}+\cdots$ となる。よって，積率母関数 $M(\theta)$ は，

$$M(\theta) = E[e^{\theta X}] = E\left[1 + \frac{\theta X}{1!} + \frac{(\theta X)^2}{2!} + \frac{(\theta X)^3}{3!} + \cdots\right]$$

（Eの演算の線形性は連続型でも成り立つ）

$$= E[1] + E[X]\cdot\frac{\theta}{1!} + E[X^2]\cdot\frac{\theta^2}{2!} + E[X^3]\cdot\frac{\theta^3}{3!} + \cdots$$

（$E[1] = \int_{-\infty}^{\infty} 1\cdot f(x)dx = 1$（全確率））

$$= 1 + E[X]\cdot\frac{\theta}{1!} + E[X^2]\cdot\frac{\theta^2}{2!} + E[X^3]\cdot\frac{\theta^3}{3!} + \cdots$$

（$E[X]$，$E[X^2]$，$E[X^3]$，…は定数。これはθのベキ級数だね。）

これから，離散型のときとまったく同様に，このモーメント母関数$M(\theta)$から$E[X]$と$E[X^2]$を抽出できる。すなわち，

$M'(0) = E[X]$，$M''(0) = E[X^2]$　となる。（P69参照）

よって，確率密度$f(x)$の確率分布の期待値μと分散σ^2は，

$$\begin{cases} \mu = E[X] = M'(0) \\ \sigma^2 = V[X] = E[X^2] - E[X]^2 = M''(0) - M'(0)^2 \end{cases}$$

となって，離散型の確率分布のときと同様のμやσ^2の計算公式が導けるんだね。

● 正規分布の確率密度$f_N(x)$を押さえよう！

二項分布$B(n, p)$の確率を$P_B(x)$とおくと，

$P_B(x) = {}_nC_x p^x q^{n-x}$　$(x = 0, 1, 2, \cdots, n)$になるのは大丈夫だね。

（期待値$\mu = E[X] = np$，分散$\sigma^2 = V[X] = npq$だったね！）

この$P_B(x)$は，$x = 0, 1, 2, \cdots, n$と離散的な確率変数の確率分布なんだけれど，ここで，pを一定にして，nを$100, 200, \cdots$と十分に大きくとり，そしてxを連続的な確率変数とみなすことにより，次ページに示す"**正規分布**"と呼ばれる確率分布になることが分かっている。この正規分布は，その期待値（平均）μと分散σ^2を使って$N(\mu, \sigma^2)$と表され，その確率密度を$f_N(x)$とおくと，$f_N(x)$は次のように表される。

（正規分布$N(\mu, \sigma^2)$の平均（期待値）μと分散σ^2は，二項分布$B(n, p)$のときのものが保存される。つまり，$\mu = np$，$\sigma^2 = npq$となるんだね。）

正規分布 $N(\mu,\ \sigma^2)$

正規分布 $N(\mu,\ \sigma^2)$ の確率密度 $f_N(x)$ は

$$f_N(x) = \frac{1}{\sqrt{2\pi}\sigma} e^{-\frac{(x-\mu)^2}{2\sigma^2}} \quad \cdots\cdots(*)$$ であり，

(x：連続型の確率変数，$-\infty < x < \infty$)

その期待値と分散は，

$E[X] = \mu$，$V[X] = \sigma^2$ である。

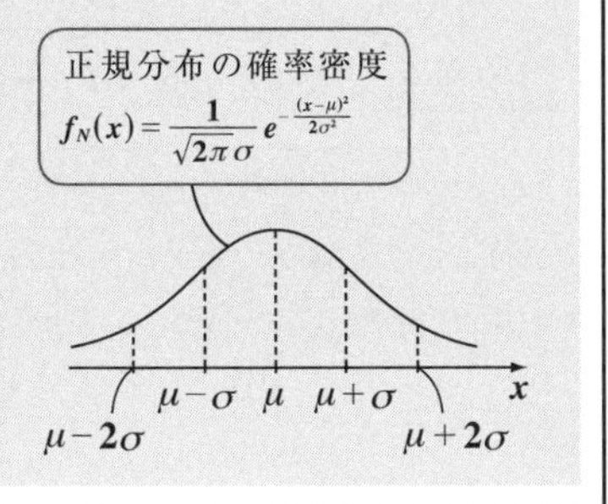

初めて，正規分布 $N(\mu,\ \sigma^2)$ の確率密度 $f_N(x)$ を見ると，ほとんどの人がヒェ～!! ってことになってると思う。でも，これは最も重要な連続型の確率密度なので，慣れながら覚えていく以外ないんだね。

まず，$f_N(x)$ の式の中の e はネイピア数と呼ばれる実数定数で，$e = 2.718\cdots$ であることは，P68 で既に教えたね。

そして，この正規分布 $f_N(x) = \frac{1}{\sqrt{2\pi}\sigma} e^{-\frac{(x-\mu)^2}{2\sigma^2}}$ のグラフは，上図に示すように平均 μ に関して左右対称なキレイなすり鉢(ばち)型になっており，その分散は σ^2 (標準偏差は σ) の確率密度関数なんだね。たとえば，沢山の学生が同一のあるテストを受けたとき，その得点分布が，この正規分布に近い形になることも，経験的によく知られている。

このように正規分布 $N(\mu,\ \sigma^2)$ は，連続型の確率分布として，非常に重要なものなので，その確率密度 $f_N(x) = \frac{1}{\sqrt{2\pi}\sigma} e^{-\frac{(x-\mu)^2}{2\sigma^2}}$ を何回も自分で書いて，頭にたたき込んでおこう。

具体例を示そう。正規分布 $N(5,\ 16)$ の確率密度 $f_N(x)$ は $\mu = 5$，$\sigma^2 = 16\ (\sigma = 4)$ より，$f_N(x) = \frac{1}{4\sqrt{2\pi}} e^{-\frac{(x-5)^2}{32}}$ となる。

また，正規分布 $N(4,\ 5)$ の確率密度 $f_N(x)$ は $\mu = 4$，$\sigma^2 = 5\ (\sigma = \sqrt{5})$ より，
$f_N(x) = \frac{1}{\sqrt{10\pi}} e^{-\frac{(x-4)^2}{10}}$ となるんだね。これで少しは慣れてきたでしょう？

さらに，理論的な証明は難しいんだけれど，平均μ，分散σ^2の同一の確率分布から取り出されたn個の変数X_1, X_2, …, X_nの相加平均を$\overline{X}=\dfrac{X_1+X_2+\cdots+X_n}{n}$とおくと，$n$が十分大きいとき，この$\overline{X}$を確率変数と考えると，この$\overline{X}$は正規分布$N\left(\mu,\ \dfrac{\sigma^2}{n}\right)$に従うことが分かっている。

これは同じ分布であれば図3に示すように，どんな分布でも構わない。

（μ：平均，$\dfrac{\sigma^2}{n}$：分散）

これを“**中心極限定理**（ちゅうしんきょくげんていり）”という。これも頭に入れておこう。

図3　中心極限定理のイメージ

平均μ，分散σ^2のn個の同一の分布

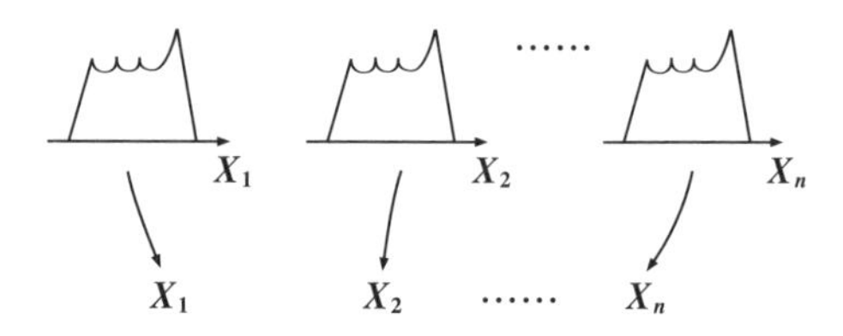

$\overline{X}=\dfrac{X_1+X_2+\cdots+X_n}{n}$とおくと，

$\overline{X}$は正規分布$N\left(\mu,\ \dfrac{\sigma^2}{n}\right)$に従う。

$\overline{X}$の従う確率密度

$\mu-\dfrac{\sigma}{\sqrt{n}}$　μ　$\mu+\dfrac{\sigma}{\sqrt{n}}$　$\overline{x}$

● 正規分布は標準正規分布に変換できる！

一般に，平均μ，標準偏差σの確率分布に従う確率変数Xを用いて，標準化変数Zを$Z=\dfrac{X-\mu}{\sigma}$で定義すれば，Zは平均**0**，分散**1**の確率分布に従うんだった。この変換操作を標準化というんだったね。**(P90)**

したがって，平均μ，分散σ^2をもつ正規分布$N(\mu,\ \sigma^2)$に従う確率変数Xを使って，新たな標準化変数Zを$Z=\dfrac{X-\mu}{\sigma}$で定義すると，これも平均**0**，分散**1**の正規分布$N(0,\ 1)$に従う変数となるんだね。この$\mu=0$，$\sigma^2=1$（または$\sigma=1$）の正規分布$N(0,\ 1)$のことを特に“**標準正規分布**（ひょうじゅんせいきぶんぷ）”と呼ぶんだね。

そして，この標準正規分布の確率密度を$f_S(z)$とおいて，これがどのような式で表されるのか，調べてみよう。一般の正規分布$N(\mu,\ \sigma^2)$の確率密度$f_N(x)$は，$f_N(x)=\dfrac{1}{\sqrt{2\pi}\sigma}e^{-\frac{(x-\mu)^2}{2\sigma^2}}$ ……①　であった。

そして，この確率変数 X を変換した標準化変数 $Z\left(=\dfrac{X-\mu}{\sigma}\right)$ は平均 $\mu=0$，分散 $\sigma^2=1$（標準偏差 $\sigma=1$）の標準正規分布 $N(0,\ 1)$ に従うので，この確率密度 $f_S(z)$ は，①の x の代わりに z を，μ の代わりに 0 を，そして σ の代わりに 1 を代入したものになる。
これから，標準正規分布 $N(0,\ 1)$ の確率密度 $f_S(z)$ は，

$$f_S(z)=\frac{1}{\sqrt{2\pi}}e^{-\frac{z^2}{2}}$$

$f_S(z)=\dfrac{1}{\sqrt{2\pi}\cdot\boxed{1}}e^{-\frac{(z-\boxed{0})^2}{2\cdot\boxed{1}}}$ と書き換えると，（$\boxed{1}$ は σ，$\boxed{0}$ は μ，$\boxed{1}$ は σ^2）

$\mu=0$，$\sigma^2=1$ の $N(0,\ 1)$ になっていることが分かるね。

となるんだね。
納得いった？
どんな正規分布 $N(\mu,\ \sigma^2)$ に従う変数 X も，$Z=\dfrac{X-\mu}{\sigma}$ と標準化することにより，標準正規分布 $N(0,\ 1)$ $\left(\text{確率密度 } f_S(z)=\dfrac{1}{\sqrt{2\pi}}e^{-\frac{z^2}{2}}\right)$ にもち込むことができる。ここで，u をある 0 以上の定数とおこう。そして，$z\geqq u$ となる確率 $P(z\geqq u)$ を α とおくと，図 4 に示すように，

$$\alpha=P(z\geqq u)=\int_u^{\infty}f_S(z)dz=\frac{1}{\sqrt{2\pi}}\int_u^{\infty}e^{-\frac{z^2}{2}}dz$$

図 4　標準正規分布における確率 $\alpha=P(z\geqq u)$

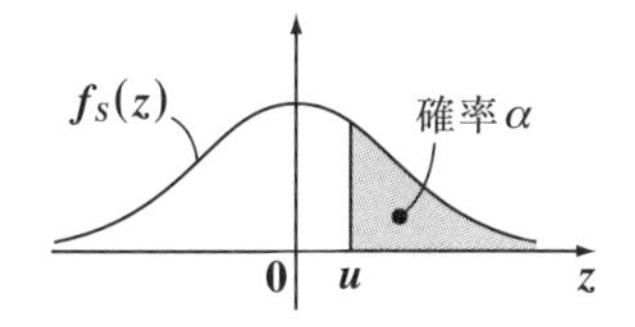

$(u\geqq 0)$ となるんだね。この確率 α は，図 4 に示すように，u の値によって変化するんだけれど，この無限積分を解くのは意外と難しい。
しかし，これは実用上とても重要なので，この u と α の関係は，標準正規分布表として与えられているんだね。本書でも，この標準正規分布表を **P97** に掲載している。尚，$u\geqq 0$ としたのは，この標準正規分布の確率密度 $f_S(z)$ のグラフが直線 $z=0$ に関して左右対称になっているので，$u<0$ の場合は載せる必要がないんだね。

これから，様々な正規分布 $N(\mu,\ \sigma^2)$ の確率の問題は，確率変数 X を標準化して標準正規分布 $N(0,\ 1)$ の変数 Z の不等式に持ち込み，標準正規分布表を利用して解けばいいんだね。この手順を次の例題で練習しよう。

> 例題 19　確率変数 X は正規分布 $N(3,\ 16)$ に従う。
> このとき，右の標準正規分布表を用いて，$X \geqq 6$ となる確率 $P(X \geqq 6)$ を求めよう。

確率変数 X は，正規分布 $N(\underbrace{3}_{\mu},\ \underbrace{16}_{\sigma^2})$ に従うので，この標準化変数 Z は，

$Z = \dfrac{X-3}{4}$ ……① になる。 ← $Z = \dfrac{X-\mu}{\sigma}$

ここで，$X \geqq 6$ となる確率 $P(X \geqq 6)$ は，

$X \geqq 6$ の両辺から 3 を引いて，4 で割ると，$\underbrace{\dfrac{X-3}{4}}_{Z\,(①より)} \geqq \underbrace{\dfrac{6-3}{4}}_{\frac{3}{4}=0.75}$ より，

$P(X \geqq 6) = P(Z \geqq 0.75)$ となる。右の標準正規分布表より，

$P(X \geqq 6) = P(Z \geqq 0.75) = 0.2266$　となるんだね。大丈夫だった？

> 例題 20　確率変数 X は正規分布 $N(4,\ 25)$ に従う。
> このとき，右の標準正規分布表を用いて，$X \leqq -2$ となる確率 $P(X \leqq -2)$ を求めよう。

確率変数 X は，正規分布 $N(\underbrace{4}_{\mu},\ \underbrace{25}_{\sigma^2})$ に従うので，この標準化変数 Z は，

$Z = \dfrac{X-4}{5}$ ……② になる。ここで，$X \leqq -2$ となる確率 $P(X \leqq -2)$ は，

$X \leqq -2$ の両辺から 4 を引いて，5 で割ると，$\underbrace{\dfrac{X-4}{5}}_{Z\,(②より)} \leqq \underbrace{\dfrac{-2-4}{5}}_{-\frac{6}{5}=-1.2}$ より，

$P(X \leqq -2) = P(Z \leqq -1.2) = P(Z \geqq 1.2)$ ←

よって，右の標準正規分布表より，

$P(X \leqq -2) = P(Z \geqq 1.20) = 0.1151$

となるんだね。これも大丈夫だった？

$f_S(z)$ は，$z=0$ に関して対称なので，
$P(Z \leqq -1.2) = P(Z \geqq 1.2)$

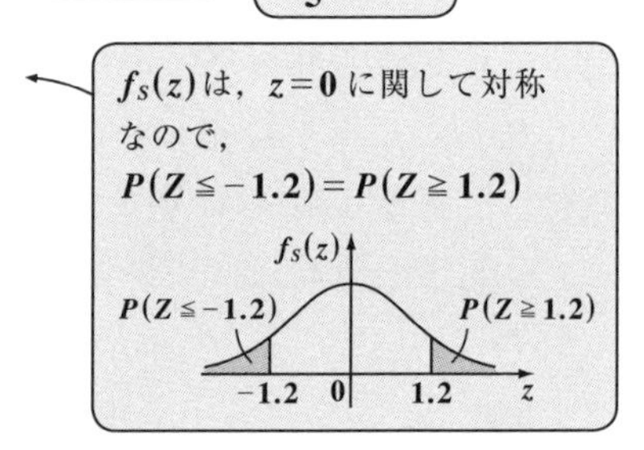

標準正規分布表 $\alpha = P(Z \geqq u) = \int_u^{\infty} \frac{1}{\sqrt{2\pi}} e^{-\frac{z^2}{2}} dz$ の値

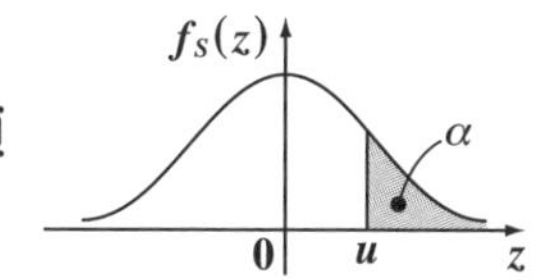

u	0.00	0.01	0.02	0.03	0.04	0.05	0.06	0.07	0.08	0.09
0.0	0.5000	0.4960	0.4920	0.4880	0.4840	0.4801	0.4761	0.4721	0.4681	0.4641
0.1	0.4602	0.4562	0.4522	0.4483	0.4443	0.4404	0.4364	0.4325	0.4286	0.4247
0.2	0.4207	0.4168	0.4129	0.4090	0.4052	0.4013	0.3974	0.3936	0.3897	0.3859
0.3	0.3821	0.3783	0.3745	0.3707	0.3669	0.3632	0.3594	0.3557	0.3520	0.3483
0.4	0.3446	0.3409	0.3372	0.3336	0.3300	0.3264	0.3228	0.3192	0.3156	0.3121
0.5	0.3085	0.3050	0.3015	0.2981	0.2946	0.2912	0.2877	0.2843	0.2810	0.2776
0.6	0.2743	0.2709	0.2676	0.2643	0.2611	0.2578	0.2546	0.2514	0.2483	0.2451
0.7	0.2420	0.2389	0.2358	0.2327	0.2296	0.2266	0.2236	0.2206	0.2177	0.2148
0.8	0.2119	0.2090	0.2061	0.2033	0.2005	0.1977	0.1949	0.1922	0.1894	0.1867
0.9	0.1841	0.1814	0.1788	0.1762	0.1736	0.1711	0.1685	0.1660	0.1635	0.1611
1.0	0.1587	0.1562	0.1539	0.1515	0.1492	0.1469	0.1446	0.1423	0.1401	0.1379
1.1	0.1357	0.1335	0.1314	0.1292	0.1271	0.1251	0.1230	0.1210	0.1190	0.1170
1.2	0.1151	0.1131	0.1112	0.1093	0.1075	0.1056	0.1038	0.1020	0.1003	0.0985
1.3	0.0968	0.0951	0.0934	0.0918	0.0901	0.0885	0.0869	0.0853	0.0838	0.0823
1.4	0.0808	0.0793	0.0778	0.0764	0.0749	0.0735	0.0721	0.0708	0.0694	0.0681
1.5	0.0668	0.0655	0.0643	0.0630	0.0618	0.0606	0.0594	0.0582	0.0571	0.0559
1.6	0.0548	0.0537	0.0526	0.0516	0.0505	0.0495	0.0485	0.0475	0.0465	0.0455
1.7	0.0446	0.0436	0.0427	0.0418	0.0409	0.0401	0.0392	0.0384	0.0375	0.0367
1.8	0.0359	0.0351	0.0344	0.0336	0.0329	0.0322	0.0314	0.0307	0.0301	0.0294
1.9	0.0287	0.0281	0.0274	0.0268	0.0262	0.0256	0.0250	0.0244	0.0239	0.0233
2.0	0.0228	0.0222	0.0217	0.0212	0.0207	0.0202	0.0197	0.0192	0.0188	0.0183
2.1	0.0179	0.0174	0.0170	0.0166	0.0162	0.0158	0.0154	0.0150	0.0146	0.0143
2.2	0.0139	0.0136	0.0132	0.0129	0.0125	0.0122	0.0119	0.0116	0.0113	0.0110
2.3	0.0107	0.0104	0.0102	0.00990	0.00964	0.00939	0.00914	0.00889	0.00866	0.00842
2.4	0.00820	0.00798	0.00776	0.00755	0.00734	0.00714	0.00695	0.00676	0.00657	0.00639
2.5	0.00621	0.00604	0.00587	0.00570	0.00554	0.00539	0.00523	0.00508	0.00494	0.00480
2.6	0.00466	0.00453	0.00440	0.00427	0.00415	0.00402	0.00391	0.00379	0.00368	0.00357
2.7	0.00347	0.00336	0.00326	0.00317	0.00307	0.00298	0.00289	0.00280	0.00272	0.00264
2.8	0.00256	0.00248	0.00240	0.00233	0.00226	0.00219	0.00212	0.00205	0.00199	0.00193
2.9	0.00187	0.00181	0.00175	0.00169	0.00164	0.00159	0.00154	0.00149	0.00144	0.00139
3.0	0.00135	0.00131	0.00126	0.00122	0.00118	0.00114	0.00111	0.00107	0.00104	0.00100
3.1	0.00097	0.00094	0.00090	0.00087	0.00084	0.00082	0.00079	0.00076	0.00074	0.00071
3.2	0.00069	0.00066	0.00064	0.00062	0.00060	0.00058	0.00056	0.00054	0.00052	0.00050
3.3	0.00048	0.00047	0.00045	0.00043	0.00042	0.00040	0.00039	0.00038	0.00036	0.00035
3.4	0.00034	0.00032	0.00031	0.00030	0.00029	0.00028	0.00027	0.00026	0.00025	0.00024

演習問題 20　●確率密度（Ⅰ）●

確率密度 $f(x)$ が，

$$f(x)=\begin{cases} ax^2(2-x) & (0 \leqq x \leqq 2) \\ 0 & (x<0,\ 2<x) \end{cases}$$

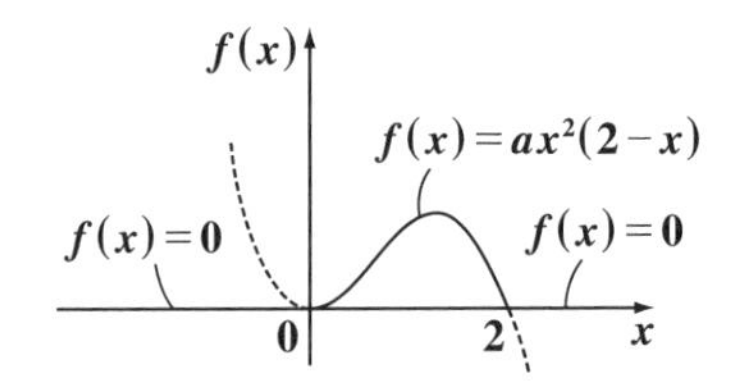

（a：正の定数）で定義されている。
このとき，次の各問いに答えよ。

(1) a の値を求めよ。

(2) 確率密度 $f(x)$ に従う確率変数 X の期待値 $\mu = E[X]$，分散 $\sigma^2 = V[X]$，標準偏差 $\sigma = D[X]$ を求めよ。

(3) X を使って，新たな確率変数 Y を $Y = 5X - 1$ で定義する。このとき，Y の期待値 $E[Y]$，分散 $V[Y]$，標準偏差 $D[Y]$ を求めよ。

ヒント！ 確率密度 $f(x)$ は，$x<0$ または $2<x$ のとき 0 なので，$0 \leqq x \leqq 2$ のときのみを考慮すればいいんだね。よって，(1) では，$\int_0^2 f(x)dx = 1$（全確率）から，a の値を求めよう。(2) では，定義式と計算式に従って，$E[X]$，$V[X]$，$D[X]$ を求めればいいんだね。(3) では，$Y=5X-1$ より，$E[Y]=5E[X]-1$，$V[Y]=5^2V[X]$，$D[Y]=\sqrt{V[Y]}$ となるんだね。正確に計算できるように，頑張ろう！

解答＆解説

(1) 確率密度 $f(x)=\begin{cases} ax^2(2-x) & (0 \leqq x \leqq 2)\ (a：正の定数) \\ 0 & (x<0,\ 2<x) \end{cases}$ より，

$\int_{-\infty}^{\infty} f(x)dx = 1$（全確率）　となる。よって，

$$\int_{-\infty}^{0} 0\cdot dx + \int_0^2 ax^2(2-x)dx + \int_2^{\infty} 0\cdot dx$$

（第1項 $=0$，第3項 $=0$）

積分公式：
$\int x^n dx = \frac{1}{n+1}x^{n+1} + C$

$$a\int_0^2 (2x^2 - x^3)dx = a\left[\frac{2}{3}x^3 - \frac{1}{4}x^4\right]_0^2 = a\left(\frac{16}{3} - 4\right) = 1 \quad (全確率)$$

$\left(\frac{16-12}{3} = \frac{4}{3}\right)$

$\therefore \dfrac{4}{3}a=1$ より，$a=\dfrac{3}{4}$ ……① である。 ……………………………(答)

(2) ①より，$0 \leqq x \leqq 2$ のとき，確率密度 $f(x)=\dfrac{3}{4}x^2(2-x)=\dfrac{3}{4}(2x^2-x^3)$ となる。この $f(x)$ に従う確率変数 X の期待値 $E[X]$，分散 $V[X]$，標準偏差 $D[X]$ を求める。

$$\cdot\ \mu=E[X]=\int_{-\infty}^{\infty}x\cdot f(x)dx=\int_0^2 x\cdot\frac{3}{4}(2x^2-x^3)dx$$

$$=\frac{3}{4}\int_0^2(2x^3-x^4)dx=\frac{3}{4}\left[\frac{1}{2}x^4-\frac{1}{5}x^5\right]_0^2$$

$$=\frac{3}{4}\left(8-\frac{32}{5}\right)=\frac{3}{4}\times\frac{40-32}{5}=\frac{3}{4}\times\frac{8}{5}=\frac{6}{5}$$ ……② ……(答)

$$\cdot\ \sigma^2=V[X]=E[X^2]-\underbrace{E[X]^2}_{\left(\frac{6}{5}\right)^2=\frac{36}{25}}=\underbrace{\int_{-\infty}^{\infty}x^2f(x)dx}_{\int_0^2 x^2\cdot\frac{3}{4}(2x^2-x^3)dx}-\frac{36}{25}$$

$$=\frac{3}{4}\underbrace{\int_0^2(2x^4-x^5)dx}_{\left[\frac{2}{5}x^5-\frac{1}{6}x^6\right]_0^2=\frac{64}{5}-\frac{32}{3}=\frac{32(6-5)}{15}=\frac{32}{15}}-\frac{36}{25}$$

$$=\frac{3}{4}\times\frac{32}{15}-\frac{36}{25}=\frac{8}{5}-\frac{36}{25}=\frac{40-36}{25}=\frac{4}{25}$$ ……③ ……(答)

$$\cdot\ \sigma=D[X]=\sqrt{V[X]}=\sqrt{\frac{4}{25}}=\frac{2}{5}$$ ……………………………(答)

(3) 新たな変数 Y を $Y=5X-1$ で定義して，平均 $E[Y]$，分散 $V[Y]$ を求めると，$E[Y]=E[5X-1]=5E[X]-1=5\times\dfrac{6}{5}-1=5$ （②より）

$V[Y]=V[5X-1]=5^2V[X]=25\times\dfrac{4}{25}=4$ （③より）

$\therefore E[Y]=5$，$V[Y]=4$，$D[Y]=\sqrt{4}=2$ である。 ……………………(答)

演習問題 21　●確率密度(II)●

確率密度$f(x)$が，

$$f(x)=\begin{cases} ae^{-2x} & (0 \leqq x) \\ 0 & (x<0) \end{cases}$$

$(a$：正の定数$)$で定義されている。
このとき，次の各問いに答えよ。

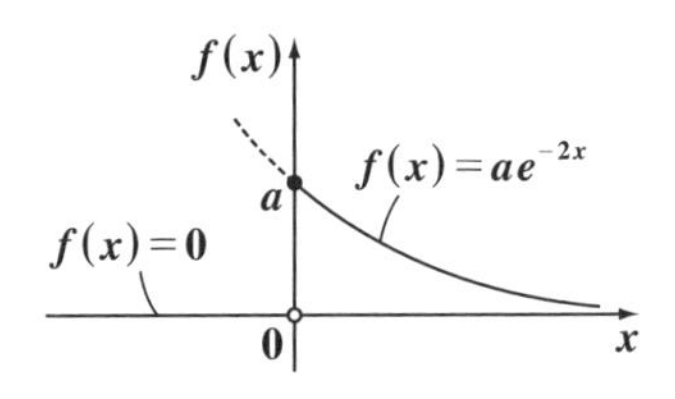

(1) aの値を求めよ。

(2) 確率密度$f(x)$に従う確率変数Xの期待値$\mu=E[X]$，分散$\sigma^2=V[X]$，標準偏差$\sigma=D[X]$を求めよ。

(3) Xを使って，新たな確率変数Yを$Y=2X+3$で定義する。このとき，Yの期待値$E[Y]$，分散$V[Y]$，標準偏差$D[Y]$を求めよ。

ヒント！ 確率密度$f(x)$は，$x<0$のとき0なので，$0 \leqq x$のときのみを考慮すればいいんだね。よって，(1)では，$\int_0^{\infty} f(x)dx=1$（全確率）から，aの値を求める。また，(2)では，定義式や計算式に従って，Xの期待値$E[X]$，分散$V[X]$，標準偏差$D[X]$を計算すればいい。(3)では，$Y=2X+3$より，$E[Y]=2E[X]+3$，$V[Y]=2^2V[X]$などとなる。指数関数の部分積分やロピタルの定理などにまだ慣れていない方は，「**初めから学べる 微分積分キャンパス・ゼミ**」で予め学習しておくことを勧める。

解答＆解説

(1) 確率密度$f(x)=\begin{cases} ae^{-2x} & (0 \leqq x)\ (a：正の定数) \\ 0 & (x<0) \end{cases}$ より，

$\int_{-\infty}^{\infty} f(x)dx=1$（全確率） となる。よって，

$\left(\int_{-\infty}^{0} 0 \cdot dx + \int_0^{\infty} ae^{-2x}dx\right)$　（$\int_{-\infty}^{0} 0 \cdot dx = 0$）

積分公式：
$\int e^{\alpha x}dx=\frac{1}{\alpha}e^{\alpha x}+C$　（α：定数）

$$a\int_0^{\infty} e^{-2x}dx=a\left(-\frac{1}{2}\right)\left[e^{-2x}\right]_0^{\infty}=-\frac{a}{2}(0-1)=\boxed{\frac{a}{2}=1}\ (全確率)$$

$\left[e^{-2x}\right]_0^{\infty} = \lim_{p\to\infty}\left[e^{-2x}\right]_0^p=\lim_{p\to\infty}(e^{-2p}-1)$　（$e^{-2p} \to 0$）

$\therefore \dfrac{a}{2} = 1$ より，$a = 2$ ……① である。…………………………………(答)

(2) ①より，$x \geqq 0$ のとき，確率密度 $f(x) = 2e^{-2x}$ となる。この $f(x)$ に従う確率変数 X の期待値 $E[X]$，分散 $V[X]$，標準偏差 $D[X]$ を求める。

・$\mu = E[X] = \displaystyle\int_{-\infty}^{\infty} x \cdot f(x)dx = \int_0^{\infty} x \cdot 2e^{-2x}dx$

$= 2\displaystyle\int_0^{\infty} x \cdot \left(-\frac{1}{2}e^{-2x}\right)' dx$

部分積分
$\displaystyle\int_0^{\infty} f \cdot g' dx = [f \cdot g]_0^{\infty} - \int_0^{\infty} f' \cdot g dx$

$= 2\left\{-\dfrac{1}{2}\left[x \cdot e^{-2x}\right]_0^{\infty} + \dfrac{1}{2}\displaystyle\int_0^{\infty} 1 \cdot e^{-2x}dx\right\}$

$\displaystyle\lim_{p\to\infty}\left[\frac{x}{e^{2x}}\right]_0^p = \lim_{p\to\infty}\frac{p}{e^{2p}}$ $\left(= \dfrac{\infty}{\infty}\text{の不定形}\right)$

$\displaystyle = \lim_{p\to\infty}\frac{p'}{(e^{2p})'} = \lim_{p\to\infty}\frac{1}{2e^{2p}} = \frac{1}{\infty} = 0$

$\dfrac{\infty}{\infty}$ の不定形の極限は，分子・分母を p で微分したものの極限と一致する。(ロピタルの定理)

$\therefore \mu = 2 \cdot \dfrac{1}{2} \times \left(-\dfrac{1}{2}\right)\left[e^{-2x}\right]_0^{\infty} = -\dfrac{1}{2} \times (-1) = \dfrac{1}{2}$ ……② ………………(答)

$\displaystyle\lim_{p\to\infty}\left[e^{-2x}\right]_0^p = \lim_{p\to\infty}(e^{-2p} - 1) = -1$ （$e^{-2p} \to 0$）

・$\sigma^2 = V[X] = E[X^2] - E[X]^2$

$E[X]^2$：$\left(\dfrac{1}{2}\right)^2$ (②より)

$E[X^2]$：
$\displaystyle\int_0^{\infty} x^2 \cdot 2e^{-2x}dx = 2\int_0^{\infty} x^2\left(-\frac{1}{2}e^{-2x}\right)' dx$ → 部分積分

$= 2\left\{-\dfrac{1}{2}\left[x^2 e^{-2x}\right]_0^{\infty} + \dfrac{1}{2}\displaystyle\int_0^{\infty} 2x \cdot e^{-2x}dx\right\}$

ロピタルを2回使った！

$\displaystyle\lim_{p\to\infty}\left[\frac{x^2}{e^{2x}}\right]_0^p = \lim_{p\to\infty}\frac{p^2}{e^{2p}} = \lim_{p\to\infty}\frac{(p^2)''}{(e^{2p})''} = \lim_{p\to\infty}\frac{2}{4e^{2p}} = 0$

$= 2\displaystyle\int_0^{\infty} x \cdot \left(-\frac{1}{2}e^{-2x}\right)' dx - \left(\frac{1}{2}\right)^2$ となる。よって，

$\cdot\ \sigma^2 = 2\int_0^\infty x\cdot\left(-\frac{1}{2}e^{-2x}\right)' dx - \frac{1}{4}$

$-\frac{1}{2}\left[x\cdot e^{-2x}\right]_0^\infty + \frac{1}{2}\int_0^\infty 1\cdot e^{-2x}dx$ ← 2回目の部分積分

$\lim_{p\to\infty}\left[\frac{x}{e^{2x}}\right]_0^p = \lim_{p\to\infty}\frac{p}{e^{2p}} = \lim_{p\to\infty}\frac{p'}{(e^{2p})'} = \lim_{p\to\infty}\frac{1}{2e^{2p}} = 0$

ロピタルの定理

$= 2\cdot\frac{1}{2}\int_0^\infty e^{-2x}dx - \frac{1}{4}$

$\therefore\ \sigma^2 = -\frac{1}{2}\left[e^{-2x}\right]_0^\infty - \frac{1}{4} = \frac{1}{2} - \frac{1}{4} = \frac{1}{4}$ ……③ ……………………(答)

$\lim_{p\to\infty}\left[e^{-2x}\right]_0^p = \lim_{p\to\infty}(e^{-2p} - 1) = -1$ ($e^{-2p}\to 0$)

$\cdot\ \sigma = D[X] = \sqrt{V[X]} = \sqrt{\frac{1}{4}} = \frac{1}{2}$ (③より) ……………………(答)

(3) (2)の結果より，$\mu = E[X] = \frac{1}{2}$，$\sigma^2 = V[X] = \frac{1}{4}$，$\sigma = D[X] = \frac{1}{2}$

である。

ここで，新たな変数 Y を $Y = 2X + 3$ で定義すると，Y の期待値 $E[Y]$，

分散 $V[Y]$，標準偏差 $D[Y]$ は，次のようになる。

$\cdot\ E[Y] = E[2X+3] = 2E[X] + 3 = 2\cdot\frac{1}{2} + 3 = 4$ ……………………(答)

$\cdot\ V[Y] = V[2X+3] = 2^2\cdot V[X] = 4\times\frac{1}{4} = 1$ ……………………(答)

$\cdot\ D[Y] = \sqrt{V[Y]} = \sqrt{1} = 1$ ……………………(答)

演習問題 22 ● モーメント母関数 ●

確率密度 $f(x)=\begin{cases}2e^{-2x} & (0 \leqq x)\\ 0 & (x<0)\end{cases}$ に従う確率変数 X がある。

次の各問いに答えよ。

(1) 変数 θ を用いて，X のモーメント母関数 $M(\theta)=E[e^{\theta X}]$ を求めよ。
ただし，$\theta<2$ とする。

(2) X の平均 μ と分散 σ^2 を，次の公式を用いて求めよ。
(ⅰ) $\mu=M'(0)$ (ⅱ) $\sigma^2=M''(0)-M'(0)^2$

ヒント！ この確率密度 $f(x)$ は，演習問題 21(P100) で用いたものと同じものだね。よって，X の平均 (期待値) $\mu=\dfrac{1}{2}$，分散 $\sigma^2=\dfrac{1}{4}$ となることは分かっている。この問題では，モーメント母関数を使った公式から，これらと同じ結果が導けることを確かめるための問題と考えてくれたらいいんだね。

解答＆解説

(1) 確率密度 $f(x)=\begin{cases}2e^{-2x} & (0 \leqq x)\\ 0 & (x<0)\end{cases}$ に従う確率変数 X のモーメント母関数

$M(\theta)$ $(\theta<2)$ を求めると，

$$M(\theta)=E[e^{\theta X}]=\int_{-\infty}^{\infty}e^{\theta x}\cdot f(x)dx$$

$$\left(\int_{-\infty}^{0}e^{\theta x}\cdot 0dx+\int_0^{\infty}e^{\theta x}\cdot 2e^{-2x}dx\right) \quad \left(\int_{-\infty}^{0}e^{\theta x}\cdot 0dx = 0\right)$$

$$=2\int_0^{\infty}e^{(\theta-2)x}dx$$ ← x での積分なので，ここでは，θ は $\theta-2<0$ をみたす定数と考える。

$$=2\cdot\frac{1}{\theta-2}\left[e^{(\theta-2)x}\right]_0^{\infty}$$ ← 積分公式 $\int e^{\alpha x}dx=\dfrac{1}{\alpha}e^{\alpha x}+C$

$$\lim_{p\to\infty}\left[e^{(\theta-2)x}\right]_0^p=\lim_{p\to\infty}\left(e^{(\theta-2)p}-1\right)=-1$$

$e^{(\theta-2)p}$ → 0 ($\because \theta-2<0$ より，$e^{(\theta-2)p}\to 0$ となる)

$$=2\cdot\frac{1}{\theta-2}\cdot(-1)=\frac{2}{2-\theta}=2(2-\theta)^{-1}$$ ……① となる。………(答)

(2) モーメント母関数 $M(\theta)=2\cdot(2-\theta)^{-1}$ ……① より,

これを θ で 1 回および 2 回微分すると,

$M'(\theta)=2\cdot\{(2-\theta)^{-1}\}'=2\cdot(-1)\cdot(2-\theta)^{-2}\cdot(-1)=2(2-\theta)^{-2}$ となり,

$2-\theta=u$ とおくと,
$\frac{d}{d\theta}(2-\theta)^{-1}=\frac{du^{-1}}{du}\cdot\frac{du}{d\theta}=-u^{-2}\cdot\frac{d(2-\theta)}{d\theta}=-(2-\theta)^{-2}\cdot(-1)$
(合成関数の微分)

$M''(\theta)=\{M'(\theta)\}'=2\{(2-\theta)^{-2}\}'=2\cdot(-2)\cdot(2-\theta)^{-3}\cdot(-1)$

合成関数の微分

$=4\cdot(2-\theta)^{-3}$ となる。

以上より, $M'(\theta)=\frac{2}{(2-\theta)^2}$ ……②, $M''(\theta)=\frac{4}{(2-\theta)^3}$ ……③

よって, 確率変数 X の平均 $\mu=M'(0)$ と分散 $\sigma^2=M''(0)-M'(0)^2$ を

求めると,

(i) $\mu=M'(0)=\frac{2}{(2-0)^2}=\frac{2}{2^2}=\frac{1}{2}$ である。(②より) ………………(答)

(ii) $\sigma^2=M''(0)-M'(0)^2=\frac{4}{(2-0)^3}-\left(\frac{1}{2}\right)^2$

$M'(0)^2 = \left(\frac{1}{2}\right)^2$ (②より)

$=\frac{1}{2}-\frac{1}{4}=\frac{1}{4}$ である。………………………………………(答)

$\mu=\frac{1}{2}$ と $\sigma^2=\frac{1}{4}$ は演習問題 21 で求めた結果と一致する!

演習問題 23　● 標準正規分布 (Ⅰ) ●

二項分布 $B(100,\ 0.1)$ がある。次の各問いに答えよ。

(1) $B(100,\ 0.1)$ は連続型の正規分布 $N(\mu,\ \sigma^2)$ で近似できる。
μ と σ^2 の値を求め，この確率密度 $f_N(x)$ を求めよ。

(2) 正規分布 $N(\mu,\ \sigma^2)$ に従う確率変数 X が，$X \geqq 13$ となる確率 $P(X \geqq 13)$ を求めよ。ただし，標準正規分布の変数 Z が $Z \geqq 1$ となる確率 $P(Z \geqq 1) = 0.1587$ を用いてもよい。

ヒント！ (1) 二項分布 $B(n,\ p)$ の n が大きな値をとるとき，これは正規分布 $N(\mu,\ \sigma^2)$ で近似できる。ここで，$\mu = np$，$\sigma^2 = npq$ である。(2) は正規分布 $N(\mu,\ \sigma^2)$ の変数 X を標準化して，標準正規分布の変数 Z で考えればいいんだね。

解答＆解説

(1) 二項分布 $B(\underbrace{100}_{n},\ \underbrace{0.1}_{p})$ は $n = 100$，$p = 0.1$，$q = 0.9\ (= 1 - p)$ であり，

$n = 100$ は十分大きな数と考えてよいので，

これは，平均 $\mu = np = 100 \times 0.1 = 10$，

分散 $\sigma^2 = npq = 100 \times 0.1 \times 0.9 = 9$ をもつ正規分布 $N(\underbrace{10}_{\mu},\ \underbrace{9}_{\sigma^2})$ で近似できる。………(答)　また，この正規分布 $N(10,\ 9)$ の確率密度 $f_N(x)$ は，

$$f_N(x) = \frac{1}{\sqrt{2\pi}\cdot 3}e^{-\frac{(x-10)^2}{2\cdot 3^2}} = \frac{1}{3\sqrt{2\pi}}e^{-\frac{(x-10)^2}{18}}$$ である。………………………(答)

公式：$f_N(x) = \dfrac{1}{\sqrt{2\pi}\cdot\sigma}e^{-\frac{(x-\mu)^2}{2\sigma^2}}$

(2) 正規分布 $N(10,\ 9)$ に従う確率変数 X の標準化変数 Z は，

$$Z = \frac{X-10}{3} \quad \cdots\cdots ①$$ ← $Z = \dfrac{X-\mu}{\sigma}$　よって，

$X \geqq 13$ となる確率 $P(X \geqq 13)$ は，

$X \geqq 13$ の両辺から $10\,(= \mu)$ を引いて $3\,(= \sigma)$ で割ると，$\dfrac{X-10}{3} \geqq 1$ （Z（①より））

となるので，$P(X \geqq 13) = P(Z \geqq 1) = 0.1587$ である。………………(答)

演習問題 24　●標準正規分布（Ⅱ）●

右の標準正規分布表を利用して，次の各問いに答えよ。

(1) 確率変数 X が，正規分布 $N(5,\ 16)$ に従うとき，$1.8 \leqq X \leqq 4.2$ となる確率 $P(1.8 \leqq X \leqq 4.2)$ を求めよ。

(2) 確率変数 X が，正規分布 $N(\sqrt{2},\ 50)$ に従うとき，$-2\sqrt{2} \leqq X \leqq 7\sqrt{2}$ となる確率 $P(-2\sqrt{2} \leqq X \leqq 7\sqrt{2})$ を求めよ。

標準正規分布表 $\alpha = \int_u^{\infty} f_S(z)dz$

u	α
0.2	0.4207
0.4	0.3446
0.6	0.2743
0.8	0.2119
1.0	0.1587
1.2	0.1151

ヒント！ (1), (2) 共に，確率変数 X を標準化して $Z = \frac{X-\mu}{\sigma}$ として，標準正規分布表を利用して，確率を求める。その際に，標準正規分布 $N(0,\ 1)$ の確率密度 $f_S(z)$ が $z = 0$ に関して左右対称な形をしていることを利用するのもポイントになる。

解答＆解説

(1) 確率変数 X は，正規分布 $N(\underset{\mu}{5},\ \underset{\sigma^2}{16})$，すなわち平均 $\mu = 5$，標準偏差 $\sigma = 4$

の正規分布に従うので，X を標準化して，Z で表すと，

$Z = \frac{X-5}{4}$　となる。 ← $Z = \frac{X-\mu}{\sigma}$

ここで，$1.8 \leqq X \leqq 4.2$ となる確率 $P(1.8 \leqq X \leqq 4.2)$ は，

$1.8-5 \leqq X-5 \leqq 4.2-5$　　$\underbrace{\frac{1.8-5}{4}}_{-0.8} \leqq \underbrace{\frac{X-5}{4}}_{Z} \leqq \underbrace{\frac{4.2-5}{4}}_{-0.2}$　より，

$-0.8 \leqq Z \leqq -0.2$ となる確率 $P(-0.8 \leqq Z \leqq -0.2)$ と等しい。

さらに，標準正規分布の確率密度 $f_S(z)$ は，$z = 0$ に関して左右対称であることを考慮に入れると，これは $P(0.2 \leqq Z \leqq 0.8)$ と等しい。

以上より，標準正規分布表を利用すると，

$$P(1.8 \leqq X \leqq 4.2) = P(-0.8 \leqq Z \leqq -0.2) = P(0.2 \leqq Z \leqq 0.8)$$

$$= \underbrace{P(Z \geqq 0.2)}_{0.4207} - \underbrace{P(Z \geqq 0.8)}_{0.2119} \quad \text{（標準正規分布表より）}$$

$= 0.4207 - 0.2119 = 0.2088$ である。………………(答)

(2) 確率変数 X は，正規分布 $N(\underbrace{\sqrt{2}}_{\mu},\ \underbrace{50}_{\sigma^2})$，すなわち平均 $\mu = \sqrt{2}$，標準偏差

$\sigma = \sqrt{50} = 5\sqrt{2}$ の正規分布に従うので，X を標準化して，Z で表すと，

$Z = \dfrac{X - \sqrt{2}}{5\sqrt{2}}$ となる。← $Z = \dfrac{X - \mu}{\sigma}$

ここで，$-2\sqrt{2} \leqq X \leqq 7\sqrt{2}$ となる確率 $P(-2\sqrt{2} \leqq X \leqq 7\sqrt{2})$ は，

$-2\sqrt{2} - \sqrt{2} \leqq X - \sqrt{2} \leqq 7\sqrt{2} - \sqrt{2}$，$\underbrace{\dfrac{-2\sqrt{2} - \sqrt{2}}{5\sqrt{2}}}_{-0.6} \leqq \underbrace{\dfrac{X - \sqrt{2}}{5\sqrt{2}}}_{Z} \leqq \underbrace{\dfrac{7\sqrt{2} - \sqrt{2}}{5\sqrt{2}}}_{1.2}$ より，

$-0.6 \leqq Z \leqq 1.2$ となる確率 $P(-0.6 \leqq Z \leqq 1.2)$ と等しい。

よって，標準正規分布表を利用すると，

$$P(-2\sqrt{2} \leqq X \leqq 7\sqrt{2}) = P(-0.6 \leqq Z \leqq 1.2)$$

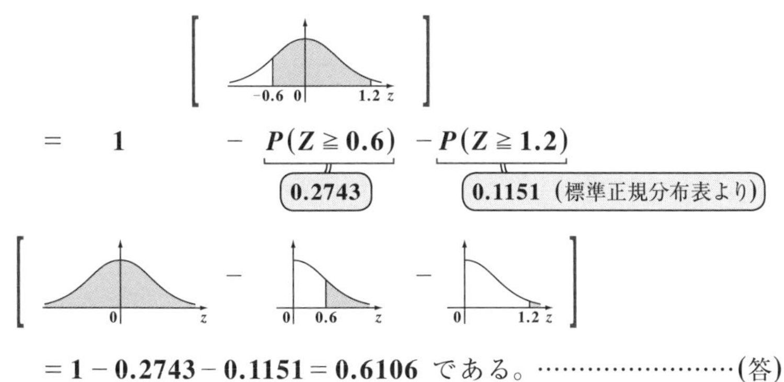

$$= 1 - \underbrace{P(Z \geqq 0.6)}_{0.2743} - \underbrace{P(Z \geqq 1.2)}_{0.1151} \quad \text{（標準正規分布表より）}$$

$= 1 - 0.2743 - 0.1151 = 0.6106$ である。……………………(答)

講義2 ●確率分布　公式エッセンス

(Ⅰ) 離散型確率分布

1. 期待値 $E[X]$，分散 $V[X]$，標準偏差 $D[X]$

(1) $E[X]=\mu=\sum_{k=1}^{n}x_kp_k$

(2) $V[X]=\sigma^2=\underbrace{\sum_{k=1}^{n}(x_k-\mu)^2p_k}_{\text{定義式}}=\underbrace{\sum_{k=1}^{n}x_k{}^2p_k-\mu^2=E[X^2]-E[X]^2}_{\text{計算式}}$

(3) $D[X]=\sigma=\sqrt{V[X]}$

2. $aX+b$ の期待値，分散

(1) $E[aX+b]=aE[X]+b$ ←線形性

(2) $V[aX+b]=a^2V[X]$ ←b の影響を受けない。　(a，b：定数)

3. 独立な確率変数 X と Y の積の期待値と和の分散

(1) $E[XY]=E[X]\cdot E[Y]$　　(2) $V[X+Y]=V[X]+V[Y]$

4. 二項分布 $B(n,\ p)$ の期待値と分散

(1) $E[X]=np$　　(2) $V[X]=npq$　($q=1-p$)

5. 期待値 μ と分散 σ^2 のモーメント母関数による表現

(1) $\mu=E[X]=M'(0)$　　(2) $\sigma^2=V[X]=M''(0)-M'(0)^2$

(Ⅱ) 連続型確率分布

6. 確率密度 $f(x)$ に従う確率変数 X について

確率 $P(a\leqq X\leqq b)=\int_a^b f(x)dx$

7. 確率密度 $f(x)$ に従う確率変数 X の期待値，分散

(1) $E[X]=\int_{-\infty}^{\infty}xf(x)dx$

(2) $V[X]=\int_{-\infty}^{\infty}(x-\mu)^2f(x)dx=E[X^2]-E[X]^2$

8. 正規分布 $N(\mu,\ \sigma^2)$ の確率密度 $f_N(x)$

$$f_N(x)=\frac{1}{\sqrt{2\pi}\sigma}e^{-\frac{(x-\mu)^2}{2\sigma^2}}\qquad(\mu=E[X],\ \sigma^2=V[X])$$

9. 標準正規分布 $N(0,\ 1)$ の確率密度 $f_S(z)$

$$f_S(z)=\frac{1}{\sqrt{2\pi}}e^{-\frac{z^2}{2}}$$

記述統計(データの分析)

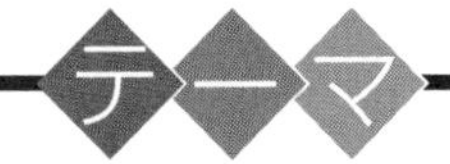

▶ **1 変数データの分析**

$\left(\text{平均}\ \mu_X = \frac{1}{n}\sum_{k=1}^{n} x_k,\ \text{分散}\ \sigma_X{}^2 = \frac{1}{n}\sum_{k=1}^{n}(x_k - \mu_X)^2 \right)$

▶ **2 変数データの分析**

$\left(\text{共分散}\ \sigma_{XY} = \frac{1}{n}\sum_{k=1}^{n}(x_k - \mu_X)(y_k - \mu_Y) \right)$

$\left(\text{相関係数}\ \rho_{XY} = \frac{\sigma_{XY}}{\sigma_X \cdot \sigma_Y} \right)$

§1. 1変数データの分析

さァ，これから“**統計**”の講義に入ろう。ボク達のまわりには，あるクラスの生徒達の身長や，子供達が行うゲームの得点など…，様々な数値で表されたデータであふれている。これら数値データの集まりについて，それを分類して“**度数分布表**”を作ったり，グラフにして“**ヒストグラム**”で表したり，また，データ全体を特徴づける値として“**平均値**”や“**メディアン(中央値)**”や“**モード(最頻値)**”，それに“**分散**”を求めたりする科学的な手法のことを統計というんだね。

これら数値データ全体の集まりを“**母集団**”という。今回はこの母集団のデータの個数が数個～数十個程度の比較的小さな，しかも**1**変数のデータの分析法(統計的手法)について解説しよう。このように，小さな母集団であれば，これらすべてのデータを分析することができる。これを“**記述統計**”という。これに対して，母集団のデータの個数が数万個以上の巨大な母集団になると，これら全体を直接分析することは，手間やコストの面から事実上難しくなる。したがって，このような場合，巨大な母集団から無作為に標本(サンプル)を抽出し，これを分析して，その結果，元の母集団の分布の特徴を推測することになる。このような統計的手法を“**推測統計**”という。

今回の講義では，比較的小さな**1**変数データの母集団を対象に，記述統計のやり方について，詳しく解説しようと思う。

● データ処理の流れをマスターしよう！

数値データの例として，**12**名のクラスの生徒達が受けたある**50**点満点のテストの得点結果を次に示す。このデータを分析してみよう。

38，27，7，39，48，29，38，16，47，23，13，35

(i) まず，これらの得点データの分布を調べるために，これらを小さい順に並べ替えると，次のようになる。

$\underset{x_1}{7}, \mid \underset{x_2}{13}, \underset{x_3}{16}, \mid \underset{x_4}{23}, \underset{x_5}{27}, \underset{x_6}{29}, \mid \underset{x_7}{35}, \underset{x_8}{38}, \underset{x_9}{38}, \underset{x_{10}}{39}, \mid \underset{x_{11}}{47}, \underset{x_{12}}{48}$ ……①

そして，これら**12**個のデータは，変量（へんりょう）Xとして，

$X = x_1,\ x_2,\ x_3,\ x_4,\ \cdots,\ x_{12}$ ……①′ と表すこともできる。

$[X = 7,\ 13,\ 16,\ 23,\ \cdots,\ 48$ のこと$]$

(ii) 次に，①のデータを$0 \leqq X < 10$，$10 \leqq X < 20$，…，$40 \leqq X \leqq 50$のように，各**階級**（かいきゅう）に分類し，各階級毎のデータの個数（**度数**（どすう））を表にすると，表**1**のようになる。これを，**度数分布表**という。ここで，たとえば，$10 \leqq X < 20$の階級を代表する値として，下限値**10**と上限値**20**の相加平均$\frac{10+20}{2}$ $=15$をとり，これを**階級値**（かいきゅうち）とする。他の各階級値も同様に計算すると**5**，**15**，**25**，**35**，**45**となるんだね。

度数の総和は，当然元のデータの個数の**12**と一致する。これに対して，相対度数とは，各階級の度数を全データの個数（度数の総和）**12**で割ったもののことなんだね。たとえば，$20 \leqq X < 30$の度数が**3**なので，これを**12**で割った$\frac{3}{12} \doteqdot 0.250$が，この階級の相対度数になる。他の階級の相対度数についても同様に計算した結果を表**1**に示す。そして，この相対度数の総和は，データの個数によらず，常に**1**となるんだね。

表1　度数分布表

得点X	階級値	度数	相対度数
$0 \leqq X < 10$	5	1	0.083
$10 \leqq X < 20$	15	2	0.167
$20 \leqq X < 30$	25	3	0.250
$30 \leqq X < 40$	35	4	0.333
$40 \leqq X \leqq 50$	45	2	0.167
総計		12	1

この階級の分類の仕方は，特に決まりがあるわけではなく，今回のように**10**刻（きざ）みではなく，たとえば，**5**刻（きざ）みの分類によって度数分布表を作ることもできる。

(iii) さらに，表**1**の度数分布表を基に，横軸に変量（得点）X，縦軸に度数fを

度数は一般にfで表す。"***frequency***"（度数）の頭文字をとったものなんだね。

とって，次の図**1**に示すような棒グラフで表すことができる。この度数

分布のグラフのことを，**ヒストグラム**と呼ぶ。これでデータの分布の様子が一目瞭然(いちもくりょうぜん)にヴィジュアルに分かるようになる。

このように，(Ⅰ)データを小さい順に並べ，(Ⅱ)各階級を定めて度数分布表を作り，(Ⅲ)ヒストグラムを作る，この一連のプロセスが，データ処理の基本になるので，シッカリ頭に入れておこう。

図1 ヒストグラム

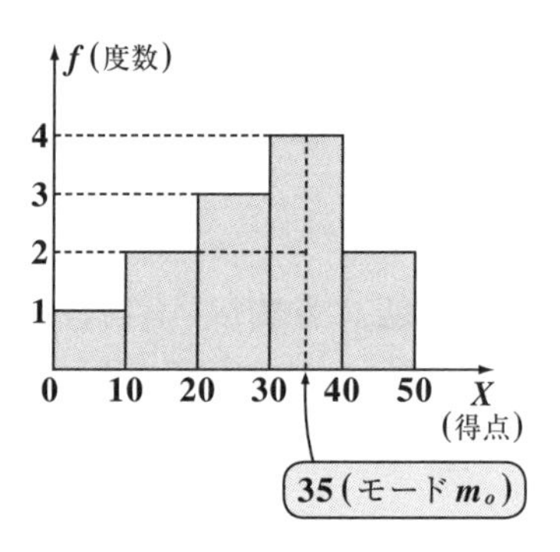

● データ分布には3つの代表値がある！

それでは，データ分布を**1つの数値で代表して**表してみよう。これをデータ分布の**代表値**(だいひょうち)と呼ぶんだけれど，具体的には，次の(ⅰ)**平均値**，(ⅱ)**メディアン**(**中央値**(ちゅうおうち))，(ⅲ)**モード**(**最頻値**(さいひんち))の**3**種類があるんだね。

(ⅰ) 平均値 $\overline{X}$ (または，μ_X(ミュー))

"*mean value*"(平均値)の頭文字 m をギリシャ文字の μ で表す。

n 個のデータ x_1，x_2，x_3，…，x_n の平均値 $\overline{X}$ $(=\mu_X)$ は，

$$\overline{X}=\mu_X=\frac{x_1+x_2+x_3+\cdots+x_n}{n}$$ で定義される。

(ⅱ) メディアン(中央値) m_e

"*median*"(中央値)の頭の**2**文字をとって作った。

(ア) $2n+1$ 個(奇数個)のデータを小さい順に並べたものを，

$\underbrace{x_1,\ x_2,\ \cdots,\ x_n}_{n\text{個のデータ}},\ \underbrace{x_{n+1}}_{\text{メディアン}},\ \underbrace{x_{n+2},\ x_{n+3},\ \cdots,\ x_{2n+1}}_{n\text{個のデータ}}$ とおくと，

メディアンは x_{n+1} となる。

奇数個のデータの場合，中央値は真ん中のただ**1**つの値になる。

(イ) $2n$ 個(偶数個)のデータを小さい順に並べたものを,

$\underbrace{x_1,\ x_2,\ \cdots,\ x_{n-1}}_{n-1\text{個のデータ}},\ \underbrace{x_n,\ x_{n+1}}_{\text{メディアン}\frac{x_n+x_{n+1}}{2}},\ \underbrace{x_{n+2},\ \cdots,\ x_{2n}}_{n-1\text{個のデータ}}$ とおくと,

メディアンは $\dfrac{x_n+x_{n+1}}{2}$ となる。

偶数個のデータの場合,真ん中の数は2つ存在するので,その相加平均を中央値(メディアン)とするんだね。

(iii) モード(最頻値) m_o

"*mode*"(最頻値)の頭の2文字をとって作った。

モード m_o は,最も度数が大きい階級の階級値のことである。

それでは,今回のデータ

$X = \underbrace{7,\ 13,\ 16,\ 23,\ 27}_{5\text{個のデータ}},\ \underbrace{29,\ 35}_{\text{メディアン}m_e\ \frac{29+35}{2}=32},\ \underbrace{38,\ 38,\ 39,\ 47,\ 48}_{5\text{個のデータ}}$ ……①

の3つの代表値(i)平均値 μ_X,(ii)メディアン m_e,(iii)モード m_o を求めよう。

(i) 平均値 $\mu_X = \overline{X}$ は,

$$\mu_X = \overline{X} = \frac{7+13+16+\cdots+48}{12} = \frac{360}{12} = 30 \text{ である。}$$

(ii) データの個数が12で偶数より,このメディアン(中央値) m_e は,中央の2つのデータ29と35の相加平均となる。よって,

$$m_e = \frac{29+35}{2} = \frac{64}{2} = 32 \text{ である。}$$

(iii) モード(最頻値) m_o は,図1のヒストグラムより,度数が4で最大の階級である $30 \leqq X < 40$ の階級値のことなので,

$$m_o = \frac{30+40}{2} = 35 \text{ である。}$$

以上(i)(ii)(iii)より,今回のデータ分布の3つの代表値が,平均値 $\mu_X=30$,メディアン $m_e=32$,そして,モード $m_o=35$ であることが分かったんだね。

では次に，データ分布のバラツキ具合の指標について解説しよう。

● データのバラツキ具合は分散と標準偏差で分かる！

図 **2**(ⅰ), (ⅱ) に示すように，同じ平均値 μ_X をもつデータ分布でも，(ⅰ) のようにデータのほとんどが平均値付近に存在してバラツキが小さいものと，(ⅱ) のようにバラツキが大きいものとがあるんだね。

図 **2** データのバラツキの違い

(ⅰ) バラツキが小さい

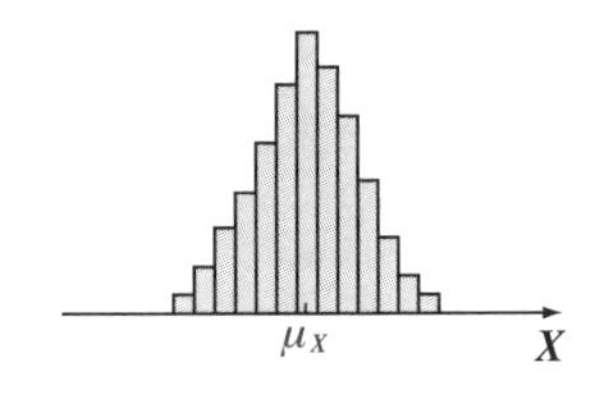

(ⅱ) バラツキが大きい

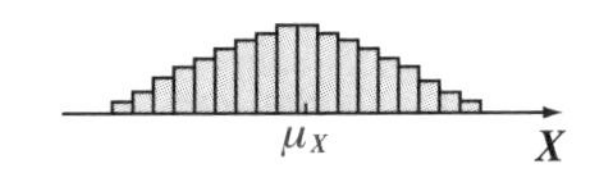

このようなデータのバラツキの度合の大小を数値で表す指標として，**分散**(ぶんさん) $\sigma_X{}^2$ と**標準偏差**(ひょうじゅんへんさ) σ_X がある。

まず，この分散 $\sigma_X{}^2$ と標準偏差 σ_X の定義を下に示そう。

分散 $\sigma_X{}^2$ と標準偏差 σ_X

平均値 μ_X をもつ n 個のデータ x_1, x_2, …, x_n について，

(ⅰ) 分散 $\sigma_X{}^2 = \dfrac{(x_1-\mu_X)^2+(x_2-\mu_X)^2+\cdots+(x_n-\mu_X)^2}{n}$ ……(∗1)

(ⅱ) 標準偏差 $\sigma_X = \sqrt{\sigma_X{}^2}$ ……………………………………(∗2)

平均値 $\mu_X = \overline{X} = \dfrac{x_1+x_2+\cdots+x_n}{n}$ であることは大丈夫だね。ここで，$x_1-\mu_X$ や $x_2-\mu_X$, …など，各データの値と平均値 μ_X との差を**偏差**(へんさ)という。でも，この偏差の総和を求めても，次のように⊕と⊖で打ち消し合って 0 になるだけなので，これはバラツキ具合の指標にはならない。

$$(x_1-\mu_X)+(x_2-\mu_X)+\cdots+(x_n-\mu_X)$$
$$=x_1+x_2+\cdots+x_n-n\mu_X$$
$$=x_1+x_2+\cdots+x_n-\cancel{n}\cdot\frac{1}{\cancel{n}}(x_1+x_2+\cdots+x_n)$$
$$=x_1+x_2+\cdots+x_n-(x_1+x_2+\cdots+x_n)=0$$

このように，偏差 $x_1-\mu_X$, $x_2-\mu_X$, …, $x_n-\mu_X$ の和をとっても 0 になるだけなんだね。

したがって，これら偏差を2乗したものの和をとれば，バラツキの度合を表せる。

つまり，$\sum_{k=1}^{n}(x_k-\mu_X)^2=(x_1-\mu_X)^2+(x_2-\mu_X)^2+\cdots+(x_n-\mu_X)^2$ のことで，これを**偏差平方和**（へんさへいほうわ）という。

しかし，これだと，データの数 n が大きいもの程，どんどん大きくなっていく傾向があるので，本当のデータのバラツキ具合を調べる指標としては適さない。よって，これをデータの数 n で割れば，データ数が大きくても，小さくても，データ分布そのもののバラツキ具合を表す指標となるんだね。これが，$(*1)$ で示した分散 $\sigma_X{}^2$ の定義式 $(*1)$ になる。これは，「偏差平方の平均」と覚えておくといいんだね。

ただし，この分散 $\sigma_X{}^2$ では，データの値 $x_i\,(=1,2,\cdots,n)$ を2乗した形になっているので，次元を x の1次に戻すために，これの正の平方根をとったもの，すなわち $(*2)$ の標準偏差 $\sigma_X=\sqrt{\sigma_X{}^2}$ を，データ分布のバラツキ具合の指標として用いることも多いんだね。

ここで，$(*1)$の計算式として，次式を使うこともあるので覚えておこう。

$$\text{分散}\ \sigma_X{}^2=\frac{1}{n}\sum_{k=1}^{n}x_k{}^2-\mu_X{}^2=\frac{1}{n}(x_1{}^2+x_2{}^2+\cdots+x_n{}^2)-\mu_X{}^2 \quad\cdots\cdots(*1)'$$ ←（$\sigma_X{}^2$ の計算式）

$(*1)'$ は，次のように $(*1)$ から導ける。

$$\text{分散}\ \sigma_X{}^2=\frac{1}{n}\{\underbrace{(x_1-\mu_X)^2}_{x_1{}^2-2\mu_Xx_1+\mu_X{}^2}+\underbrace{(x_2-\mu_X)^2}_{x_2{}^2-2\mu_Xx_2+\mu_X{}^2}+\cdots+\underbrace{(x_n-\mu_X)^2}_{x_n{}^2-2\mu_Xx_n+\mu_X{}^2}\}$$

$$=\frac{1}{n}\{(x_1{}^2+x_2{}^2+\cdots+x_n{}^2)-2\mu_X\underbrace{(x_1+x_2+\cdots+x_n)}_{n\mu_X}+\underbrace{\mu_X{}^2+\mu_X{}^2+\cdots+\mu_X{}^2}_{n\mu_X{}^2\ (n\text{個の}\ \mu_X{}^2\ \text{の和})}\}$$

$$=\frac{1}{n}\{(x_1{}^2+x_2{}^2+\cdots+x_n{}^2)\underbrace{-2n\mu_X{}^2+n\mu_X{}^2}_{-n\mu_X{}^2}\}$$

$$=\frac{1}{n}\{(x_1{}^2+x_2{}^2+\cdots+x_n{}^2)-n\mu_X{}^2\}$$

$$=\frac{1}{n}(x_1{}^2+x_2{}^2+\cdots+x_n{}^2)-\mu_X{}^2$$

となって，$(*1)'$ の計算式が導けるんだね。

分散 $\sigma_X{}^2$ を求めるのに，定義式 $(*1)$ と計算式 $(*1)'$ のいずれを利用するかは，問題によって，計算が早くできる方を選択すればいい。

それでは，次の例題で，実際に **1** 変数データの平均値 μ_X と分散 $\sigma_X{}^2$ と標準偏差 σ_X を計算してみよう。この際に，表を利用すると，ミスなく結果が導けるんだね。この解法テクニックもここで身につけよう。

例題 **21**　**6** 人の子供があるゲームを行った結果，次のような **6** つの得点のデータが得られた。

$X = 12,\ 3,\ 9,\ 13,\ 7,\ 10$

このデータの平均値 μ_X，分散 $\sigma_X{}^2$，標準偏差 σ_X を求めよう。

6 個のデータ変量を X とおくと，

$X = x_1,\ x_2,\ x_3,\ x_4,\ x_5,\ x_6$

$= 12,\ 3,\ 9,\ 13,\ 7,\ 10$　となる。

まず，これらの平均値 $\mu_X (= \overline{X})$ を求めると，

$\mu_X = \overline{X} = \dfrac{1}{6}(12 + 3 + 9 + 13 + 7 + 10) = \dfrac{54}{6} = 9$ である。

よって，右の表を作って，

偏差 $x_k - \mu_X\ (k = 1, 2, \cdots, 6)$ から

偏差平方 $(x_k - \mu_X)^2\ (k = 1, 2, \cdots, 6)$

の和を求め，その平均をとったものが，分散 $\sigma_x{}^2$ になる。

よって，

$$\sigma_x{}^2 = \frac{1}{6}\{(x_1 - \mu_X)^2 + (x_2 - \mu_X)^2 + \cdots + (x_6 - \mu_X)^2\}$$

$$= \frac{1}{6}\{(12 - 9)^2 + (3 - 9)^2 + \cdots + (10 - 9)^2\}$$

$$= \frac{1}{6}(9 + 36 + 0 + 16 + 4 + 1)$$

表

データ No.	データ X	偏差 $x_k - \mu_X$	偏差平方 $(x_k - \mu_X)^2$
1	12	3	9
2	3	−6	36
3	9	0	0
4	13	4	16
5	7	−2	4
6	10	1	1
合計	54	0	66
平均	9		11

平均値 μ_X　　分散 $\sigma_x{}^2$

よって，

分散 $\sigma_X{}^2 = \dfrac{66}{6} = 11$ となって求まるんだね。

さらに，この正の平方根をとって，

標準偏差 $\sigma_X = \sqrt{\sigma_X{}^2} = \sqrt{11}$ $(\fallingdotseq 3.32)$ となって，答えだ！

このように，表を利用して，分散 $\sigma_X{}^2$ を求めるやり方もマスターできたと思う。

参考 1

$\sigma_X{}^2$ を計算式で求めると，$\mu_X = 9$ は求まっているものとして，

$$\sigma_X{}^2 = \frac{1}{6}(x_1{}^2 + x_2{}^2 + \cdots + x_6{}^2) - \underbrace{\mu_X{}^2}_{9^2}$$

$$= \frac{1}{6}\underbrace{(12^2 + 3^2 + 9^2 + 13^2 + 7^2 + 10^2)}_{144+9+81+169+49+100=552} - 81$$

$= \dfrac{552}{6} - 81 = 92 - 81 = 11$ となって，同じ結果が導けるんだね。

しかし，扱う数値が大きくなって計算の手間がかかるので，今回はこの計算式は利用しない方が早かったんだね。

参考 2

仮平均（かりへいきん）を利用して，平均値をスピーディに求める方法もあるので紹介しておこう。$X = 12, 3, 9, 13, 7, 10$ の 6 個のデータを見て，大体の平均，すなわち仮平均 $\mu_X{}'$ を 8 と予想することにする。

つまり，仮平均 $\mu_X{}' = 8$ だね。ここで，各データと仮平均 $\mu_X{}'$ との偏差の和の平均をとって，$\mu_X{}' = 8$ に加えれば本当の平均値 μ_X が得られる。

つまり，$\mu_X{}'$ との偏差の和 $= 4 + (-5) + 1 + 5 + (-1) + 2 = 6$ より，

これを $n = 6$ で割った偏差の平均 $\dfrac{6}{6} = 1$ を $\mu_X{}'$ に加えると，

本当の平均値 $\mu_X = \mu_X{}' + 1 = 8 + 1 = 9$ と求められる。

仮平均を使うと，計算する数値が小さくなるので，計算が楽になるというメリットがあるんだね。テストでも是非利用しよう。

演習問題 25　●統計処理の基本●

次のような 12 個の数値データがある。

37，28，22，41，34，30，25，27，42，26，32，40

次の問いに答えよ。

(1) このデータの中央値 (メディアン) m_e を求めよ。

(2) このデータの平均値 μ_X と分散 $\sigma_X{}^2$ と標準偏差 σ_X を求めよ。

ヒント！ (1)メディアン m_e を求めるために，このデータを小さい順に並べ替え，x_6 と x_7 の相加平均を求めるんだね。(2)では，まず平均 μ_X を求めるために，仮平均として，$\mu_X{}' = 30$ として計算するといいと思う。分散 $\sigma_X{}^2$ の計算では，表を利用して求めればいいんだね。正確に迅速に計算できるように頑張ろう！

解答&解説

(1) 12 個のデータを小さい順に並べ替えたものを，変量 $X = x_1, x_2, \cdots, x_{12}$ とおくと，

$$X = x_1,\ x_2,\ x_3,\ x_4,\ x_5,\ x_6,\ x_7,\ x_8,\ x_9,\ x_{10},\ x_{11},\ x_{12}$$
$$= \underbrace{22,\ 25,\ 26,\ 27,\ 28}_{5\text{個のデータ}},\ \underbrace{30,\ 32}_{\text{メディアン } m_e = \frac{x_6 + x_7}{2}},\ \underbrace{34,\ 37,\ 40,\ 41,\ 42}_{5\text{個のデータ}}$$

となる。よって，求める中央値 (メディアン) m_e は，

$m_e = \dfrac{x_6 + x_7}{2} = \dfrac{30 + 32}{2} = \dfrac{62}{2} = 31$ である。 ……………………………(答)

(2) 変量 X の平均値 $\mu_X = \overline{X}$ は，

$\mu_X = \overline{X} = \dfrac{1}{12}(22 + 25 + 26 + \cdots + 42) = 32$ である。 ……………………(答)

仮平均として，$\mu_X{}' = 30$ とおくと，この偏差の平均は，

$\dfrac{1}{12}(-8 - 5 - 4 - 3 - 2 + 0 + 2 + 4 + 7 + 10 + 11 + 12)$

$= \dfrac{1}{12}(-13 + 37) = \dfrac{24}{12} = 2$ より，平均 $\mu_X = \mu_X{}' + 2 = 32$ となる。

よって，右の表を作って，
偏差 $x_k - \mu_X$ $(k = 1, 2, \cdots, 12)$
から，偏差平方 $(x_k - \mu_X)^2$
$(k = 1, 2, \cdots, 12)$ の和を求め，
その平均をとったものが，
分散 σ_X^2 になるので，

$$\sigma_X^2 = \frac{1}{12}\sum_{k=1}^{12}(x_k - \mu_X)^2$$
$$= \frac{1}{12}\{(x_1 - \mu_X)^2 + (x_2 - \mu_X)^2 + \cdots + (x_{12} - \mu_X)^2\}$$
$$= \frac{1}{12}\{(-10)^2 + (-7)^2 + (-6)^2 + \cdots + 9^2 + 10^2\}$$

$\therefore \sigma_X^2 = \frac{504}{12} = 42$ である。 ………(答)

表

データ No.	データ X	偏差 $x_k - \mu_X$	偏差平方 $(x_k - \mu_X)^2$
1	22	−10	100
2	25	−7	49
3	26	−6	36
4	27	−5	25
5	28	−4	16
6	30	−2	4
7	32	0	0
8	34	2	4
9	37	5	25
10	40	8	64
11	41	9	81
12	42	10	100
合計	384	0	504
平均	32		42

平均値 μ_X　　分散 σ_X^2

よって，標準偏差 σ_X は，

$\sigma_X = \sqrt{\sigma_X^2} = \sqrt{42}$ である。 ……………………………………………………(答)

演習問題 26　●分散の応用●

次のような **4** つの数値データ

α，**4**，**8**，**6** があり，このデータの分散 $\sigma_x{}^2$ は **5** である。

このとき，α の値と，平均値 μ_X を求めよ。

ヒント！ $\mu_X=\frac{1}{4}(\alpha+4+8+6)=\frac{\alpha}{4}+\frac{9}{2}$ より，$\sigma_x{}^2=\frac{1}{4}\{(\alpha-\mu_X)^2+(4-\mu_X)^2+(8-\mu_X)^2+(6-\mu_X)^2\}=5$ は α の **2** 次方程式となるので，これを解けばいいんだね。落ち着いて計算しよう。

解答＆解説

4 個の数値データを変量 X とおくと，

$X=x_1,\ x_2,\ x_3,\ x_4$

$=\alpha,\ 4,\ 8,\ 6$　となる。

ここで，X の平均値 μ_X は，

$$\mu_X=\frac{1}{4}\sum_{k=1}^{4}x_k=\frac{1}{4}(\alpha+4+8+6)=\frac{\alpha}{4}+\frac{9}{2}\quad\cdots\cdots①$$ となる。

よって，①を用いて X の分散 $\sigma_X{}^2$ を表すと，$\sigma_x{}^2=5$ より，

$$\sigma_X{}^2=\frac{1}{4}\sum_{k=1}^{4}(x_k-\mu_X)^2=\frac{1}{4}\{(\alpha-\mu_X)^2+(4-\mu_X)^2+(8-\mu_X)^2+(6-\mu_X)^2\}$$

（各 μ_X は $\left(\frac{\alpha}{4}+\frac{9}{2}\right)$）

$$=\frac{1}{4}\left\{\left(\frac{3}{4}\alpha-\frac{9}{2}\right)^2+\left(-\frac{\alpha}{4}-\frac{1}{2}\right)^2+\left(-\frac{\alpha}{4}+\frac{7}{2}\right)^2+\left(-\frac{\alpha}{4}+\frac{3}{2}\right)^2\right\}=5$$

$$=\frac{9}{16}\alpha^2-\frac{27}{4}\alpha+\frac{81}{4}+\frac{1}{16}\alpha^2+\frac{1}{4}\alpha+\frac{1}{4}+\frac{1}{16}\alpha^2-\frac{7}{4}\alpha+\frac{49}{4}+\frac{1}{16}\alpha^2-\frac{3}{4}\alpha+\frac{9}{4}$$

$$=\frac{1}{16}(9+1+1+1)\alpha^2+\frac{1}{4}(-27+1-7-3)\alpha+\frac{1}{4}(81+1+49+9)$$

$$=\frac{12}{16}\alpha^2-\frac{36}{4}\alpha+\frac{140}{4}=\frac{3}{4}\alpha^2-9\alpha+35$$

よって，$\frac{1}{4}\left(\frac{3}{4}\alpha^2 - 9\alpha + 35\right) = 5$

両辺に4をかけて，
$\frac{3}{4}\alpha^2 - 9\alpha + 35 = 20$
$\frac{3}{4}\alpha^2 - 9\alpha + 15 = 0$
両辺に$\frac{4}{3}$をかけて，
$\alpha^2 - 12\alpha + 20 = 0$

これをまとめて，

$\alpha^2 - 12\alpha + 20 = 0$

$(\alpha - 2)(\alpha - 10) = 0$

$\therefore \alpha = 2$ または 10 である。………(答)

(i) $\alpha = 2$ のとき，

$X = 2, 4, 8, 6$ より，

Xの平均値 $\mu_X = \frac{1}{4}(2 + 4 + 8 + 6)$

$= \frac{20}{4} = 5$ である。

………(答)

(右に，$\alpha = 2$ のときの μ_X と $\sigma_X{}^2$ を求める表を示す。)

表

データ No.	データ X	偏差 $x_k - \mu_X$	偏差平方 $(x_k - \mu_X)^2$
1	2	−3	9
2	4	−1	1
3	8	3	9
4	6	1	1
合計	20		20
平均	5 (μ_X)		5 ($\sigma_X{}^2$)

(ii) $\alpha = 10$ のとき，

$X = 10, 4, 8, 6$ より，

Xの平均値 $\mu_X = \frac{1}{4}(10 + 4 + 8 + 6)$

$= \frac{28}{4} = 7$ である。

………(答)

(右に，$\alpha = 10$ のときの μ_X と $\sigma_X{}^2$ を求める表を示す。)

表

データ No.	データ X	偏差 $x_k - \mu_X$	偏差平方 $(x_k - \mu_X)^2$
1	10	3	9
2	4	−3	9
3	8	1	1
4	6	−1	1
合計	28		20
平均	7 (μ_X)		5 ($\sigma_X{}^2$)

§2. 2変数データの分析

前回と同様に今回も比較的小さな母集団を直接扱う記述統計なんだけれど，これまで解説したデータ $X = x_1, x_2, \cdots, x_n$ の形の 1 変数データではなく，$(X, Y) = (x_1, y_1), (x_2, y_2), \cdots, (x_n, y_n)$ の形の 2 変数データについて解説しよう。

これら 2 変数データは，座標平面上に“**散布図**(さんぷず)”として表すことができ，これから“**正の相関**(そうかん)”や“**負の相関**(そうかん)”などを読みとることができるんだね。さらに，この 2 変数のデータの関係は“**共分散**(きょうぶんさん) σ_{XY}”や“**相関係数**(そうかんけいすう) ρ_{XY}”といった指標で表すこともできる。この計算手法についても教えよう。さらに，散布図を 1 本の直線で近似的に表す“**回帰直線**(かいきちょくせん)”についても解説するつもりだ。

● 2変数データの散布図から，正・負の相関が分かる！

たとえば，ある n 人のクラスの生徒の左･右の視力や，数学と英語のテストの試験結果など…，表 1 に示すように，大きさの等しい 2 つの変量 X と Y が，

$$\begin{cases} X = x_1, x_2, x_3, \cdots, x_n \\ Y = y_1, y_2, y_3, \cdots, y_n \end{cases}$$

で与えられているとき，これらを n 組の 2 変数データ，すなわち，

表1 2変数データ

データ No.	X	Y
1	x_1	y_1
2	x_2	y_2
3	x_3	y_3
⋮	⋮	⋮
n	x_n	y_n

$(X, Y) = (x_1, y_1), (x_2, y_2), (x_3, y_3), \cdots, (x_n, y_n)$ として考えることが出来るんだね。

これら n 組の 2 変数データを，それぞれ n 個の点の座標と見れば，これらは XY 座標平面上の n 個の点として表すことができる。XY 平面上に n 個の点がポツ，ポツ，…と散りばめられた図になるので，これを“**散布図**(さんぷず)”と呼ぶんだね。散布図の典型的な 3 つの例を，次の図 1(ⅰ)(ⅱ)(ⅲ) に示そう。

図 **1** 散布図と相関関係

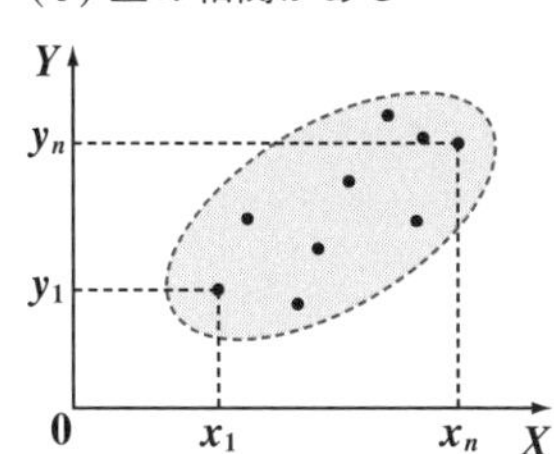

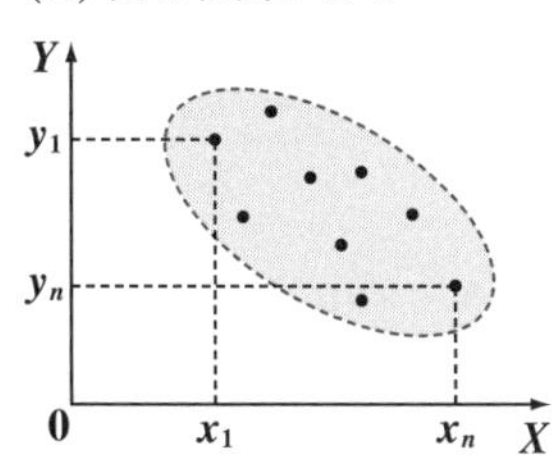

(iii) 相関がない

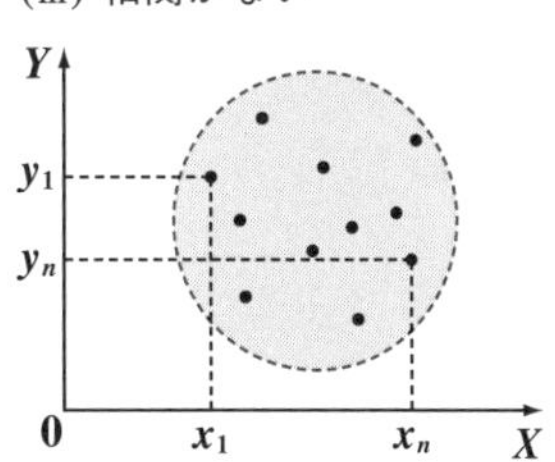

この図 **1**(i)(ii)(iii)の **3** つの散布図は順に，(I) 正の相関がある，(II) 負の相関がある，(III) 相関がない，の **3** つの場合を表している。

(I) 図 **1**(i)のように，X と Y の一方が増加すると他方も増加する傾向があるとき，「X と Y の間に正の相関がある」といい，

(II) 図 **1**(ii)のように，X と Y の一方が増加すると他方が減少する傾向があるとき，「X と Y の間に負の相関がある」という。そして，

(III) 図 **1**(iii)のように，正の相関も負の相関も認められないとき，「X と Y の間には相関がない」というんだね。

● 共分散 σ_{XY} と相関係数 ρ_{XY} を計算しよう！

それでは，正の相関や負の相関を数値で表す指標として，**共分散**(きょうぶんさん) σ_{XY} と **相関係数**(そうかんけいすう) ρ_{XY} があるので，これらの求め方について解説しよう。

まず，変量 $X = x_1,\ x_2,\ \cdots,\ x_n$ の平均値を μ_X，標準偏差を σ_X とおき，変量 $Y = y_1,\ y_2,\ \cdots,\ y_n$ の平均値を μ_Y，標準偏差を σ_Y とおこう。

$\mu_X,\ \sigma_X{}^2,\ \sigma_X$ が，次のように計算できるのは大丈夫だね。

$$\begin{cases} \mu_X = \dfrac{1}{n}\displaystyle\sum_{k=1}^{n} x_k = \dfrac{1}{n}(x_1 + x_2 + x_3 + \cdots + x_n) \\ \sigma_X{}^2 = \dfrac{1}{n}\displaystyle\sum_{k=1}^{n}(x_k - \mu_X)^2 = \dfrac{1}{n}\left\{(x_1 - \mu_X)^2 + (x_2 - \mu_X)^2 + \cdots + (x_n - \mu_X)^2\right\} \\ \sigma_X = \sqrt{\sigma_X{}^2} \end{cases}$$

変量 Y の平均値，分散，標準偏差についても同様に，次のように表せる。

$$\begin{cases} \mu_Y = \dfrac{1}{n}\sum_{k=1}^{n} y_k = \dfrac{1}{n}(y_1+y_2+y_3+\cdots+y_n) \\ \sigma_Y{}^2 = \dfrac{1}{n}\sum_{k=1}^{n}(y_k-\mu_Y)^2 = \dfrac{1}{n}\{(y_1-\mu_Y)^2+(y_2-\mu_Y)^2+\cdots+(y_n-\mu_Y)^2\} \\ \sigma_Y = \sqrt{\sigma_Y{}^2} \end{cases}$$

そして，これら X と Y の平均値 μ_X，μ_Y，標準偏差 σ_X，σ_Y を利用して，次のように2つの変量 X と Y の**共分散**(きょうぶんさん) σ_{XY} と**相関係数**(そうかんけいすう) ρ_{XY} を定義する。

共分散 σ_{XY} と相関係数 ρ_{XY}

$\begin{cases} \text{変量 } X = x_1,\ x_2,\ \cdots,\ x_n \text{ の平均値を } \mu_X,\ \text{標準偏差を } \sigma_X \text{ とおき，} \\ \text{変量 } Y = y_1,\ y_2,\ \cdots,\ y_n \text{ の平均値を } \mu_Y,\ \text{標準偏差を } \sigma_Y \text{ とおく。} \end{cases}$

このとき，2変数データ $(x_1,\ y_1)$，$(x_2,\ y_2)$，…，$(x_n,\ y_n)$ の

(Ⅰ) 共分散 σ_{XY} と (Ⅱ) 相関係数 ρ_{XY} は次式で求められる。

(Ⅰ) 共分散 $\sigma_{XY} = \dfrac{1}{n}\{(x_1-\mu_X)(y_1-\mu_Y)+(x_2-\mu_X)(y_2-\mu_Y)$
$+\cdots+(x_n-\mu_X)(y_n-\mu_Y)\}$ ……(*1)

(Ⅱ) 相関係数 $\rho_{XY} = \dfrac{\sigma_{XY}}{\sigma_X \cdot \sigma_Y}$ ……(*2)

ン!? 共分散 σ_{XY} の公式が難しくてよく分からないって!? 大丈夫！これから解説しよう。(*1) の { } 内には，n 個の

$(x_k-\mu_X)(y_k-\mu_Y)$ $(k=1,\ 2,\ \cdots,\ n)$

これは，$k=1,\ 2,\ \cdots,\ n$ と動かすことにより，$(x_1-\mu_X)(y_1-\mu_Y)$，$(x_2-\mu_X)(y_2-\mu_Y)$，…，$(x_n-\mu_X)(y_n-\mu_Y)$ を表している。

があるけれど，この符号について考えよう。

図2 $(x_k-\mu_X)(y_k-\mu_Y)$ の符号

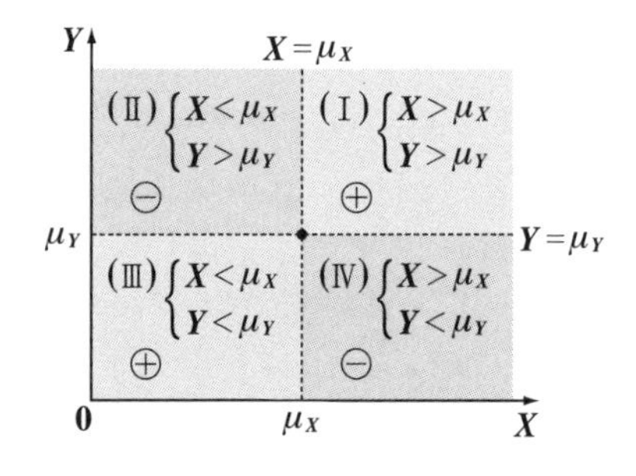

図2に示すように，XY 座標平面 $(X>0,\ Y>0)$ をさらに，直線 $X=\mu_X$ と直線 $Y=\mu_Y$ により，4つの領域 (Ⅰ)，(Ⅱ)，(Ⅲ)，(Ⅳ) に分割して考えると，(*1) の公式の意味が明らかになるんだね。

(Ⅰ) $X>\mu_X$, $Y>\mu_Y$ の領域内に点 (x_k, y_k) があるとき，
$x_k>\mu_X$, $y_k>\mu_Y$ となるので，(*1)の{ }内の項：
$\underbrace{(x_k-\mu_X)}_{\oplus}\underbrace{(y_k-\mu_Y)}_{\oplus}>0$ となり，σ_{XY} の値を⊕側に増やす。

(Ⅱ) $X<\mu_X$, $Y>\mu_Y$ の領域内に点 (x_k, y_k) があるとき，
$x_k<\mu_X$, $y_k>\mu_Y$ となるので，(*1)の{ }内の項：
$\underbrace{(x_k-\mu_X)}_{\ominus}\underbrace{(y_k-\mu_Y)}_{\oplus}<0$ となり，σ_{XY} の値を⊖側に減らす。

(Ⅲ) $X<\mu_X$, $Y<\mu_Y$ の領域内に点 (x_k, y_k) があるとき，
$x_k<\mu_X$, $y_k<\mu_Y$ となるので，(*1)の{ }内の項：
$\underbrace{(x_k-\mu_X)}_{\ominus}\underbrace{(y_k-\mu_Y)}_{\ominus}>0$ となり，σ_{XY} の値を⊕側に増やす。

(Ⅳ) $X>\mu_X$, $Y<\mu_Y$ の領域内に点 (x_k, y_k) があるとき，
$x_k>\mu_X$, $y_k<\mu_Y$ となるので，(*1)の{ }内の項：
$\underbrace{(x_k-\mu_X)}_{\oplus}\underbrace{(y_k-\mu_Y)}_{\ominus}<0$ となり，σ_{XY} の値を⊖側に減らす。

以上より，データの点が，(Ⅰ)(Ⅲ)の領域にあるときは⊕に，(Ⅱ)(Ⅳ)の領域にあるときは⊖に，σ_{XY} の値が加減されるので，σ_{XY} は，正または負の相関を表す指標になる。(*1)の右辺で，{ }を n で割っているのは，データの個数の大小に左右されないようにするためなんだね。

このように，2 直線 $X=\mu_X$ と $Y=\mu_Y$ とで 4 分割された領域のいずれにより多くの点が存在するかによって，σ_{XY} の正負が決まる。さらに，これら 2 直線の交点 (μ_X, μ_Y) は，与えられた 2 変数データの散布図を代表する中心となる点であり，これは，この後に解説する**回帰直線**(かいきちょくせん)でも重要な役割を演じるので覚えておこう！

そして，この共分散 σ_{XY} を $\sigma_X\sigma_Y$ で割ったものが，相関係数 ρ_{XY} であり，(*2)に示す。これは正または負の相関関係を示す指標として，さらに洗練されたものとなるんだね。この ρ_{XY} の取り得る値の範囲は $-1\leqq\rho_{XY}\leqq 1$ であり，この ρ_{XY} の値と散布図の関係を，次の図 3(ⅰ)～(ⅴ)に示そう。

(i) $\rho_{XY}=-1$ のとき，すべてのデータ $(x_k,\ y_k)$ は，点 $(\mu_X,\ \mu_Y)$ を通る負の傾きの直線上に並ぶ。(最も負の相関が強い。)

(ii) $-1<\rho_{XY}<0$ のとき，X と Y に負の相関がある。

(iii) $\rho_{XY}\fallingdotseq 0$ のとき，X と Y に相関が認められない。

(iv) $0<\rho_{XY}<1$ のとき，X と Y に正の相関がある。

(v) $\rho_{XY}=1$ のとき，すべてのデータ $(x_k,\ y_k)$ は，点 $(\mu_X,\ \mu_Y)$ を通る正の傾きの直線上に並ぶ。(最も正の相関が強い。)

図3 相関係数 ρ_{XY} と散布図の関係

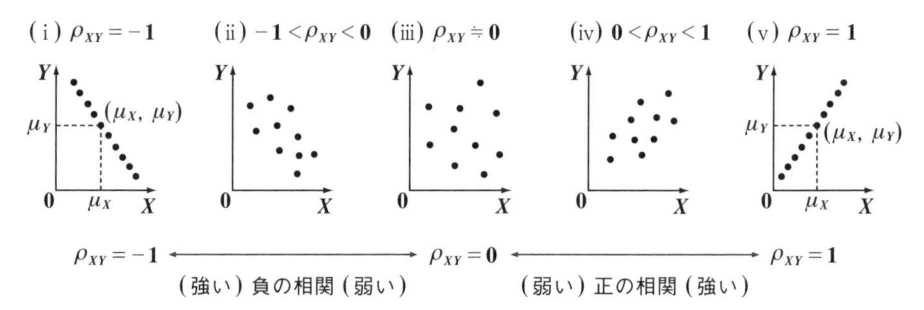

● 共分散 σ_{XY} と相関係数 ρ_{XY} を求めよう！

それでは，次の例題で，**2**変数データの共分散 σ_{XY} と相関係数 ρ_{XY} を具体的に計算してみよう。**1**変数データのときよりも，大きな表になるけれど，これを作って計算していくといいんだね。

> 例題 **22**　次の **5** 組の **2** 変数データがある。
>
> $(9,\ 2),\ (5,\ 5),\ (1,\ 9),\ (3,\ 6),\ (7,\ 8)$
>
> ここで，**2** 変量 $X,\ Y$ を
>
> $\begin{cases} X=9,\ 5,\ 1,\ 3,\ 7 \\ Y=2,\ 5,\ 9,\ 6,\ 8 \end{cases}$ とおいて，
>
> **(1)** XY 座標平面上に，このデータの散布図を描こう。
>
> **(2)** X と Y の平均 $\mu_X,\ \mu_Y$，標準偏差 $\sigma_X,\ \sigma_Y$ を求め，さらに，共分散 σ_{XY} と相関係数 ρ_{XY} を求めよう。

(1) 5組の2変数データ $(X, Y) = (9, 2), (5, 5), (1, 9), (3, 6), (7, 8)$ の散布図を描くと右図のようになる。

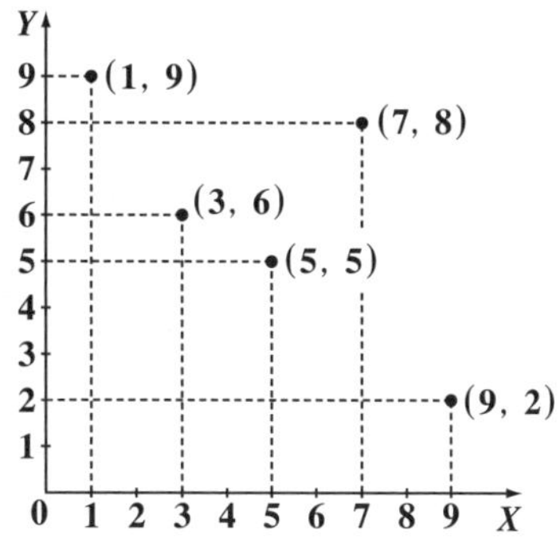

(2) $X = x_1, x_2, x_3, x_4, x_5$
$= 9, 5, 1, 3, 7$
$Y = y_1, y_2, y_3, y_4, y_5$
$= 2, 5, 9, 6, 8$ とおき，
X と Y の平均 μ_X, μ_Y と分散 $\sigma_X{}^2$, $\sigma_Y{}^2$ と，標準偏差 σ_X, σ_Y を求め，さらに X と Y の共分散 σ_{XY} と相関係数 ρ_{XY} を，次の表を作って求める。

$\cdot\ \mu_X = \frac{1}{5}\sum_{k=1}^{5} x_k$, $\cdot\ \mu_Y = \frac{1}{5}\sum_{k=1}^{5} y_k$, $\cdot\ \sigma_X{}^2 = \frac{1}{5}\sum_{k=1}^{5}(x_k - \mu_X)^2$, $\cdot\ \sigma_Y{}^2 = \frac{1}{5}\sum_{k=1}^{5}(y_k - \mu_Y)^2$,

$\cdot\ \sigma_X = \sqrt{\sigma_X{}^2}$, $\cdot\ \sigma_Y = \sqrt{\sigma_Y{}^2}$, $\cdot\ \sigma_{XY} = \frac{1}{5}\sum_{k=1}^{5}(x_k - \mu_X)(y_k - \mu_Y)$, $\cdot\ \rho_{XY} = \frac{\sigma_{XY}}{\sigma_X \cdot \sigma_Y}$

表

データ No.	データ X	偏差 $x_k - \mu_X$	偏差平方 $(x_k - \mu_X)^2$	データ Y	偏差 $y_k - \mu_Y$	偏差平方 $(y_k - \mu_Y)^2$	$(x_k - \mu_X)(y_k - \mu_Y)$
1	9	4	16	2	−4	16	$-16\ (=4\times(-4))$
2	5	0	0	5	−1	1	$0\ (=0\times(-1))$
3	1	−4	16	9	3	9	$-12\ (=-4\times 3)$
4	3	−2	4	6	0	0	$0\ (=-2\times 0)$
5	7	2	4	8	2	4	$4\ (=2\times 2)$
合計	25	0	40	30	0	30	−24
平均	5 (μ_X)		8 ($\sigma_X{}^2$)	6 (μ_Y)		6 ($\sigma_Y{}^2$)	−4.8 (σ_{XY})

以上の表計算により，

$\mu_X = 5$, $\mu_Y = 6$, $\sigma_X{}^2 = 8$, $\sigma_Y{}^2 = 6$, $\sigma_X = \sqrt{8} = 2\sqrt{2}$, $\sigma_Y = \sqrt{6}$

となり，共分散 $\sigma_{XY} = \frac{1}{5}\sum_{k=1}^{5}(x_k - \mu_X)(y_k - \mu_Y) = \frac{-24}{5} = -4.8$ となる。

$\therefore$ 相関係数 $\rho_{XY} = \frac{\sigma_{XY}}{\sigma_X \cdot \sigma_Y} = \frac{-4.8}{\sqrt{8\times 6}} = -\frac{\sqrt{48}}{10} = -\frac{4\sqrt{3}}{10} = -\frac{2\sqrt{3}}{5}$ となる。

$\rho_{XY} = -\frac{2\sqrt{3}}{5} = -0.692\cdots$ より，X と Y の間には，負の相関があることが分かったんだね。もう **1** 度散布図を見返してみるといいね。

2 変数 X, Y の共分散 σ_{XY} や相関係数 ρ_{XY} を求めるためには，このように表を利用することが有効であることも，よく分かったでしょう？

● 散布図を基に回帰直線を求めよう！

図 **4**(ⅰ)に示すように，散布図にある程度の正または負の相関があるとき，これらのデータを表す **1** 本の直線 $y = ax + b$ ……① を求めてみよう。

このような直線を"**回帰直線**(かいきちょくせん)"と呼び，**2** つの係数 a, b は"**最小 2 乗法**(さいしょうじじょうほう)"により決定することができるんだね。図 **4**(ⅱ)に示すように，データ $(x_k, \underline{\underline{y_k}})$ の点と，$x = x_k$ のときの回帰直線上の点 $(x_k, \underline{\underline{ax_k + b}})$ との y 座標の誤差(偏差)，すなわち，$y_k - (ax_k + b) = y_k - ax_k - b$ の **2** 乗の総和を L とおくと，

図 **4** 回帰直線

(ⅰ)

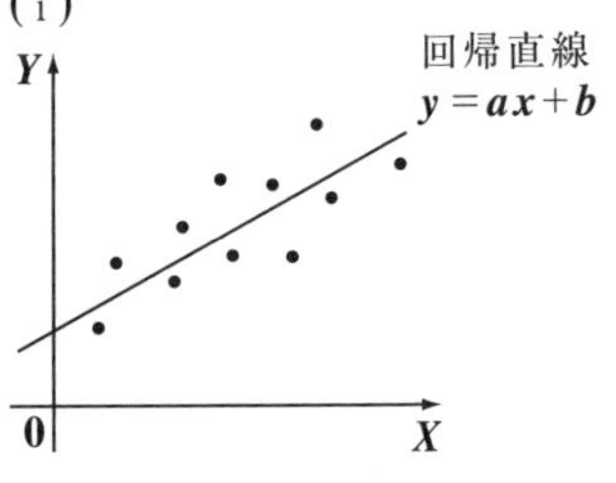

(ⅱ) 最小 **2** 乗法

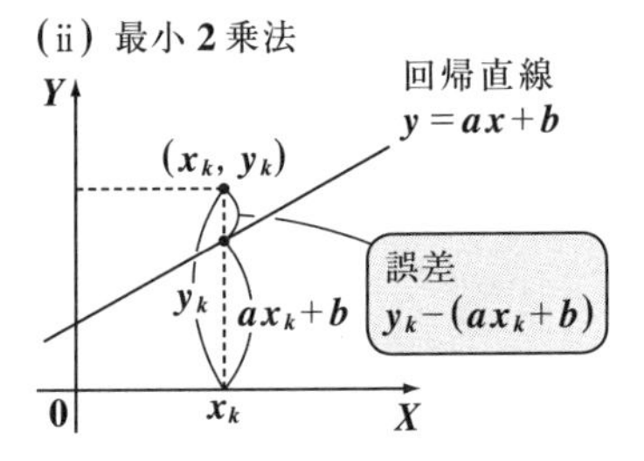

$L = \sum_{k=1}^{n} (y_k - ax_k - b)^2$ ……② となるのは大丈夫だね。

（L は，a と b を独立変数とする関数になる。）

ここで，a と b を変数と見て，②の誤差の平方和 L を最小にするような a と b の値を決定する手法を最小 **2** 乗法と呼ぶんだね。

L が最小となるとき，L を a と b それぞれで偏微分したものは **0** となる。すなわち，$\frac{\partial L}{\partial a} = 0$ ……③，かつ $\frac{\partial L}{\partial b} = 0$ ……④ となる。

③，④の解法は結構メンドウなので，これを解いた結果のみを示すと，

③，④の解法に興味のある方は，この後で「**確率統計キャンパス・ゼミ**」で学習されることを勧める。

$a = \frac{\sigma_{XY}}{\sigma_X{}^2}$ ……⑤，$b = \mu_Y - a\mu_X$ ……⑥ となるんだね。

ここで，⑥を $y = ax + b$ ……① に代入してみよう。すると，

$y = ax + \mu_Y - a\mu_X$ より，$y = a(x - \mu_X) + \mu_Y$ ……(＊1) となる。

これは，点 (μ_X, μ_Y) を通る傾き $a = \frac{\sigma_{XY}}{\sigma_X{}^2}$ の直線のことだ！

これから，回帰直線の公式をまとめて示すと次のようになる。

回帰直線

n 個の2変数データ (x_k, y_k) $(k = 1, 2, \cdots, n)$ の回帰直線は，点 (μ_X, μ_Y) を通り，傾き $a = \frac{\sigma_{XY}}{\sigma_X{}^2}$ の直線である。

$$y = a(x - \mu_X) + \mu_Y \quad \cdots\cdots(＊1)$$

$$\left(a = \frac{\sigma_{XY}}{\sigma_X{}^2}\right)$$

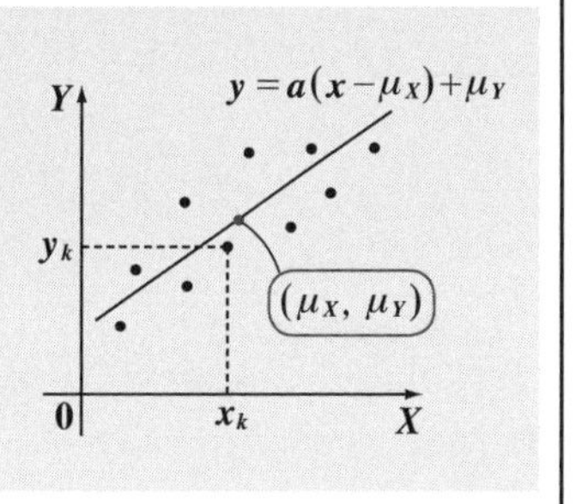

このように，回帰直線においても，2つの平均値からなる点 (μ_X, μ_Y) が中心的な役割を果たしていることが分かったと思う。それでは，例題 22 (P126) の回帰直線を求めてみよう。

$\mu_X = 5$，$\mu_Y = 6$，$\sigma_X{}^2 = 8$，$\sigma_{XY} = -4.8$ より，この回帰直線は，点 $(\mu_X, \mu_Y) = (5, 6)$ を通り，傾き $a = \frac{\sigma_{XY}}{\sigma_X{}^2} = -\frac{4.8}{8} = -\frac{48}{80} = -\frac{3}{5}$ の直線なので，

$y = -\frac{3}{5}(x - 5) + 6 = -\frac{3}{5}x + 9$ となるんだね。大丈夫だった？

図 5 例題 22 の回帰直線

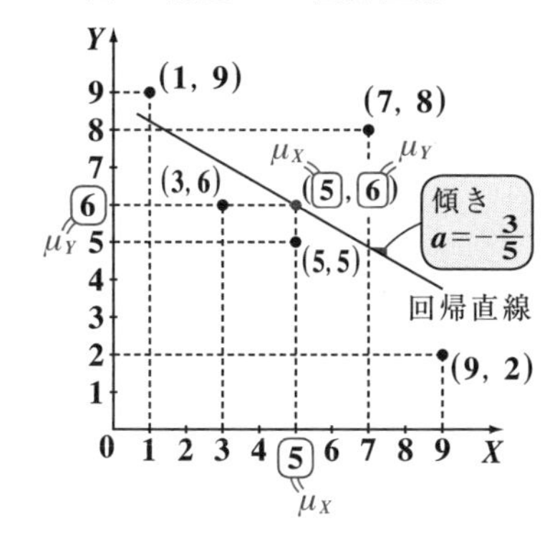

演習問題 27　●相関係数・回帰直線(Ⅰ)●

次の **10** 組の **2** 変数データがある。

(7, 9), (5, 3), (6, 1), (8, 8), (5, 5), (11, 7), (2, 2), (8, 9), (14, 10), (4, 6)

ここで，**2** 変量 X, Y を

$$\begin{cases} X = 7,\ 5,\ 6,\ 8,\ 5,\ 11,\ 2,\ 8,\ 14,\ 4 \\ Y = 9,\ 3,\ 1,\ 8,\ 5,\ 7,\ 2,\ 9,\ 10,\ 6 \end{cases}$$ とおく。

(1) XY 座標平面上に，このデータの散布図を描け。

(2) X と Y の平均値 μ_X, μ_Y, 標準偏差 σ_X, σ_Y を求め，さらに，共分散 σ_{XY} と相関係数 ρ_{XY} を求めよ。

(3) このデータの回帰直線の方程式を求めよ。

ヒント！ **(1)** の散布図から，X と Y に正の相関があることが分かるはずだ。**(2)** では，表を利用して，共分散 σ_{XY} と相関係数 ρ_{XY} を求めよう。**(3)** では，回帰直線の公式：$y = a(x - \mu_X) + \mu_Y$ $\left(a = \dfrac{\sigma_{XY}}{\sigma_X{}^2}\right)$ を利用すればいいんだね。頑張ろう！

解答＆解説

(1) **10** 組の **2** 変数データ

$(X, Y) = (7, 9), (5, 3), (6, 1), (8, 8), (5, 5), (11, 7), (2, 2), (8, 9), (14, 10), (4, 6)$ の散布図を示すと，右図のようになる。

………(答)

散布図

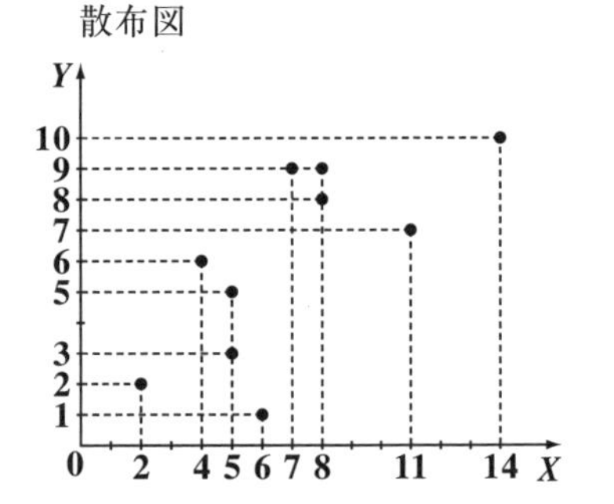

(2) $X = x_1, x_2, x_3, x_4, x_5, x_6, x_7, x_8, x_9, x_{10}$

$= 7, 5, 6, 8, 5, 11, 2, 8, 14, 4$

$Y = y_1, y_2, y_3, y_4, y_5, y_6, y_7, y_8, y_9, y_{10}$

$= 9, 3, 1, 8, 5, 7, 2, 9, 10, 6$ とおき，

X と Y の平均値 μ_X, μ_Y, および，分散 $\sigma_X{}^2$, $\sigma_Y{}^2$ と標準偏差 σ_X, σ_Y を

求め，さらに，XとYの共分散σ_{XY}と相関係数ρ_{XY}を，次の表より求める。

表

データNo.	データ X	偏差 $x_k-\mu_X$	偏差平方 $(x_k-\mu_X)^2$	データ Y	偏差 $y_k-\mu_Y$	偏差平方 $(y_k-\mu_Y)^2$	$(x_k-\mu_X)(y_k-\mu_Y)$
1	7	0	0	9	3	9	$0(=0\times3)$
2	5	−2	4	3	−3	9	$6(=-2\times(-3))$
3	6	−1	1	1	−5	25	$5(=-1\times(-5))$
4	8	1	1	8	2	4	$2(=1\times2)$
5	5	−2	4	5	−1	1	$2(=-2\times(-1))$
6	11	4	16	7	1	1	$4(=4\times1)$
7	2	−5	25	2	−4	16	$20(=-5\times(-4))$
8	8	1	1	9	3	9	$3(=1\times3)$
9	14	7	49	10	4	16	$28(=7\times4)$
10	4	−3	9	6	0	0	$0(=-3\times0)$
合計	70	0	110	60	0	90	70
平均	7 $=\mu_X$		11 $=\sigma_X^2$	6 $=\mu_Y$		9 $=\sigma_Y^2$	7 $=\sigma_{XY}$

以上より，

・$\mu_X=\dfrac{1}{10}\sum_{k=1}^{10}x_k=7$，$\mu_Y=\dfrac{1}{10}\sum_{k=1}^{10}y_k=6$　であり，…………………………(答)

・$\sigma_X{}^2=\dfrac{1}{10}\sum_{k=1}^{10}(x_k-\mu_X)^2=11$，$\sigma_Y{}^2=\dfrac{1}{10}\sum_{k=1}^{10}(y_k-\mu_Y)^2=9$　であり，

・$\sigma_X=\sqrt{\sigma_X{}^2}=\sqrt{11}$，$\sigma_Y=\sqrt{\sigma_Y{}^2}=\sqrt{9}=3$　である。……………………(答)

また，共分散$\sigma_{XY}=\dfrac{1}{10}\sum_{k=1}^{10}(x_k-\mu_X)(y_k-\mu_Y)=7$　であり，…………(答)

相関係数$\rho_{XY}=\dfrac{\sigma_{XY}}{\sigma_X\cdot\sigma_Y}=\dfrac{7}{\sqrt{11}\times3}=\dfrac{7\sqrt{11}}{33}$　である。…………(答)

$\rho_{XY}=\dfrac{7\sqrt{11}}{33}=0.7035\cdots$より，$X$と$Y$には正の相関があることが確認できるんだね。

(3) **(2)** の結果より，

$\mu_X = 7$，$\mu_Y = 6$，$\sigma_{XY} = 7$，$\sigma_X{}^2 = 11$ である。よって，

この2変数データ (X, Y) の回帰直線は，

$$y = a(x - \mu_X) + \mu_Y$$

$$= \frac{\sigma_{XY}}{\sigma_X{}^2}(x - \mu_X) + \mu_Y$$

$$= \frac{7}{11}(x - 7) + 6$$

$$= \frac{7}{11}x - \frac{49}{11} + 6$$

$\therefore\ y = \dfrac{7}{11}x + \dfrac{17}{11}$ である。………(答)

散布図と回帰直線

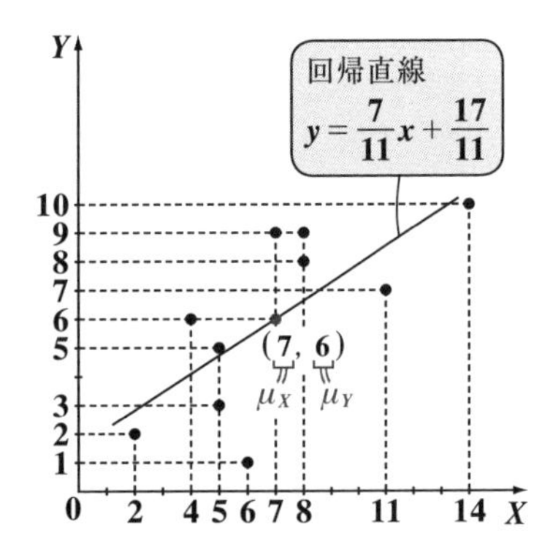

（この回帰直線は，点 $(7, 6)$ を（$7 = \mu_X$，$6 = \mu_Y$）通り，傾き $\dfrac{\sigma_{XY}}{\sigma_X{}^2} = \dfrac{7}{11}$ の直線である。(X, Y) の散布図と，この回帰直線を右図に示す。）

演習問題 28　● 相関係数・回帰直線 (II) ●

次の **8** 組の **2** 変数データがある。

(3, 4.5), (4, 4), (8, 2), (9, 1.5), (2, 5), (7, 2.5), (5, 3.5), (10, 1)

ここで，**2** 変量 X, Y を

$$\begin{cases} X = 3, \ 4, \ 8, \ 9, \ 2, \ 7, \ 5, \ 10 \\ Y = 4.5, \ 4, \ 2, \ 1.5, \ 5, \ 2.5, \ 3.5, \ 1 \end{cases}$$ とおく。

(1) X と Y の平均値 μ_X, μ_Y，分散 $\sigma_X{}^2$, $\sigma_Y{}^2$，標準偏差 σ_X, σ_Y を求め，さらに，共分散 σ_{XY} と相関係数 ρ_{XY} を求めよ。

(2) このデータの回帰直線の方程式を求めよ。

ヒント！ **(1)** では，表を利用して，μ_X, μ_Y, …, σ_{XY}, ρ_{XY} の値を求めよう。そして，これから $\rho_{XY} = -1$ となる特殊なデータ分布であることが分かるはずだね。**(2)** の回帰直線も公式通り求めていいんだけれど，これも散布図と合せてみると面白い結果になるんだね。確認してみよう！

解答＆解説

(1) **8** 組の **2** 変数データ

$(X, Y) = (3, 4.5), (4, 4), (8, 2), (9, 1.5), (2, 5), (7, 2.5), (5, 3.5), (10, 1)$

について，

$$X = x_1, \ x_2, \ x_3, \ x_4, \ x_5, \ x_6, \ x_7, \ x_8$$
$$= 3, \ 4, \ 8, \ 9, \ 2, \ 7, \ 5, \ 10$$

$$Y = y_1, \ y_2, \ y_3, \ y_4, \ y_5, \ y_6, \ y_7, \ y_8$$
$$= 4.5, \ 4, \ 2, \ 1.5, \ 5, \ 2.5, \ 3.5, \ 1$$ とおいて，

X と Y の平均値 $\mu_X = \dfrac{1}{8}\displaystyle\sum_{k=1}^{8} x_k$, $\mu_Y = \dfrac{1}{8}\displaystyle\sum_{k=1}^{8} y_k$，分散 $\sigma_X{}^2 = \dfrac{1}{8}\displaystyle\sum_{k=1}^{8}(x_k - \mu_X)^2$,

$\sigma_Y{}^2 = \dfrac{1}{8}\displaystyle\sum_{k=1}^{8}(y_k - \mu_Y)^2$，標準偏差 $\sigma_X = \sqrt{\sigma_X{}^2}$, $\sigma_Y = \sqrt{\sigma_Y{}^2}$,

共分散 $\sigma_{XY} = \dfrac{1}{8}\displaystyle\sum_{k=1}^{8}(x_k - \mu_X)(y_k - \mu_Y)$，および相関係数 $\rho_{XY} = \dfrac{\sigma_{XY}}{\sigma_X \cdot \sigma_Y}$ を，

次の表を利用して求める。

表

データ No.	データ X	偏差 $x_k-\mu_X$	偏差平方 $(x_k-\mu_X)^2$	データ Y	偏差 $y_k-\mu_Y$	偏差平方 $(y_k-\mu_Y)^2$	$(x_k-\mu_X)(y_k-\mu_Y)$
1	3	−3	9	4.5	1.5	2.25	$-4.5(=-3\times1.5)$
2	4	−2	4	4	1	1	$-2(=-2\times1)$
3	8	2	4	2	−1	1	$-2(=2\times(-1))$
4	9	3	9	1.5	−1.5	2.25	$-4.5(=3\times(-1.5))$
5	2	−4	16	5	2	4	$-8(=-4\times2)$
6	7	1	1	2.5	−0.5	0.25	$-0.5(=1\times(-0.5))$
7	5	−1	1	3.5	0.5	0.25	$-0.5(=-1\times0.5)$
8	10	4	16	1	−2	4	$-8(=4\times(-2))$
合計	48	0	60	24	0	15	−30
平均	6 ($=\mu_X$)		7.5 ($=\sigma_X{}^2$)	3 ($=\mu_Y$)		1.875 ($=\sigma_Y{}^2$)	−3.75 ($=\sigma_{XY}$)

以上より，

・平均値 $\mu_X=6$，$\mu_Y=3$ ……………………………………(答)

・分散 $\sigma_X{}^2=\dfrac{60}{8}=\dfrac{15}{2}=7.5$，$\sigma_Y{}^2=\dfrac{15}{8}=1.875$ ……………………(答)

・標準偏差 $\sigma_X=\sqrt{\sigma_X{}^2}=\sqrt{\dfrac{15}{2}}=\dfrac{\sqrt{30}}{2}$，$\sigma_Y=\sqrt{\sigma_Y{}^2}=\sqrt{\dfrac{15}{8}}=\dfrac{\sqrt{15}}{2\sqrt{2}}=\dfrac{\sqrt{30}}{4}$ …(答)

・共分散 $\sigma_{XY}=\dfrac{-30}{8}=-\dfrac{15}{4}=-3.75$ ……………………………(答)

・相関係数 $\rho_{XY}=\dfrac{\sigma_{XY}}{\sigma_X\cdot\sigma_Y}=\dfrac{-\dfrac{15}{4}}{\sqrt{\dfrac{15}{2}}\times\sqrt{\dfrac{15}{8}}}=-\dfrac{\dfrac{15}{4}}{\dfrac{15}{4}}=-1$ ………………(答)

相関係数 ρ_{XY} の取り得る値の範囲は，$-1\leqq\rho_{XY}\leqq1$ であり，

(i) $\rho_{XY}=1$ のとき，すべての2変数データ $(x_k,\ y_k)$ $(k=1,2,3,\cdots,n)$ は，正の傾きをもった直線上に存在する。

(ii) $\rho_{XY}=-1$ のとき，すべての2変数データ $(x_k,\ y_k)$ $(k=1,2,3,\cdots,n)$ は，負の傾きをもった直線上に存在するんだね。

(2) (1)の結果より，

$\mu_X = 6$，$\mu_Y = 3$，$\sigma_{XY} = -\frac{15}{4}$，$\sigma_X{}^2 = \frac{15}{2}$ である。

よって，この2変数データ(X, Y)の回帰直線は，

$$y = \frac{\sigma_{XY}}{\sigma_X{}^2}(x - \mu_X) + \mu_Y$$

$$= \frac{-\frac{15}{4}}{\frac{15}{2}}(x-6)+3 = -\frac{1}{2}(x-6)+3$$

$$-\frac{15}{4} \times \frac{2}{15} = -\frac{1}{2}$$

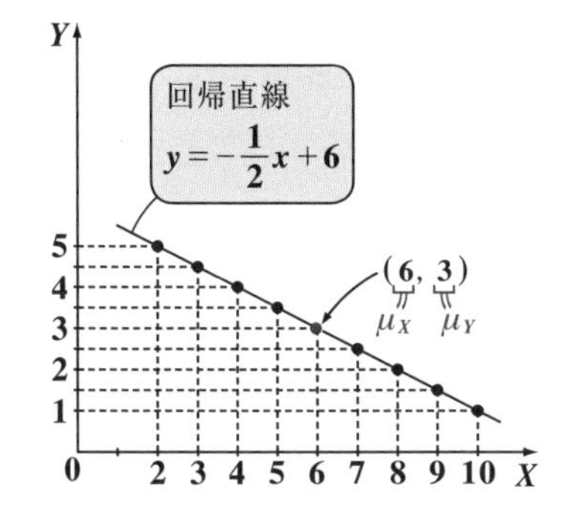

$\therefore y = -\frac{1}{2}x + 6$ である。…………(答)

> 今回は，相関係数$\rho_{XY} = -1$なので，散布図では，すべてのデータ(x_k, y_k) $(k = 1, 2, \cdots, 8)$は負の傾きをもつ同一直線上に存在する。したがって，このデータの回帰直線$y = -\frac{1}{2}x + 6$は，この直線と一致することになる。

演習問題 29	●共分散・回帰直線●

次の **3** 組の **2** 変数データがある。

$(2,\ 6),\ (8,\ 10),\ (\alpha,\ 2)$

ここで，**2** 変量 $X,\ Y$ を

$$\begin{cases} X = 2,\ 8,\ \alpha \\ Y = 6,\ 10,\ 2 \end{cases}$$ とおく。

X と Y の共分散 $\sigma_{XY} = 4$ である。このとき，次の各問いに答えよ。

(1) α の値を求めよ。

(2) X と Y の平均値 $\mu_X,\ \mu_Y$，分散 $\sigma_X{}^2,\ \sigma_Y{}^2$ を求めて，このデータの回帰直線の方程式を求めよ。

ヒント！ **(1)** 共分散 $\sigma_{XY} = \frac{1}{3}\sum_{k=1}^{3}(x_k - \mu_X)(y_k - \mu_Y) = 4$ から，α の値を求めればいいんだね。**(2)** α の値が分かれば，後は表を利用して，$\mu_X,\ \mu_Y,\ \sigma_X{}^2,\ \sigma_Y{}^2$ を求めて，回帰直線の公式：$y = \frac{\sigma_{XY}}{\sigma_X{}^2}(x - \mu_X) + \mu_Y$ を利用すればいい。頑張ろう！

解答＆解説

(1) 3 組の変数データ $(X,\ Y) = (2,\ 6),\ (8,\ 10),\ (\alpha,\ 2)$ について，

$$\begin{cases} X = x_1,\ x_2,\ x_3 = 2,\ 8,\ \alpha \\ Y = y_1,\ y_2,\ y_3 = 6,\ 10,\ 2 \end{cases}$$ とおくと，

X と Y の平均値 $\mu_X,\ \mu_Y$ は，

$$\mu_X = \frac{1}{3}\sum_{k=1}^{3} x_k = \frac{1}{3}(2 + 8 + \alpha) = \frac{\alpha}{3} + \frac{10}{3} \quad \cdots\cdots ①$$

$$\mu_Y = \frac{1}{3}\sum_{k=1}^{3} y_k = \frac{1}{3}(6 + 10 + 2) = \frac{18}{3} = 6 \quad \cdots\cdots ②$$ となる。

ここで，X と Y の共分散 $\sigma_{XY} = 4$ より，

$$\sigma_{XY} = 4 = \frac{1}{3}\sum_{k=1}^{3}(x_k - \mu_X)(y_k - \mu_Y)$$

$$= \frac{1}{3}\left\{\left(2 - \frac{\alpha}{3} - \frac{10}{3}\right)\underbrace{(6-6)}_{0} + \underbrace{\left(8 - \frac{\alpha}{3} - \frac{10}{3}\right)(10-6)}_{4\left(-\frac{\alpha}{3} + \frac{14}{3}\right)} + \underbrace{\left(\alpha - \frac{\alpha}{3} - \frac{10}{3}\right)(2-6)}_{-4\left(\frac{2}{3}\alpha - \frac{10}{3}\right)}\right\}$$

よって，$4 = \frac{1}{3}\left(-\frac{4}{3}\alpha + \frac{56}{3} - \frac{8}{3}\alpha + \frac{40}{3}\right)$　　両辺に 9 をかけて，

$36 = -4\alpha + 56 - 8\alpha + 40$　　$12\alpha = 60$

$\therefore \alpha = \frac{60}{12} = 5$ である。…………………………………………(答)

(2) $\alpha = 5$ より，X と Y の平均値 μ_X, μ_Y と分散 $\sigma_X{}^2$, $\sigma_Y{}^2$ を表を作って求めると，

表

データ No.	データ X	偏差 $x_k - \mu_X$	偏差平方 $(x_k - \mu_X)^2$	データ Y	偏差 $y_k - \mu_Y$	偏差平方 $(y_k - \mu_Y)^2$	$(x_k - \mu_X)(y_k - \mu_Y)$
1	2	−3	9	6	0	0	0
2	8	3	9	10	4	16	12
3	5	0	0	2	−4	16	0
合計	15	0	18	18	0	32	12
平均	5 (μ_X)		6 ($\sigma_X{}^2$)	6 (μ_Y)		$\frac{32}{3}$ ($\sigma_Y{}^2$)	4 (σ_{XY})

$\mu_X = 5$, $\mu_Y = 6$, $\sigma_X{}^2 = 6$, $\sigma_Y{}^2 = \frac{32}{3}$ である。……………………………(答)

よって，このデータの回帰直線は，$\sigma_{XY} = 4$ より，

$$y = \frac{\sigma_{XY}}{\sigma_X{}^2}(x - \mu_X) + \mu_Y$$

$$= \frac{4}{6}(x-5) + 6$$

$$= \frac{2}{3}x - \frac{10}{3} + 6$$

$\therefore y = \frac{2}{3}x + \frac{8}{3}$ である。………(答)

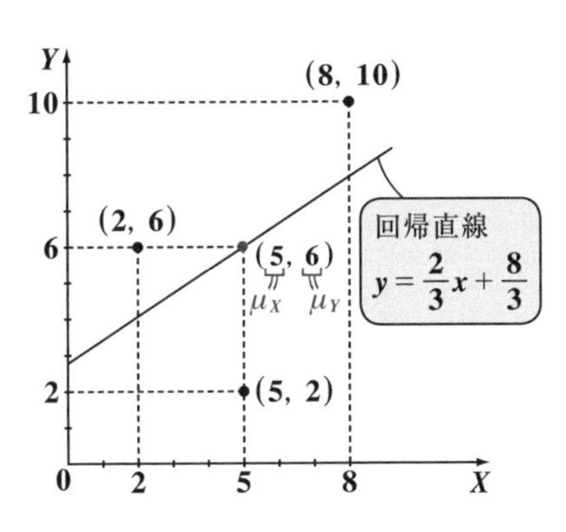

講義3 ●記述統計（データの分析） 公式エッセンス

(Ⅰ) 1変数データの分析

(1) 代表値

(i) 平均値 $\mu_X = \frac{1}{n}\sum_{k=1}^{n} x_k = \frac{1}{n}(x_1 + x_2 + \cdots + x_n)$

(ii) メディアン（中央値）　(iii) モード（最頻値）

(2) 分散 $\sigma_X{}^2$ と標準偏差 σ_X

データのバラツキの度合を示す指標として，
分散 $\sigma_X{}^2$ と標準偏差 σ_X がある。

(i) 分散 $\sigma_X{}^2 = \frac{1}{n}\sum_{k=1}^{n}(x_k - \mu_X)^2 = \frac{1}{n}\sum_{k=1}^{n} x_k{}^2 - \mu_X{}^2$

(ii) 標準偏差 $\sigma_X = \sqrt{\sigma_X{}^2}$

(Ⅱ) 2変数データの分析

(3) 散布図と相関関係

2変数データ $(X,\ Y) = (x_1,\ y_1),\ (x_2,\ y_2),\ \cdots,\ (x_n,\ y_n)$ は，
XY 座標平面上の点として表すことができる。
これを散布図という。

(i) X と Y の一方が増加するとき，他方も増加する傾向があるとき，
X と Y に正の相関があるという。

(ii) X と Y の一方が増加するとき，他方が減少する傾向があるとき，
X と Y に負の相関があるという。

(4) 共分散 σ_{XY} と相関係数 ρ_{XY}

X と Y の正・負の相関を表す指標として，
共分散 σ_{XY} と相関係数 ρ_{XY} がある。

(i) 共分散 $\sigma_{XY} = \frac{1}{n}\sum_{k=1}^{n}(x_k - \mu_X)(y_k - \mu_Y)$

(ii) 相関係数 $\rho_{XY} = \frac{\sigma_{XY}}{\sigma_X \cdot \sigma_Y}$

(5) 回帰直線：正・負の相関があるとき，データを代表する1本の直線

$$y = \frac{\sigma_{XY}}{\sigma_X{}^2}(x - \mu_X) + \mu_Y$$

推測統計

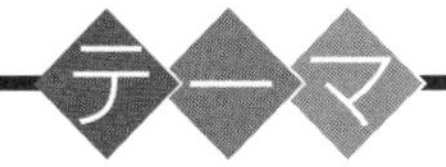

▶ 点推定

$$\left(\text{母分散の不偏推定量 } S^2 = \frac{1}{n-1}\sum_{k=1}^{n}(X_k - \overline{X})^2\right)$$

▶ 区間推定

母平均 μ の 95%信頼区間 (σ：既知)

$$\overline{X} - 1.96\frac{\sigma}{\sqrt{n}} \leqq \mu \leqq \overline{X} + 1.96\frac{\sigma}{\sqrt{n}}$$

母平均 μ の 99%信頼区間 (σ：既知)

$$\overline{X} - 2.58\frac{\sigma}{\sqrt{n}} \leqq \mu \leqq \overline{X} + 2.58\frac{\sigma}{\sqrt{n}}$$

§1. 点推定

では，これから，“**推測統計**”の解説に入ろう。対象とする母集団のデータの個数が比較的小さいときは，これら全体を統計分析できる。そして，これはこれまで解説してきた“**記述統計**”のことなんだね。これに対して，母集団の要素の個数が数十万や数百万以上など，膨大であるとき，これら全体に対しての統計的分析は実質的に不可能なので，この巨大な母集団から限られた n 個の“**標本(サンプル)**”を無作為に抽出して，この標本を分析することにより，母集団の分布を推定することになるんだね。このような統計的手法を推測統計という。

そして，母集団の分布を特徴づける定数を“**母数**”といい，具体的には，平均値 μ と分散 σ^2 などが，この母数に当たるんだね。ここではまず，この母数(**母平均** μ，**母分散** σ^2)の値を，取り出した標本データの分析により推定する方法，すなわち“**点推定**”の手法について解説しよう。

● まず，母集団と標本のイメージをつかもう！

100 万個とか **1000** 万個とか，母集団の要素の個数が膨大であるときは，手間と費用の面から全数調査は難しいので，母集団から無作為に適当な数の**標本(サンプル)**を抽出し，これを基にして，母集団の分布の特徴を推測する。これを**標本調査**といい，このような統計手法を**推測統計**というんだね。

ここでまず，母集団から標本を無作為に抽出する手法として，

(i) 要素を **1** 個取り出しては元に戻し，また新たに **1** 個を取り出すことを繰り返す“**復元抽出**”と，

(ii) 取り出した要素を元に戻すことなしに，次々と要素を取り出す“**非復元抽出**”の，**2** 通りがある。

でも，母集団の大きさ N が標本の大きさ n に対して，十分に大きければ，たとえば，$N = 1000$ 万個の母集団から，$n = 100$ 個程度の標本を取り出すような場合ならば，非復元抽出であっても，復元抽出とみなしても構わない。

何故なら，非復元抽出で**1**個ずつ標本を無作為に取り出していっても，母集団の大きさNが十分に大きければ，その都度母集団の性質が変化することはほとんどないからだ。よって，この講義ではすべて復元抽出と考えることにしよう。

ここで，母集団の特徴を表す平均と分散を特に**母平均**(ぼへいきん)，**母分散**(ぼぶんさん)と呼び，それぞれμとσ^2で表す。そして，これらを母集団を特徴づける数値として，まとめて**母数**(ぼすう)という。これに対して，復元抽出された標本の平均と分散はそれぞれ**標本平均**(ひょうほんへいきん)$\overline{X}$，**標本分散**(ひょうほんぶんさん)S^2と表すことにする。そして，図**1**に示すように，この標本平均や標本分散を使って，母数の値や値の範囲を推測するのが推測統計なんだ。このように，母数の値を推定することを"**点推定**(てんすいてい)"と呼び，これから詳しく解説しよう。これに対して母数の値の範囲を推定することを"**区間推定**(くかんすいてい)"と呼ぶ。これについては，この後の節で詳しく教えるつもりだ。

図**1**　母平均・母分散と標本平均・標本分散

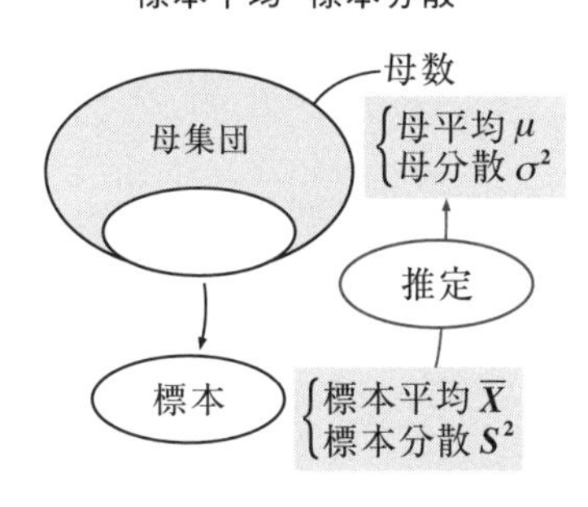

● 母数を不偏推定量で点推定しよう！

ここで，母集団の分布を特徴づける母数を**1**つにまとめて，θと表すことにしよう。（これは具体的には，母平均μと母分散σ^2のことだ。）そして，母集団から無作為に抽出したn個の標本$(X_1, X_2, X_3, \cdots, X_n)$から母数$\theta$を推定した量を$\tilde{\theta}$とおく。

母数θ(定数)の推定量$\tilde{\theta}$は，$\tilde{\theta} = F(X_1, \cdots, X_n)$と表され，$X_1, X_2, \cdots, X_n$は当然確率変数として変化するので，当然$\tilde{\theta}$もある分布に従って変化する。しかし，$\tilde{\theta}$の期待値$E[\tilde{\theta}]$が，母数$\theta$と等しいとき，すなわち $E[\tilde{\theta}] = \theta$ が成り立つとき，この$\tilde{\theta}$をθの"**不偏推定量**(ふへんすいていりょう)"と呼ぶ。

図**2**　不偏推定量

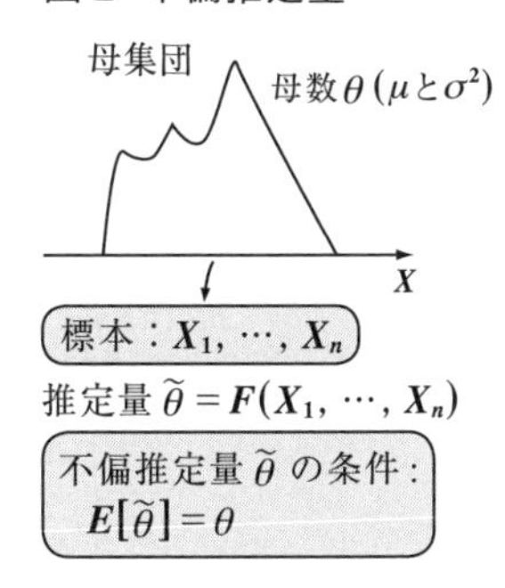

それでは，母平均μと母分散σ^2の不偏推定量を具体的に示すことにしよう。特に，σ^2の不偏推定量では，nの代わりに$n-1$で割っていることに注意しよう。

μとσ^2の不偏推定量

母平均μと母分散σ^2をもつ巨大な母集団から任意に抽出したn個の標本$X_1, X_2, \cdots, X_n$に対して，次のように不偏推定量が求められる。

(i) 母平均μの不偏推定量：

$$\overline{X} = \frac{1}{n}\sum_{k=1}^{n} X_k = \frac{1}{n}(X_1+X_2+\cdots+X_n) \cdots\cdots(*1)$$ であり，

$\theta=\mu$で $\tilde{\theta}=\overline{X}$のこと $E[\overline{X}]=\mu$ をみたす。

これを“標本平均(ひょうほんへいきん)”という。

(ii) 母分散σ^2の不偏推定量：

$\theta=\sigma^2$で $\tilde{\theta}=S^2$のこと $E[S^2]=\sigma^2$ をみたす。

$$S^2 = \frac{1}{n-1}\sum_{k=1}^{n}(X_k-\overline{X})^2$$

$$= \frac{1}{n-1}\{(X_1-\overline{X})^2+(X_2-\overline{X})^2+\cdots+(X_n-\overline{X})^2\} \cdots\cdots(*2)$$ であり，

これを“標本分散(ひょうほんぶんさん)”または“不偏分散(ふへんぶんさん)”という。

(i) では，n個の標本の平均値(標本平均)$\overline{X}$が，とりもなおさず母集団の母平均μの不偏推定量になっている。すなわち，

$E[\overline{X}]=\mu \cdots\cdots(*1)'$ が成り立つと言っているんだね。これに対して，

(ii) では，n個の標本の分散として考えられる$\frac{1}{n}\sum_{k=1}^{n}(X_k-\overline{X})^2$が，母集団の

（X_kの$\overline{X}$に対する偏差平方の平均値のこと。）

母分散σ^2の不偏推定量ではなくて，この$\frac{1}{n}$の代わりに$\frac{1}{n-1}$としたもの，すなわち，$S^2=\frac{1}{n-1}\sum_{k=1}^{n}(X_k-\overline{X})^2$が，$\sigma^2$の不偏推定量になることを示している。

つまり，ここでは，

$E[S^2]=\sigma^2 \cdots\cdots(*2)'$ が成り立つと言っているんだね。

では，具体的に$\overline{X}$とS^2を，次の例題で求めてみよう。

例題 **23**　**100** 万人の子供達があるゲームを行った結果，**100** 万個の得点データがある。そして，これを母集団として，この中から **6** つの標本(サンプル)を抽出した結果を下に示す。

$X = x_1,\ x_2,\ x_3,\ x_4,\ x_5,\ x_6 = 12,\ 3,\ 9,\ 13,\ 7,\ 10$

これから，この(i)標本平均 $\overline{X}$ と(ii)標本分散 S^2 を求めてみよう。

ン？この問題は，例題 **21**(**P116**)とまったく同じでつまらないって!?…，違うな！ **6** 個の得点データは同じでも，例題 **21** ではこれら **6** 個のデータが母集団そのものであったのに対して，今回は膨大な **100** 万個もの母集団の得点データの中から抽出された **6** つの標本データであるということなんだね。

そして，この **100** 万個の得点データ(母集団)の母平均 μ と母分散 σ^2 を直接調べるのではなく，この **6** 個の標本データを基に標本平均 $\overline{X} = \frac{1}{6}\sum_{k=1}^{6} X_k$ と標本分散 $S^2 = \frac{1}{5}\sum_{k=1}^{6}(X_k - \overline{X})^2$ を求めれば，これらが μ と σ^2 の不偏推定量に

（5 ← 6－1 とする。）

なるということなんだね。大丈夫？ では，これから $\overline{X}$ と S^2 を求めてみよう。

(i) 標本平均 $\overline{X} = \frac{1}{6}\sum_{k=1}^{6} X_k = \frac{1}{6}(12+3+9+13+7+10)$

$= \frac{54}{6} = 9$ となる。また，

(ii) 標本分散 $S^2 = \frac{1}{5}\sum_{k=1}^{6}(X_k - \underbrace{\overline{X}}_{9})^2$

$= \frac{1}{5}\{(12-9)^2+(3-9)^2+(9-9)^2+(13-9)^2+(7-9)^2+(10-9)^2\}$

$= \frac{1}{5}(9+36+16+4+1) = \frac{66}{5} = 13.2$ となるんだね。

これから，**100** 万個の得点データの母集団の母平均 μ と母分散 σ^2 の不偏推定量が $\overline{X} = 9$ であり，$S^2 = 13.2$ であることが分かったんだね。やっている計算そのものは，ほとんど同じなんだけれど，算出された結果のもつ意味が例題 **21** と例題 **23** ではまったく異なることに注意しよう！

それでは，少し難しいかも知れないけれど，一般論として，母平均μ，母分散σ^2の巨大な母集団から抽出されたn個の標本の標本平均$\overline{X}$と標本分散S^2が共に母集団の母平均μと母分散σ^2の不偏推定量であること，すなわち，$E[\overline{X}]=\mu$ ……(*1)′ と $E[S^2]=\sigma^2$ ……(*2)′ が成り立つことを証明しておこう。

(i) $\overline{X}=\frac{1}{n}\sum_{k=1}^{n}X_k$ ……………………(*1)

$E[\overline{X}]=\mu$ ……………………(*1)′

(ii) $S^2=\frac{1}{n-1}\sum_{k=1}^{n}(X_k-\overline{X})^2$ ……(*2)

$E[S^2]=\sigma^2$ ……………………(*2)′

標本$X=x_1, x_2, x_3, \cdots, x_n$は，同一の母平均$\mu$，母分散$\sigma^2$をもつ母集団から無作為に抽出されているので，当然，

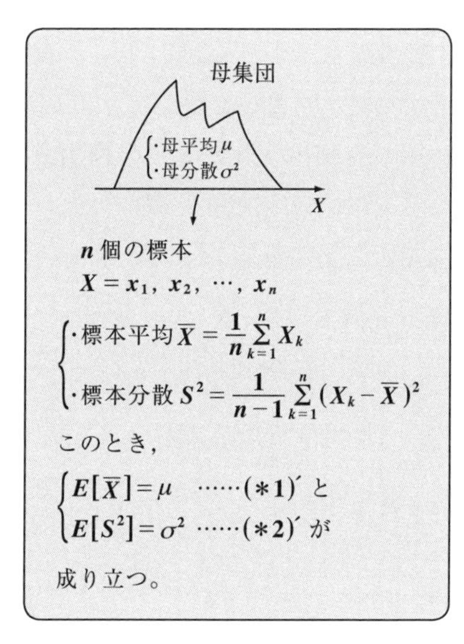

・$E[X_1]=E[X_2]=E[X_3]=\cdots$
　　$\cdots=E[X_n]=\mu$ ……① と

・$V[X_1]=V[X_2]=V[X_3]=\cdots$
　　$\cdots=V[X_n]=\sigma^2$ ……②

が成り立つ。このとき，まず，

(i) $E[\overline{X}]=\mu$ ……(*1)′ が成り立つことを示そう。

$\overline{X}=\frac{1}{n}(X_1+X_2+X_3+\cdots+X_n)$ より，

$$((*1)' \text{の左辺})=E[\overline{X}]=E\left[\underbrace{\frac{1}{n}}_{\text{定数}}(X_1+X_2+X_3+\cdots+X_n)\right]$$

$$=\frac{1}{n}E[X_1+X_2+X_3+\cdots+X_n]$$

公式：
$E[aX]=aE[X]$
$E[X+Y]=E[X]+E[Y]$

$$=\frac{1}{n}(\underbrace{E[X_1]}_{\mu}+\underbrace{E[X_2]}_{\mu}+\underbrace{E[X_3]}_{\mu}+\cdots+\underbrace{E[X_n]}_{\mu\,(①\text{より})})$$

$$=\frac{1}{n}(\underbrace{\mu+\mu+\mu+\cdots+\mu}_{(n\text{個の}\mu\text{の和})=n\mu})=\frac{1}{n}\times n\mu=\mu=((*1)'\text{の右辺})$$

これから，$E[\overline{X}]=\mu$ ……(*1)′ が導けた。よって，$\overline{X}$ は μ の不偏推定量であることが示せたんだね。では，次に，

(ii) $E[S^2]=\sigma^2$ ……(*2)′ が成り立つことも示そう。これは，少し難しいけれど，良い練習になるから，シッカリついてらっしゃい！

$S^2=\frac{1}{n-1}\sum_{k=1}^{n}(X_k-\overline{X})^2$ を (*2)′ の左辺に代入して，

$$((*2)'\text{の左辺})=E[S^2]=E\left[\frac{1}{n-1}\sum_{k=1}^{n}(X_k-\overline{X})^2\right]$$

定数

$\{(X_k-\mu)-(\overline{X}-\mu)\}^2$ とする。

$$=\frac{1}{n-1}E\left[\sum_{k=1}^{n}\{(X_k-\mu)-(\overline{X}-\mu)\}^2\right]$$

$\{(X_k-\mu)^2-2(\overline{X}-\mu)(X_k-\mu)+(\overline{X}-\mu)^2\}$

公式：$E[aX]=aE[X]$ (a：定数)

$$=\frac{1}{n-1}E\left[\sum_{k=1}^{n}\{(X_k-\mu)^2-2(\overline{X}-\mu)(X_k-\mu)+(\overline{X}-\mu)^2\}\right]$$

Σ計算から見ると，これらは定数扱い。

$$=\frac{1}{n-1}E\left[\sum_{k=1}^{n}(X_k-\mu)^2-2(\overline{X}-\mu)\sum_{k=1}^{n}(X_k-\mu)+(\overline{X}-\mu)^2\sum_{k=1}^{n}1\right]$$

$\sum_{k=1}^{n}X_k-\mu\sum_{k=1}^{n}1=n\overline{X}-\mu\cdot n=n(\overline{X}-\mu)$

n

$n\overline{X}$　n

$\overline{X}=\frac{1}{n}\sum_{k=1}^{n}X_k$ より

$$=\frac{1}{n-1}E\left[\sum_{k=1}^{n}(X_k-\mu)^2-2(\overline{X}-\mu)\cdot n(\overline{X}-\mu)+(\overline{X}-\mu)^2\cdot n\right]$$

$-2n(\overline{X}-\mu)^2+n(\overline{X}-\mu)^2=-n(\overline{X}-\mu)^2$

$$=\frac{1}{n-1}E\left[\sum_{k=1}^{n}(X_k-\mu)^2-n(\overline{X}-\mu)^2\right]$$

E から見て定数

公式：$E[aX+bY]=aE[X]+bE[Y]$

$$=\frac{1}{n-1}\left\{E\left[\sum_{k=1}^{n}(X_k-\mu)^2\right]-nE[(\overline{X}-\mu)^2]\right\}$$

よって,

$$((*2)' の左辺) = \frac{1}{n-1}\Bigl\{\underbrace{E\Bigl[\sum_{k=1}^{n}(X_k-\mu)^2\Bigr]}_{㋐} - n\underbrace{E\bigl[(\overline{X}-\mu)^2\bigr]}_{㋑}\Bigr\} \quad \cdots\cdots ③ \text{ となる。}$$

(ⅱ) $S^2 = \frac{1}{n-1}\sum_{k=1}^{n}(X_k-\overline{X})^2$ …$(*2)$
$E[S^2] = \sigma^2$ ………………$(*2)'$

ここで,

公式:$E[X+Y] = E[X] + E[Y]$

$$㋐\ E\Bigl[\sum_{k=1}^{n}(X_k-\mu)^2\Bigr] = E\bigl[(X_1-\mu)^2 + (X_2-\mu)^2 + \cdots + (X_n-\mu)^2\bigr]$$

$$= \underbrace{E[(X_1-\mu)^2]}_{V[X_1]=\sigma^2} + \underbrace{E[(X_2-\mu)^2]}_{V[X_2]=\sigma^2} + \cdots + \underbrace{E[(X_n-\mu)^2]}_{V[X_n]=\sigma^2}$$

$V[X_1] = V[X_2] = \cdots = V[X_n] = \sigma^2$ ……② より

$$= \underbrace{\sigma^2 + \sigma^2 + \cdots + \sigma^2}_{n \text{ 個の } \sigma^2 \text{ の和}} = n\sigma^2 \quad \cdots\cdots ④ \text{ となる。次に,}$$

$$㋑\ E\bigl[(\overline{X}-\mu)^2\bigr] = V[\overline{X}]$$

$$= V\Bigl[\frac{1}{n}(X_1 + X_2 + \cdots + X_n)\Bigr]$$

$$= V\Bigl[\frac{1}{n}X_1 + \frac{1}{n}X_2 + \cdots + \frac{1}{n}X_n\Bigr]$$

公式:
X と Y が独立のとき,
$V[aX+bY]$
$= a^2V[X] + b^2V[Y]$

$$= \frac{1}{n^2}\underbrace{V[X_1]}_{\sigma^2} + \frac{1}{n^2}\underbrace{V[X_2]}_{\sigma^2} + \cdots + \frac{1}{n^2}\underbrace{V[X_n]}_{\sigma^2 (②より)}$$

$$= \frac{1}{n^2}(\underbrace{\sigma^2 + \sigma^2 + \cdots + \sigma^2}_{n \text{ 個の } \sigma^2 \text{ の和}}) = \frac{1}{n^2} \times n\sigma^2 = \frac{1}{n}\sigma^2 \quad \cdots\cdots ⑤ \text{ となる。}$$

以上㋐, ㋑より, ④, ⑤を③に代入すると,

$$((*2)' の左辺) = \frac{1}{n-1}\Bigl(\underbrace{n\sigma^2}_{㋐} - \underbrace{n \cdot \frac{1}{n}\sigma^2}_{㋑}\Bigr) = \frac{n-1}{n-1}\sigma^2 = \sigma^2 = ((*2)' の右辺)$$

となって, $E[S^2] = \sigma^2$ ……$(*2)'$ も成り立つことが証明できたんだね。

これから，$S^2 = \frac{1}{n-1}\sum_{k=1}^{n}(X_k - \overline{X})^2$ ……(＊2) は，母分散 σ^2 の不偏推定量であることが分かったんだね。フ～，大変だったって!? でも，このような計算が出来るようになると，統計学の実力がメキメキついてくるので，是非何回でも納得がいくまで練習してほしい。

ここで，よくレポートや論文の審査で，本来母分散 σ^2 の推定値として，不偏推定量の標本分散 $S^2 = \frac{1}{n-1}\sum_{k=1}^{n}(X_k - \overline{X})^2$ を求めるべきところで，ウッカリ間違えて $S^2 = \frac{1}{n}\sum_{k=1}^{n}(X_k - \overline{X})^2$ で計算している学生が沢山いるんだね。こんな時，決まって審査の **1** 人の先生から「キミの標本分散は，母分散 σ^2 の推定値にはなっていないでしょう？」と詰問されることになるはずだ。でも，ここで「ゴメンナサイ！」とミスを認める必要がないことも教えておこう。

実は，母分散 σ^2 を n 個の標本（サンプル）を基に推定する手法は，不偏推定量以外にも存在する。よく使われるものとして，**最尤推定量**(さいゆうすいていりょう)があり，この場合の σ^2 の推定量は $S^2 = \frac{1}{n}\sum_{k=1}^{n}(X_k - \overline{X})^2$ ……(＊2)″ となるんだね。従って，この場合の審査の先生への答えとして「いえ，先生！ 私は，最尤推定量を使って母分散 σ^2 の推定値を求めたんです！」と答えればいいんだね。そうすれば，先生も「ナルホド。この学生は良く勉強している！」ということになって，まず間違いなく，**A** 判定がもらえると思う (^o^)/

ン？ でも，σ^2 の最尤推定量(さいゆうすいていりょう)が何故 (＊2)″ で表されるか，分からないって!? そうだね。これは対数微分法など，さらに高度な数学が必要となるので，この本を読了した後で，次のステップとして「**確率統計キャンパス・ゼミ**」で勉強していけばいいんだね。今はただ，知識として最尤推定量があることを知っているだけで十分です。ちなみに，母平均 μ の場合，不偏推定量も最尤推定量も等しく，$\overline{X} = \frac{1}{n}\sum_{k=1}^{n}X_k$ となることも覚えておこう。

演習問題 30	● 点推定 ●

母平均 μ，母分散 σ^2 をもつ **200** 万個の数値データがある。この母集団から **12** 個の標本を抽出した結果を以下に示す。

37，28，22，41，34，30，25，27，42，26，32，40

次の問いに答えよ。

(1) 母平均 μ と母分散 σ^2 のそれぞれの最尤推定量 $\overline{X}$ と S^2 を求めよ。

(2) 母平均 μ と母分散 σ^2 のそれぞれの不偏推定量 $\overline{X}$ と S^2 を求めよ。

ヒント！ この **12** 個のデータそのものは，演習問題 **25** (**P118**) で扱ったものとまったく同じものなんだね。しかし，今回の問題では，これら **12** 個のデータは，**200** 万個の巨大な母集団から無作為に抽出された標本データなので，これらを元にして，μ と σ^2 の推定量を **(1)** では最尤推定量として，また，**(2)** では不偏推定量として求めればいいんだね。最尤推定量の意味は「最(もっと)も尤(もっと)もらしい推定量」ということなんだよ。

解答＆解説

12 個の標本データを X とおいて，

$X = x_1,\ x_2,\ x_3,\ x_4,\ x_5,\ x_6,\ x_7,\ x_8,\ x_9,\ x_{10},\ x_{11},\ x_{12}$

$= 37,\ 28,\ 22,\ 41,\ 34,\ 30,\ 25,\ 27,\ 42,\ 26,\ 32,\ 40$ とする。

(1)・母平均 μ の最尤推定量 $\overline{X}$ は，

$$\overline{X} = \frac{1}{12}\sum_{k=1}^{12} X_k$$

$$= \frac{1}{12}(37 + 28 + 22 + 41 + \cdots + 40)$$

$$= \underbrace{30}_{\text{仮平均}} + \underbrace{\frac{1}{12}(7 - 2 - 8 + 11 + 4 + 0 - 5 - 3 + 12 - 4 + 2 + 10)}_{30\text{に対する偏差}(X_k - 30)\text{の平均}}$$

$$= 30 + \frac{24}{12} = 30 + 2 = 32 \quad \cdots\cdots ①$$ である。……………………………(答)

・μ の最尤推定量：
$\overline{X} = \dfrac{1}{n}\displaystyle\sum_{k=1}^{n} X_k$

・σ^2 の最尤推定量：
$S^2 = \dfrac{1}{n}\displaystyle\sum_{k=1}^{n} (X_k - \overline{X})^2$

・母分散 σ^2 の最尤推定量 S^2 は，

$$S^2 = \frac{1}{12}\sum_{k=1}^{12}(X_k - \overline{X})^2 = \frac{1}{12}\sum_{k=1}^{12}(X_k - 32)^2$$

32（①より）

$$= \frac{1}{12}\{5^2+(-4)^2+(-10)^2+9^2+2^2+(-2)^2+(-7)^2+(-5)^2+10^2+(-6)^2+0^2+8^2\}$$

$25+16+100+81+4+4+49+25+100+36+64=504$

$$= \frac{504}{12} = 42 \quad \cdots\cdots②$$ である。……………………………………………(答)

最尤推定量については，$\overline{X} = \frac{1}{12}\sum_{k=1}^{12}X_k$ と $S^2 = \frac{1}{12}\sum_{k=1}^{12}(X_k - \overline{X})^2$ の計算は実質的に演習問題 **25** とまったく同じになる。ただし，その意味はいずれも母数（μ と σ^2）の最も尤もらしい推定量であることに注意しよう。

(2)・母平均 μ の不偏推定量 $\overline{X}$ は，

(1) の①の結果と等しい。よって，

$\overline{X} = 32$ である。……………………………(答)

・μ の不偏推定量：

$$\overline{X} = \frac{1}{n}\sum_{k=1}^{n}X_k$$

・σ^2 の不偏推定量：

$$S^2 = \frac{1}{n-1}\sum_{k=1}^{n}(X_k - \overline{X})^2$$

・母分散 σ^2 の不偏推定量 S^2 は，

$$S^2 = \frac{1}{11}\sum_{k=1}^{12}(X_k - \overline{X})^2$$

$\frac{1}{12-1}$　　32

$$= \frac{1}{11}(25+16+100+\cdots+64) = \frac{504}{11}$$ である。………………………(答)

504

§2. 区間推定

前回は，母集団から抽出した標本を使って，母平均μや母分散σ^2の値を推定した。これを点推定というんだったね。これに対して，今回の講義では，母平均μにのみ話を絞るけれど，抽出した標本を元に，たとえば，この母平均μが95%の確率で存在する範囲が$11.3 \leqq \mu \leqq 15.6$であるというように，$\mu$の値の範囲を推定する。これを"**区間推定**(くかんすいてい)"という。

この母平均μの区間推定を行う際に，母集団の分布が正規分布に従うのか，否かや，標本の個数が大きいのか，否か，さらに，母集団の分散σ^2が既知(きち)か，未知(みち)か，考慮すべき点がいくつか存在するんだね。これらについても分かりやすく解説しよう。

さらに，μの区間推定において，標準正規分布$N(0,\ 1)$が重要な役割を演じるんだけれど，これ以外にもt**分布**(ティーぶんぷ)も利用する。これについても，その実用面に重点をおいて教えるつもりだ。

● 母集団と標本の関係を具体的に考えよう！

ある地域の100万世帯を母集団として，各世帯が所有するパソコンの台数を調査した所，0台，1台，2台，3台の世帯数が順に10万，30万，50万，10万世帯であった。ここで，変量Xをパソコンの保有台数とすると，$X = 0,\ 1,\ 2,\ 3$であり，それぞれの確率は，

$P(X=0) = \dfrac{10万}{100万} = \dfrac{1}{10}$，同様に$P(X=1) = \dfrac{3}{10}$，$P(X=2) = \dfrac{5}{10} = \dfrac{1}{2}$，

$P(X=3) = \dfrac{1}{10}$となる。よって，この母集団の分布は表1のようになるんだね。これから，母平均$\mu = E[X]$と母分散$\sigma^2 = V[X] = E[X^2] - E[X]^2$を求めると，次のようになる。

表1 母集団の分布

変数 X	0	1	2	3
確率 P	$\frac{1}{10}$	$\frac{3}{10}$	$\frac{5}{10}$	$\frac{1}{10}$

これは，既約分数にはせずに示した。

母平均 $\mu = E[X] = 0 \times \frac{1}{10} + 1 \times \frac{3}{10} + 2 \times \frac{5}{10} + 3 \times \frac{1}{10} = \frac{3+10+3}{10} = \frac{16}{10} = \frac{8}{5}$

母分散 $\sigma^2 = V[X] = E[X^2] - E[X]^2$　（$\mu^2 = \left(\frac{8}{5}\right)^2$）

$$= 0^2 \times \frac{1}{10} + 1^2 \times \frac{3}{10} + 2^2 \times \frac{5}{10} + 3^2 \times \frac{1}{10} - \left(\frac{8}{5}\right)^2$$

$$= \frac{3+20+9}{10} - \frac{64}{25} = \frac{16}{5} - \frac{64}{25} = \frac{80-64}{25} = \frac{16}{25}$$

どう？ このように母集団分布にまとめて，母平均 μ と母分散 σ^2 を求めてみると，確率分布のところ **(P56)** で計算したものとまったく同様であることに気付いたでしょう。つまり，パソコンの保有台数 X の母集団分布は，**0** と **1** と **2** と **3** の数の書かれたカードがそれぞれ **1** 枚，**3** 枚，**5** 枚，**1** 枚あって，これら **10** 枚のカードから，**1** 枚のカードを無作為に選び出したとき，カードに書かれた数を変量 X とおいた確率分布とまったく同じなんだね。

そして，この母集団分布から，大きさ n の標本を復元抽出する操作は，先程の **10** 枚のカードから，**1** 枚を取り出しては元に戻し，新たに **1** 枚取り出す操作を n 回繰り返すことと同じなんだね。ここで，k 回目に取り出したカードに書かれている数を変量 $X_k (k = 1, 2, \cdots, n)$ とおくと，$X_1, X_2, \cdots, X_n$ が n 個の標本に対応し，そして，これらはすべて，母集団分布と同じ確率分布に従う。よって，次式が成り立つんだね。

$$\begin{cases} E[X_1] = E[X_2] = \cdots = E[X_n] = \mu \text{ (母平均)} & \cdots\cdots① \\ V[X_1] = V[X_2] = \cdots = V[X_n] = \sigma^2 \text{ (母分散)} & \cdots\cdots② \end{cases}$$ となる。

ここでさらに，大きさ n の標本平均を $\overline{X}$ とおくと，

$\overline{X} = \frac{1}{n}(X_1 + X_2 + \cdots + X_n)$ であり，この $\overline{X}$ を新たな変量とみて，この $\overline{X}$ の平均 $E[\overline{X}]$ と分散 $V[\overline{X}]$ を求めてみよう。

ここで，復元抽出なので，n 個の変量（確率変数）X_1, X_2, $\cdots$, X_n は互いにすべて独立な確率変数であることに注意しよう。

$$\cdot\ E[\overline{X}] = E\left[\frac{X_1+X_2+\cdots+X_n}{n}\right]$$

$$= E\left[\underbrace{\frac{1}{n}}_{\text{定数}}X_1 + \underbrace{\frac{1}{n}}_{\text{定数}}X_2 + \cdots + \underbrace{\frac{1}{n}}_{\text{定数}}X_n\right]$$

公式：
$E[aX+bY]$
$=aE[X]+bE[Y]$

$$= \frac{1}{n}\underbrace{E[X_1]}_{\mu} + \frac{1}{n}\underbrace{E[X_2]}_{\mu} + \cdots + \frac{1}{n}\underbrace{E[X_n]}_{\mu\text{（①より）}}$$

$$= \frac{1}{n}(\underbrace{\mu+\mu+\cdots+\mu}_{n\text{個の}\mu\text{の和}}) = \frac{1}{n}\times n\mu = \mu$$ （母平均）となるし，

$$\cdot\ V[\overline{X}] = V\left[\frac{X_1+X_2+\cdots+X_n}{n}\right]$$

$$= V\left[\underbrace{\frac{1}{n}}_{\text{定数}}X_1 + \underbrace{\frac{1}{n}}_{\text{定数}}X_2 + \cdots + \underbrace{\frac{1}{n}}_{\text{定数}}X_n\right]$$

公式：
X と Y が独立のとき，
$V[aX+bY]$
$=a^2V[X]+b^2V[Y]$

$$= \frac{1}{n^2}\underbrace{V[X_1]}_{\sigma^2} + \frac{1}{n^2}\underbrace{V[X_2]}_{\sigma^2} + \cdots + \frac{1}{n^2}\underbrace{V[X_n]}_{\sigma^2\text{（②より）}}$$

$$= \frac{1}{n^2}(\underbrace{\sigma^2+\sigma^2+\cdots+\sigma^2}_{n\text{個の}\sigma^2\text{の和}}) = \frac{1}{n^2}\times n\sigma^2 = \frac{\sigma^2}{n}\ \left(=\frac{\text{（母分散）}}{n}\right)$$

となるんだね。これから $\overline{X}$ の標準偏差 $D[\overline{X}]$ は

$$\cdot\ D[\overline{X}] = \sqrt{V[X]} = \sqrt{\frac{\sigma^2}{n}} = \frac{\sigma}{\sqrt{n}}$$ となるんだね。

以上の結果をまとめて次に示そう。

標本平均$\overline{X}$の期待値，分散，標準偏差

母平均μ，母分散σ^2の大きさNの母集団から，大きさnの標本X_1，X_2，…，X_nを無作為に抽出したとき，

標本平均$\overline{X}=\dfrac{X_1+X_2+\cdots+X_n}{n}$の平均$E[\overline{X}]$，分散$V[\overline{X}]$，標準偏差$D[\overline{X}]$をそれぞれ，$\mu[\overline{X}]$，$\sigma^2[\overline{X}]$，$\sigma[\overline{X}]$とおくと，

$\mu[\overline{X}]=E[\overline{X}]=\mu$ ………(*1)　$\sigma^2[\overline{X}]=V[\overline{X}]=\dfrac{\sigma^2}{n}$ ……(*2)

$\sigma[\overline{X}]=D[\overline{X}]=\dfrac{\sigma}{\sqrt{n}}$ ……(*3) となる。（ただし，$N\gg n$とする。）

それでは，$\overline{X}$の平均（期待値），分散，標準偏差の問題を解いてみよう。

例題 24　母平均$\mu=20$，母分散$\sigma^2=36$の母集団から，大きさ$n=9$の標本X_1，X_2，…，X_9を無作為に抽出したとき，標本平均$\overline{X}$について，

(1) $\overline{X}$の平均$\mu[\overline{X}]$と分散$\sigma^2[\overline{X}]$と標準偏差$\sigma[\overline{X}]$を求めよう。

(2) $\overline{X}$の標準化変数$Z=\dfrac{\overline{X}-\mu[\overline{X}]}{\sigma[\overline{X}]}$を求めよう。

(1) $\mu=20$，$\sigma^2=36$，$n=9$より，

・標本平均$\mu[\overline{X}]=\mu=20$ ………………………①

・標本分散$\sigma^2[\overline{X}]=\dfrac{\sigma^2}{n}=\dfrac{36}{9}=4$

・標本標準偏差$\sigma[\overline{X}]=\sqrt{\sigma^2[\overline{X}]}=\sqrt{4}=2$ ……② となる。

公式：
・$\mu[\overline{X}]=\mu$
・$\sigma^2[\overline{X}]=\dfrac{\sigma^2}{n}$
・$\sigma[\overline{X}]=\sqrt{\sigma^2[\overline{X}]}$

(2) 変数$\overline{X}$を基に新たな標準化変数Zを定義すると，

$E[Z]=0$，$V[Z]=1$をみたす変数Zのこと。

$$Z=\frac{\overline{X}-\mu[\overline{X}]}{\sigma[\overline{X}]}=\frac{\overline{X}-\mu}{\frac{\sigma}{\sqrt{n}}}=\frac{\overline{X}-20}{2}$$ となる。（①，②より）

このとき，$E[Z]=E\left[\frac{1}{2}(\overline{X}-20)\right]=\frac{1}{2}(E[\overline{X}]-20)=\frac{1}{2}(20-20)=0$，

$V[Z]=V\left[\frac{1}{2}\overline{X}-10\right]=\frac{1}{4}V[\overline{X}]=\frac{1}{4}\cdot 4=1$ をみたすからね。

● 母平均μの区間推定にチャレンジしよう！

一般に，母集団の分布が，母平均μ，母分散σ^2の正規分布$N(\mu,\ \sigma^2)$(P92)であるとき，それから取り出されたn個の標本$X_1,\ X_2,\ \cdots,\ X_n$も正規分布$N(\mu,\ \sigma^2)$に従うんだね。そして，このとき，nの大きさに関わらず，標本平均$\overline{X}=\dfrac{X_1+X_2+\cdots+X_n}{n}$も正規分布に従う。ただし，$\overline{X}$の平均は$\mu$，分散は$\dfrac{\sigma^2}{n}$より，$\overline{X}$は正規分布$N\left(\mu,\ \dfrac{\sigma^2}{n}\right)$に従うことになる。したがって，$\overline{X}$の標準化変数$Z=\dfrac{\overline{X}-\mu}{\sqrt{\dfrac{\sigma^2}{n}}}=\dfrac{\overline{X}-\mu}{\dfrac{\sigma}{\sqrt{n}}}$は，標準正規分布$N(0,\ 1)$(P94)に従うので，$\overline{X}$についての確率は，$Z$についての確率に変換して，標準正規分布表(P97)を利用して求めることができるんだね。大丈夫？

それでは，次の例題で練習してみよう。

例題 25　正規分布$N(20,\ 36)$に従う母集団から，9個の標本$X_1,\ X_2,\ \cdots,\ X_9$を無作為に抽出したとき，この標本平均$\overline{X}$について，次の確率の等式が成り立つような，定数aとbの値を求めよう。(ただし，右の標準正規分布の確率表を利用してもよい。)

標準正規分布の確率表
$\alpha=\int_u^{\infty}f_S(z)dz$

u	α
1.96	0.025
2.58	0.005

(1) $P(20-a\leqq\overline{X}\leqq20+a)=0.95$ ……①　(a：正の定数)

(2) $P(20-b\leqq\overline{X}\leqq20+b)=0.99$ ……②　(b：正の定数)

母集団の分布が$N(\underset{\mu}{20},\ \underset{\sigma^2}{36})$より，母集団は母平均$\mu=20$，母分散$\sigma^2=36$の正規分布に従うんだね。よって，この母集団から無作為に抽出された$n=9$個の標本の標本平均$\overline{X}$は，正規分布$N\left(\mu,\ \dfrac{\sigma^2}{n}\right)=N(20,\ 4)$に従うことになる。

よって，$\overline{X}$の標準化変数 $Z=\dfrac{\overline{X}-20}{\sqrt{4}}=\dfrac{\overline{X}-20}{2}\left(=\dfrac{\overline{X}-\mu}{\sqrt{\dfrac{\sigma^2}{n}}}\right)$は，標準正規分布 $N(0,\ 1)$ に従うことになるんだね。よって，

(1) $P(-u_1 \leqq Z \leqq u_1)=0.95$ となる定数 u_1 は，標準正規分布の表と右のグラフから，$u_1=1.96$ である。

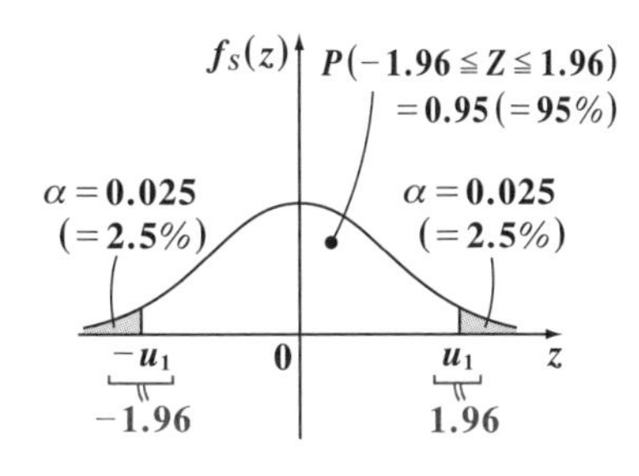

よって，

$P\left(\underbrace{-1.96}_{-u_1} \leqq \underbrace{\dfrac{\overline{X}-20}{2}}_{Z} \leqq \underbrace{1.96}_{u_1}\right)=0.95$ より，

$P(-3.92 \leqq \overline{X}-20 \leqq 3.92)=0.95$ となる。

$\therefore P(20-\underbrace{3.92}_{a} \leqq \overline{X} \leqq 20+\underbrace{3.92}_{a})=0.95$ より，求める a の値は，

$a=3.92$ であることが分かった。

(2) $P(-u_2 \leqq Z \leqq u_2)=0.99$ となる定数 u_2 は，標準正規分布の表と右のグラフから，$u_2=2.58$ である。

fs(z)
P(−2.58≦Z≦2.58)
=0.99(=99%)
α=0.005
(=0.5%)
α=0.005
(=0.5%)
−u2
0
u2
z
−2.58
2.58

よって，

$P\left(-2.58 \leqq \dfrac{\overline{X}-20}{2} \leqq 2.58\right)=0.99$ より，

$P(-5.16 \leqq \overline{X}-20 \leqq 5.16)=0.99$ となる。

$\therefore P(20-\underbrace{5.16}_{b} \leqq \overline{X} \leqq 20+\underbrace{5.16}_{b})=0.99$ より，求める b の値は，

$b=5.16$ になるんだね。

ン？この程度の問題は，既に例題 **20** (**P96**) や演習問題 **24** (**P106**) でやっているから簡単だって!? いいね。よく練習しているね。実は，この例題の視点をちょっと変えれば，母平均 μ の“**95%信頼区間**(しんらいくかん)”や“**99%信頼区間**(しんらいくかん)”を求めることができる。つまり，区間推定を行うための予行演習だったんだね。

例題25の母集団が，母平均μが未知(みち)で，$\sigma^2=36$は既知(きち)である正規分布

(分かってない)　(分かっているということ)

$N(\mu,\ 36)$に従うものとし，これから$n=9$個の標本を抽出した結果得られる標本平均$\overline{X}$の値が$\overline{X}=9.0$であったとしよう。つまり，μが未知で，σ^2と$\overline{X}$が既知のとき，同様の計算をすることにより，

(i) 母平均μが95%の確率で存在する値の範囲，すなわち
"μの95%**信頼区間**(しんらいくかん)"，および

(ii) 母平均μが99%の確率で存在する値の範囲，すなわち
"μの99%**信頼区間**(しんらいくかん)"を求めることができるんだね。

例題26　正規分布$N(\mu,\ 36)$に従う母集団から，9個の標本$X_1,\ X_2,\ \cdots,\ X_9$を無作為に抽出して得られた標本の標本平均$\overline{X}$が$\overline{X}=9.0$であった。このとき，母平均μの

(i) 95%信頼区間と

(ii) 99%信頼区間を求めよう。

(ただし，上の標準正規分布の確率表を利用してもよい。)

標準正規分布の確率表

$\alpha=\int_u^{\infty} f_S(z)dz$

u	α
1.96	0.025
2.58	0.005

正規分布$N(\mu,\ 36)$に従う母集団から抽出された$n=9$個の標本の標本平均

(36：σ^2)

$\overline{X}$は，正規分布$N(\mu,\ 4)$に従う。

(4：$\frac{\sigma^2}{n}=\frac{36}{9}=4$)

よって，$\overline{X}$の標準化変数Zは，$Z=\frac{\overline{X}-\mu}{\sqrt{\frac{\sigma^2}{n}}}=\frac{\overline{X}-\mu}{\sqrt{4}}=\frac{\overline{X}-\mu}{2}$であり，これは，

標準正規分布$N(0,\ 1)$に従う。よって，

(i) $P(-u_1 \leqq Z \leqq u_1)=0.95\ (=95\%)$をみたす$u_1$は，

標準正規分布の確率表より，$u_1=1.96$であることが分かる。よって，

$P\left(\underbrace{-1.96}_{-u_1} \leqq \underbrace{\frac{\overline{X}-\mu}{2}}_{Z} \leqq \underbrace{1.96}_{u_1}\right)=0.95$ である。

ここで，$\overline{X}$ の実現値として，$\overline{X}=9.0$ が与えられているので，これから母平均 μ の 95% 信頼区間を求めると，

$\underbrace{-1.96\times 2 \leqq 9.0-\mu}_{(\text{i})} \leqq 1.96\times 2$ から，（(ii)：$9.0-\mu \leqq 1.96\times 2$）

$$\begin{cases}(\text{i})\ -3.92 \leqq 9-\mu \text{ より，} \mu \leqq 9+3.92=12.92 \text{ となり，}\\ (\text{ii})\ 9-\mu \leqq 3.92 \text{ より，} 9-3.92=5.08 \leqq \mu \text{ となる。よって，}\end{cases}$$

μ の 95% 信頼区間は，$5.08 \leqq \mu \leqq 12.92$ となるんだね。これは，母平均 μ が 95% の確率で，この範囲に存在することを推定しているので，区間推定という。同様に，

(ii) $P(-u_2 \leqq Z \leqq u_2)=0.99$ $(=99\%)$ をみたす u_2 は，
標準正規分布の確率表より，$u_2=2.58$ であることが分かる。よって，

$P\left(\underbrace{-2.58}_{-u_2} \leqq \underbrace{\frac{\overline{X}-\mu}{2}}_{Z} \leqq \underbrace{2.58}_{u_2}\right)=0.99$

ここで，$\overline{X}$ の実現値として，$\overline{X}=9.0$ が与えられている。よって，母平均 μ の 99% 信頼区間を求めると，

$\underbrace{-2.58\times 2 \leqq 9.0-\mu}_{(\text{i})} \leqq 2.58\times 2$ から，（(ii)：$9.0-\mu \leqq 2.58\times 2$）

$$\begin{cases}(\text{i})\ -5.16 \leqq 9-\mu \text{ より，} \mu \leqq 9+5.16=14.16 \text{ となり，}\\ (\text{ii})\ 9-\mu \leqq 5.16 \text{ より，} 9-5.16=3.84 \leqq \mu \text{ となる。よって，}\end{cases}$$

μ の 99% 信頼区間は，$3.84 \leqq \mu \leqq 14.16$ となるんだね。これも大丈夫？

μ の 95% 信頼区間 $5.08 \leqq \mu \leqq 12.92$ より，99% 信頼区間 $3.84 \leqq \mu \leqq 14.16$ の方が，より確実に μ の存在する範囲を示しているんだけれど，その分，存在範囲が広くなってしまうので，本当の μ の位置(値)がぼやけてしまうことが分かったんだね。これで，μ の区間推定の基本的な考え方が分かったでしょう？

ン？でも，母集団が正規分布だけでなく，一般の分布では，μ の区間推定

はできないのかって!?…，良い質問だ。実は，標本の大きさ n が十分大きければ，母集団が一般の分布でも，同様に μ の区間推定ができる。その決め手となるのが“中心極限定理（ちゅうしんきょくげんていり）”なんだね。

● n が十分大きければ，中心極限定理が使える！

中心極限定理とは「平均 μ，分散 σ^2 の同一のある分布（正規分布でなくてもよい。）から取り出された n 個の変数 X_1，X_2，…，X_n の平均を $\overline{X} = \frac{X_1 + X_2 + \cdots + X_n}{n}$ とおくと，$n = 100$ や 200 など…のように n が十分に大きければ，$\overline{X}$ は正規分布 $N\left(\mu,\ \frac{\sigma^2}{n}\right)$ に従う」という定理なんだね。(P94)

ここで，母集団は 100 万個以上…のような巨大な要素をもつ分布なので，これから，十分大きいとは言え，$n = 100$ 程度の標本を 1 つずつ抽出したとしても母集団には何の影響もない。したがって，平均 μ，分散 σ^2 のある同一の分布からそれぞれ独立に標本 X_1，X_2，…，X_n が取り出されるという中心極限定理の条件は，母数 μ の区間推定にも利用することができることが分かると思う。

以上をまとめると，母平均 μ の区間推定を行うとき，母集団が

(i) 正規分布 $N(\mu,\ \sigma^2)$ に従う場合，
標本数 n は大・小いずれでも構わない。そして，標本平均 $\overline{X}$ は，
正規分布 $N\left(\mu,\ \frac{\sigma^2}{n}\right)$ に従う。また，

(ii) 母平均 μ，母分散 σ^2 のある分布（正規分布でなくてもいい。）に従う場合，
標本数 n が十分大きいときに限り，標本平均 $\overline{X}$ は，
正規分布 $N\left(\mu,\ \frac{\sigma^2}{n}\right)$ に従う（中心極限定理）と言えるんだね。

以上のことをさらに，図 1(i)(ii) に模式図で示しておくので，シッカリ頭に入れておこう！

図１　母平均μの区間推定のための条件

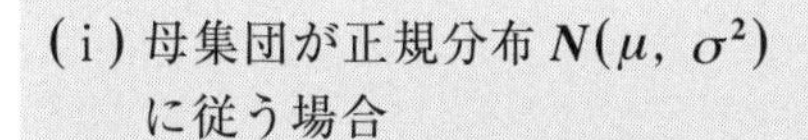

(ⅰ) 母集団が正規分布$N(\mu,\ \sigma^2)$に従う場合

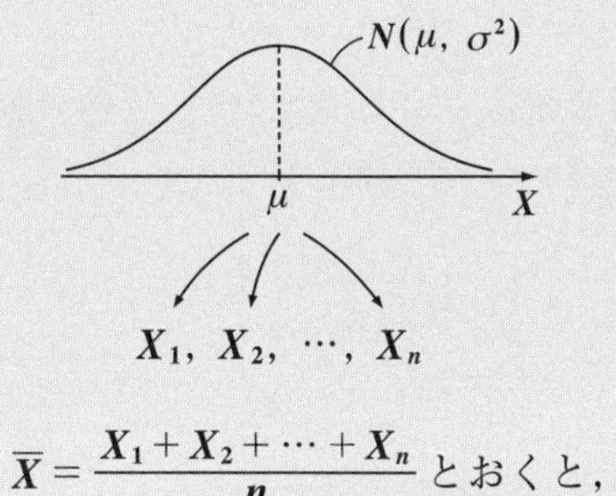

$\overline{X}=\dfrac{X_1+X_2+\cdots+X_n}{n}$とおくと，

$\overline{X}$は，nの大小に関わらず，

正規分布$N\left(\mu,\ \dfrac{\sigma^2}{n}\right)$に従う。

(ⅱ) 母集団が母平均μ，母分散σ^2のある分布に従う場合

（正規分布でなくても，何でも構わない。）

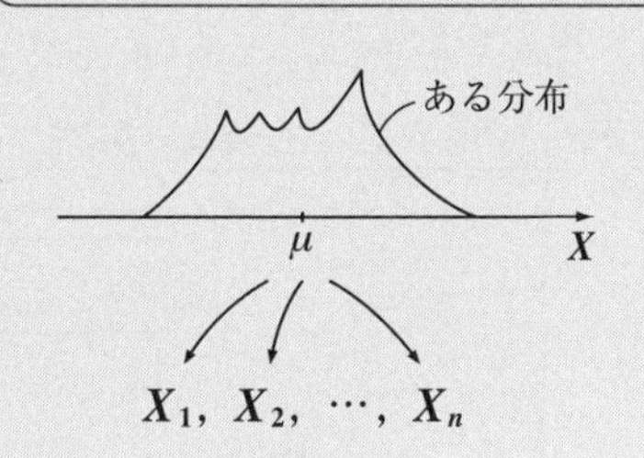

$\overline{X}=\dfrac{X_1+X_2+\cdots+X_n}{n}$とおくと，

$\overline{X}$は，nが十分大きいときに限り，

正規分布$N\left(\mu,\ \dfrac{\sigma^2}{n}\right)$に従う。

（中心極限定理）

(ⅰ)(ⅱ)いずれの場合にも，標本平均$\overline{X}$は正規分布$N\left(\mu,\ \dfrac{\sigma^2}{n}\right)$に従うことが分かったので，これを基に，$\mu$の区間推定の公式（**95**％信頼区間と，**99**％信頼区間）が導けるんだね。

● σが既知のとき，母平均μを区間推定しよう！

ここで，母集団の母分散σ^2（または，標準偏差σ）は既知（きち）で，母平均μが未知（みち）の場合，大きさnの標本から求めた標本平均$\overline{X}=\dfrac{X_1+X_2+\cdots+X_n}{n}$を基に，母平均$\mu$の(Ⅰ)**95**％“**信頼区間**（しんらいくかん）”と，(Ⅱ)**99**％“**信頼区間**”の公式を導いてみよう。

ただし，母集団が正規分布$N(\mu,\ \sigma^2)$に従うときは，nは大小いずれでも構わない。しかし，母集団が正規分布以外のある分布に従う場合は，nは十分に大きな値であるものとするんだね。

(Ⅰ) 母平均μの**95%**信頼区間について，

$\overline{X}$の標準化変数Zは，$Z=\dfrac{\overline{X}-\mu}{\dfrac{\sigma}{\sqrt{n}}}$ ……① であり，Zは標準正規分布に従うので，Zが**95%**の確率で存在し得る範囲は，例題**24**, **25**で示した通り$-1.96\leqq Z\leqq 1.96$となる。つまり，

$P(-1.96\leqq Z\leqq 1.96)=0.95$ ……② となる。①より，( )内を変形すると，

各辺に$\dfrac{\sigma}{\sqrt{n}}$をかけて

$-1.96\leqq\dfrac{\overline{X}-\mu}{\dfrac{\sigma}{\sqrt{n}}}\leqq 1.96$ より，$-1.96\dfrac{\sigma}{\sqrt{n}}\leqq\overline{X}-\mu\leqq 1.96\dfrac{\sigma}{\sqrt{n}}$

(ア) (イ)

(ア)より，$\mu\leqq\overline{X}+1.96\dfrac{\sigma}{\sqrt{n}}$　　(イ)より，$\overline{X}-1.96\dfrac{\sigma}{\sqrt{n}}\leqq\mu$

②は，$P\left(\overline{X}-1.96\dfrac{\sigma}{\sqrt{n}}\leqq\mu\leqq\overline{X}+1.96\dfrac{\sigma}{\sqrt{n}}\right)=0.95$ ……③ となる。

$\overline{X}$とσとnは既知だから，母平均μが**95%**の確率で存在する範囲，すなわち“**95%信頼区間**(しんらいくかん)”が，

$$\overline{X}-1.96\frac{\sigma}{\sqrt{n}}\leqq\mu\leqq\overline{X}+1.96\frac{\sigma}{\sqrt{n}}$$ ……(*1) と導かれるんだね。

(Ⅱ) 母平均μの**99%**信頼区間について，

同様に，Zが**99%**の確率で存在し得る範囲は，$-2.58\leqq Z\leqq 2.58$より，

$P(-2.58\leqq Z\leqq 2.58)=0.99$ ……④

④のZに①を代入して，( )内を同様に変形すれば，

$P\left(\overline{X}-2.58\dfrac{\sigma}{\sqrt{n}}\leqq\mu\leqq\overline{X}+2.58\dfrac{\sigma}{\sqrt{n}}\right)=0.99$ ……⑤ となるので，

母平均μが**99%**の確率で存在する範囲，すなわち“**99%信頼区間**”が，

$$\overline{X}-2.58\frac{\sigma}{\sqrt{n}}\leqq\mu\leqq\overline{X}+2.58\frac{\sigma}{\sqrt{n}}$$ ……(*2) と導かれるんだね。

以上をまとめて公式として示そう。

母平均 μ の区間推定(Ⅰ)

母標準偏差 σ が既知のとき,

(Ⅰ) 母平均 μ の **95**%信頼区間は,次のようになる。

$$\overline{X}-1.96\frac{\sigma}{\sqrt{n}} \leqq \mu \leqq \overline{X}+1.96\frac{\sigma}{\sqrt{n}} \quad \cdots\cdots(*1)$$

(Ⅱ) 母平均 μ の **99**%信頼区間は,次のようになる。

$$\overline{X}-2.58\frac{\sigma}{\sqrt{n}} \leqq \mu \leqq \overline{X}+2.58\frac{\sigma}{\sqrt{n}} \quad \cdots\cdots(*2)$$

それでは,次の例題で μ の区間推定を実際にやってみよう。

例題 **27**　母平均 μ,母分散 $\sigma^2=40$ の巨大な母集団から,$n=160$ 個の標本を無作為に抽出して,標本平均 $\overline{X}$ を求めた結果,$\overline{X}=12$ であった。
このとき,母平均 μ の(ⅰ)**95**%信頼区間と(ⅱ)**99**%信頼区間を求めよう。

標本の大きさ $n=160$,標本平均 $\overline{X}=12$,母分散 $\sigma^2=40$ より,n は十分に大きいので,母集団はある分布に従っても中心極限定理が成り立つ。よって,

(ⅰ) 母平均 μ の **95**%信頼区間は,$(*1)$ の公式より,

$$12-1.96\times\frac{\sqrt{40}}{\sqrt{160}} \leqq \mu \leqq 12+1.96\times\frac{\sqrt{40}}{\sqrt{160}}$$

$\sigma^2=40$ より,$\sigma=\sqrt{40}$

$$1.96\times\sqrt{\frac{40}{160}}=1.96\times\sqrt{\frac{1}{4}}=1.96\times\frac{1}{2}=0.98$$

$\therefore$ $11.02 \leqq \mu \leqq 12.98$ となるんだね。大丈夫?

(ⅱ) 母平均 μ の **99**%信頼区間は,$(*2)$ の公式より,

$$12-2.58\times\frac{\sqrt{40}}{\sqrt{160}} \leqq \mu \leqq 12+2.58\times\frac{\sqrt{40}}{\sqrt{160}}$$

$$2.58\times\sqrt{\frac{40}{160}}=2.58\times\sqrt{\frac{1}{4}}=2.58\times\frac{1}{2}=1.29$$

$\therefore$ $10.71 \leqq \mu \leqq 13.29$ となる。これも大丈夫だった?

● σが未知のとき，母平均μを区間推定しよう！

これまでの解説では，母集団の母平均μだけが未知で，母分散σ^2(母標準偏差σ)が既知という，変な設定になっていたんだね。母集団について，μが未知なら，σ^2やσも当然未知であるという方が自然な条件のはずだからね。

ここで，μもσ(またはσ^2)も共に未知の場合でも，標本の大きさnが十分に大きければ近似的に(＊1)や(＊2)の母標準偏差σの代わりに標本標準偏差Sで代用して，μを区間推定できるんだね。ただし，
この場合，標本分散S^2は不偏推定量：$S^2=\frac{1}{n-1}\sum_{k=1}^{n}(X_k-\overline{X})^2$を利用して，標本標準偏差$S=\sqrt{S^2}$とする。

σが未知で，nが十分に大きいときのμの区間推定の公式を下に示しておこう。

母平均μの区間推定(Ⅱ)

母標準偏差σ(母分散σ^2)が未知のときでも，標本の大きさnが十分大きければ，σの代わりに標本標準偏差$S=\sqrt{\frac{1}{n-1}\sum_{k=1}^{n}(X_k-\overline{X})^2}$を用いることにより，

(Ⅰ) 母平均μの95%信頼区間は，次のようになる。

$$\overline{X}-1.96\frac{S}{\sqrt{n}}\leqq\mu\leqq\overline{X}+1.96\frac{S}{\sqrt{n}}\quad\cdots\cdots(*1)'$$

(Ⅱ) 母平均μの99%信頼区間は，次のようになる。

$$\overline{X}-2.58\frac{S}{\sqrt{n}}\leqq\mu\leqq\overline{X}+2.58\frac{S}{\sqrt{n}}\quad\cdots\cdots(*2)'$$

ン？ nが十分に大きいわけだから，Sは最尤推定量の$S^2=\frac{1}{n}\sum_{k=1}^{n}(X_k-\overline{X})^2$を用いてもいいんじゃないかって!? その通りだね。nが100や200など…十分に大きな数であれば，最尤推定量のS^2から$S=\sqrt{S^2}$としても，推定区間にはほとんど影響はないはずだ。ただし，大学の試験で，標本分散と言えば一般に不偏推定量を用いるので，これで計算しておくことを勧める。

それでは，この例題も解いておこう。

例題 **28**　母平均 μ，母分散 σ^2 の巨大な母集団から，$n = 490$ 個の標本を無作為に抽出して，標本平均 $\overline{X}$ と標本分散 S^2 を計算した結果，$\overline{X} = 33.2$，$S^2 = 250.0$ であった。
このとき，母平均 μ の(i)95%信頼区間と(ii)99%信頼区間を求めよう。

標本の大きさ $n = 490$，標本平均 $\overline{X} = 33.2$，標本分散 $S^2 = 250.0$ であり，n は十分に大きいので，母標準偏差 σ の代わりに標本標準偏差 S を用いることができる。

(i) 母平均 μ の 95%信頼区間は，公式 $(*1)'$ より，

$$33.2 - 1.96 \times \frac{\sqrt{250}}{\sqrt{490}} \leqq \mu \leqq 33.2 + 1.96 \times \frac{\sqrt{250}}{\sqrt{490}}$$

$S^2 = 250$ より，$S = \sqrt{250}$

$$1.96 \times \sqrt{\frac{250}{490}} = 1.96 \times \sqrt{\frac{25}{49}} = 1.96 \times \frac{5}{7} = 1.4$$

よって，$33.2 - 1.4 \leqq \mu \leqq 33.2 + 1.4$ より，
$31.8 \leqq \mu \leqq 34.6$ となる。

(ii) 母平均 μ の 99%信頼区間は，公式 $(*2)'$ より，

$$33.2 - 2.58 \times \frac{\sqrt{250}}{\sqrt{490}} \leqq \mu \leqq 33.2 + 2.58 \times \frac{\sqrt{250}}{\sqrt{490}}$$

$$2.58 \times \sqrt{\frac{250}{490}} = 2.58 \times \frac{5}{7} = 1.842 \cdots \fallingdotseq 1.84$$

よって，$33.2 - 1.84 \leqq \mu \leqq 33.2 + 1.84$ より，
$31.36 \leqq \mu \leqq 35.04$ になるんだね。納得いった？

これで，σ(または σ^2)が未知のときでも，n が十分に大きければ，μ の 95%信頼区間や 99%信頼区間を求めることができるんだね。

では次，σ(または σ^2)が未知で，かつ n が $n = 10$ や 20 程度で十分大きいと言えないときはどうするのか？これから解説しよう。

● σが未知，nが小さいときのμの区間推定はこれだ！

σ(またはσ^2)が未知で，標本の大きさnが十分に大きくないとき，母集団が正規分布$N(\mu,\ \sigma^2)$に従うものとする。このとき，この母集団から抽出したn個の標本を基に，標本平均$\overline{X}$，標本分散(不偏推定量)S^2を求めると，"**自由度**(じゆうど)**$n-1$のt分布**"の分布表を利用することにより，次のように，μの区間推定を行うことができる。

母平均μの区間推定(Ⅲ)

正規分布$N(\mu,\ \sigma^2)$ (σ^2は未知)に従う母集団から無作為に抽出したn個の標本$X_1,\ X_2,\ \cdots,\ X_n$を使って，新たな確率変数Uを

$U=\dfrac{\overline{X}-\mu}{\sqrt{\dfrac{S^2}{n}}}$ と定義すると，Uは自由度$n-1$のt分布に従う。

(実際の計算では，$\overline{X}$, S^2, nはすべて既知)

$\left(ただし，\ \overline{X}=\dfrac{1}{n}\displaystyle\sum_{k=1}^{n}X_k,\ \ S^2=\dfrac{1}{n-1}\sum_{k=1}^{n}(X_k-\overline{X})^2\right)$

(標本分散S^2は，不偏推定量で求める。)

自由度$n-1$のt分布とは何!? と思っているだろうね。でも，この理論的な解説は，本書を読了して，その後「**確率統計キャンパス・ゼミ**」で勉強してくれたらいい。

ここでは，母数μの区間推定の実用的な話にしぼろう。自由度nのt分布について，この確率密度$t_n(u)$は次ページに示すように，左右対称な正規分布と似たグラフの関数であり，また，各自由度$n=1,\ 2,\ 3,\ \cdots$と，変数uがある定数v以上となる確率αが，$\alpha=P(u\geqq v)=0.25,\ 0.1,\ \cdots,\ 0.005$となるときのそれぞれの$v$の値(座標)が，この分布表に示されていることを読み取ってくれたらいい。

たとえば，$N(\mu,\ \sigma^2)$の母集団から，$n=10$個の標本を取り出して，$\overline{X}=10$と$S^2=40$が分かったならば，変数$U=\dfrac{\overline{X}-\mu}{\sqrt{\dfrac{40}{10}}}=\dfrac{\overline{X}-\mu}{2}$ ……① は，自由度$9(=10-1)$のt分布に従う。よって，μの95%信頼区間を求めるために，$n=9$，$\alpha=0.025(=2.5\%)$のときのvの値を右のt分布表から調べると，$v=2.262$となる。ここで，①の$\overline{X}$に，実現値$\overline{X}=10$を代入すると，

自由度 n の t 分布表 $\alpha=P(u\geqq v)=\int_v^\infty t_n(u)du$ について，$n=1, 2, \cdots, \infty$，$\alpha=0.25, 0.1, \cdots, 0.005$ のときの座標 v の値を示している。

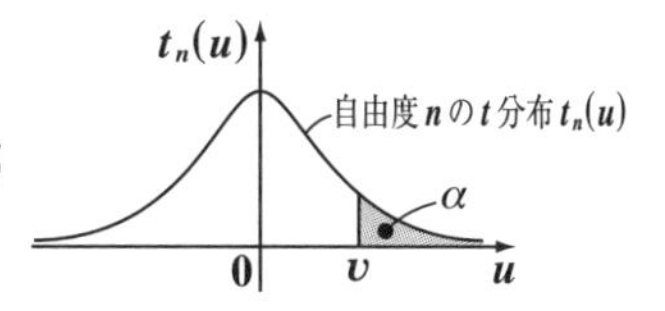

n \ α	0.25	0.1	0.05	0.025	0.01	0.005
1	1.000	3.078	6.314	12.706	31.821	63.657
2	0.816	1.886	2.920	4.303	6.965	9.925
3	0.765	1.638	2.353	3.182	4.541	5.841
4	0.741	1.533	2.132	2.776	3.747	4.604
5	0.727	1.476	2.015	2.571	3.365	4.032
6	0.718	1.440	1.943	2.447	3.143	3.707
7	0.711	1.415	1.895	2.365	2.998	3.499
8	0.706	1.397	1.860	2.306	2.896	3.355
9	0.703	1.383	1.833	2.262	2.821	3.250
10	0.700	1.372	1.812	2.228	2.764	3.169
11	0.697	1.363	1.796	2.201	2.718	3.106
12	0.695	1.356	1.782	2.179	2.681	3.055
13	0.694	1.350	1.771	2.160	2.650	3.012
14	0.692	1.345	1.761	2.145	2.624	2.977
15	0.691	1.341	1.753	2.131	2.602	2.947
16	0.690	1.337	1.746	2.120	2.583	2.921
17	0.689	1.333	1.740	2.110	2.567	2.898
18	0.688	1.330	1.734	2.101	2.552	2.878
19	0.688	1.328	1.729	2.093	2.539	2.861
20	0.687	1.325	1.725	2.086	2.528	2.845
21	0.686	1.323	1.721	2.080	2.518	2.831
22	0.686	1.321	1.717	2.074	2.508	2.819
23	0.685	1.319	1.714	2.069	2.500	2.807
24	0.685	1.318	1.711	2.064	2.492	2.797
25	0.684	1.316	1.708	2.060	2.485	2.787
26	0.684	1.315	1.706	2.056	2.479	2.779
27	0.684	1.314	1.703	2.052	2.473	2.771
28	0.683	1.313	1.701	2.048	2.467	2.763
29	0.683	1.311	1.699	2.045	2.462	2.756
30	0.683	1.310	1.697	2.042	2.457	2.750
40	0.681	1.303	1.684	2.021	2.423	2.704
50	0.679	1.299	1.676	2.009	2.403	2.678
60	0.679	1.296	1.671	2.000	2.390	2.660
70	0.678	1.294	1.667	1.994	2.381	2.648
80	0.678	1.292	1.664	1.990	2.374	2.639
90	0.677	1.291	1.662	1.987	2.368	2.632
100	0.677	1.290	1.660	1.984	2.364	2.626
110	0.677	1.289	1.659	1.982	2.361	2.621
∞	0.674	1.282	1.645	1.960	2.326	2.576

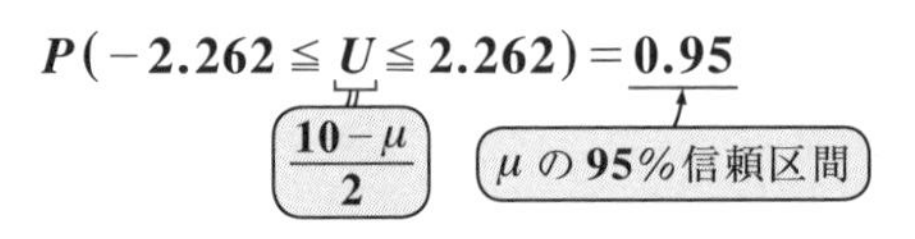

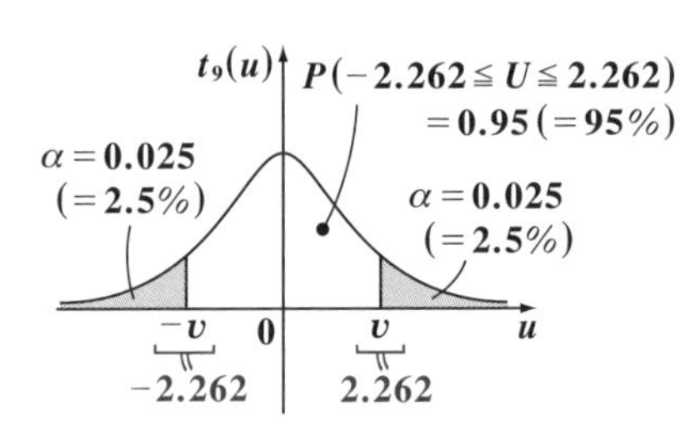

となるので，

$$-2.262 \leqq \frac{10-\mu}{2} \leqq 2.262$$

$-4.524 \leqq 10-\mu \leqq 4.524$ より，μ の 95%信頼区間は，

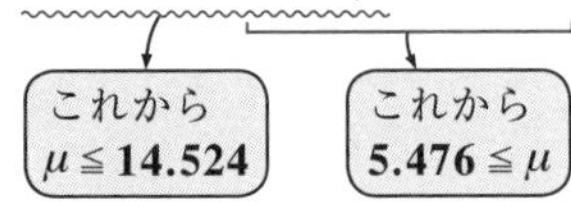

$5.476 \leqq \mu \leqq 14.524$ と求められるんだね。大丈夫？

では，今度は例題で練習しておこう。

例題 29　正規分布 $N(\mu,\ \sigma^2)$ に従う母集団から，$n=14$ 個の標本を無作為に抽出して，標本平均 $\overline{X}$ と標本分散 S^2 を計算した結果，$\overline{X}=110.0$，$S^2=350.0$ であった。

このとき，母平均 μ の(ⅰ)95%信頼区間と(ⅱ)99%信頼区間を求めよう。(ただし，右上の自由度 $n=13$ の t 分布表を利用してよい。)

自由度 $n=13$ の t 分布表

$$\alpha=\int_v^{\infty} t_n(u)\,du$$

n \ α	0.025	0.005
13	2.160	3.012

標本の大きさ $n=14$，標本平均 $\overline{X}=110.0$，標本分散 $S^2=350.0$ より，

(十分大きいとは言えない)

$\overline{X}$ を使って，新たな変数 $U=\dfrac{\overline{X}-\mu}{\sqrt{\dfrac{S^2}{n}}}=\dfrac{\overline{X}-\mu}{\sqrt{\dfrac{350}{14}}}=\dfrac{\overline{X}-\mu}{\sqrt{25}}=\dfrac{\overline{X}-\mu}{5}$ は，

自由度 $13\,(=14-1)$ の t 分布に従う。よって，自由度 13 の t 分布表を用いて，

(ⅰ) 母平均 μ の 95%信頼区間を求めると，

$P(-2.16 \leqq U \leqq 2.16)=0.95$ より，

$$-2.16 \leqq \frac{\overline{X}-\mu}{5} \leqq 2.16$$

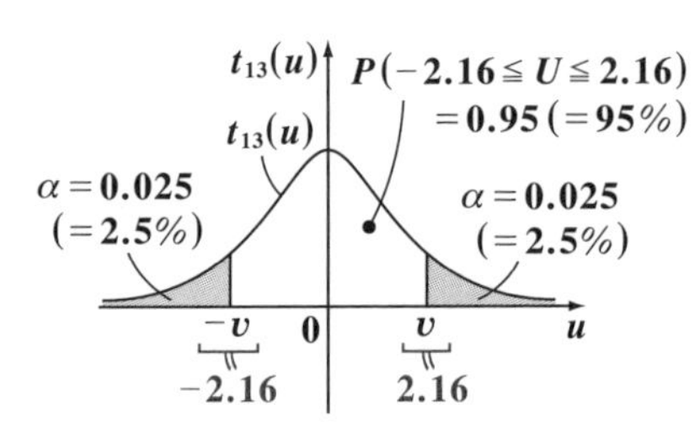

これに$\overline{X}=110$(実現値)を代入して,

$-2.16\times5\leqq110-\mu\leqq2.16\times5$　　よって,μの**95**%信頼区間は,

$\mu\leqq110+10.8$　　$110-10.8\leqq\mu$

$99.2\leqq\mu\leqq120.8$ である。大丈夫だった? 次に,

(ii) 母平均μの**99**%信頼区間を求めると,

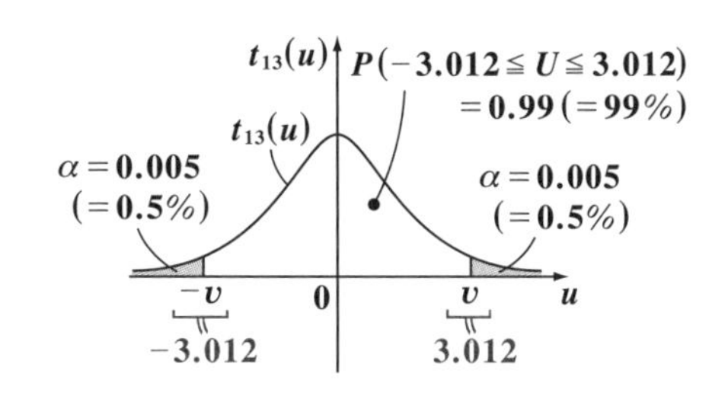

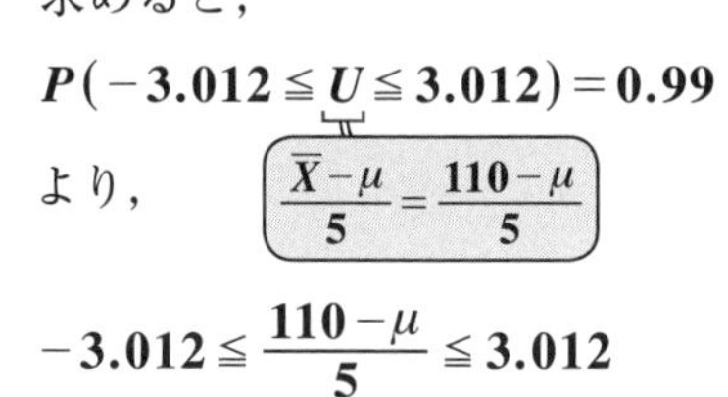

$P(-3.012\leqq U\leqq3.012)=0.99$

より,　$\dfrac{\overline{X}-\mu}{5}=\dfrac{110-\mu}{5}$

$$-3.012\leqq\frac{110-\mu}{5}\leqq3.012$$

$-3.012\times5\leqq110-\mu\leqq3.012\times5$　　よって,μの**99**%信頼区間は,

$\mu\leqq110+15.06$　　$110-15.06\leqq\mu$

$94.94\leqq\mu\leqq125.06$ になるんだね。これで,t分布の使い方にも慣れたと思う。

このように,μの区間推定においては,σ^2(またはσ)が既知か? 未知か? また,母集団の分布が正規分布か? 一般の任意の分布か? さらに,標本の大きさnが十分に大きいのか? そうでないのか? の条件によって,解法の手段が異なることに注意しよう。慣れるまで,シッカリ練習することだね。

最後に,自由度nのt分布について,面白い性質を解説しておこう。**P165**のt分布表の一番下の行に,$n=\infty$のときの値が示されているね。これから,μの**95**%信頼区間を求めるには,$\alpha=0.025$の欄を見るといいんだけれど,これが**1.960**(=**1.96**)となってるね。同様にμの**99**%信頼区間を求めるために,$\alpha=0.005$の欄を見ると,**2.576**(≒**2.58**)となっている。…,どう? もう分かった? これって,標準正規分布$N(0,1)$のときの値と同じでしょう。つまり,$n\to\infty$のとき,あるいは,もう少し条件をゆるめて,nが十分に大きいとき,t分布は標準正規分布に近づくことが分かっているんだね。面白かった?

● 母比率pの区間推定も押さえよう！

この節の最後のテーマとして，母集団の母比率(ぼひりつ) p の区間推定について解説しよう。たとえば，大量に生産された製品の不良品の割合や，ある国の全有権者の W 政党への支持率のように，ある性質をもつものの全体に対する割合を，母集団の場合は**母比率**(ぼひりつ)と呼び p で，また，大きさ n の標本の場合は**標本比率**(ひょうほんひりつ)と呼び $\overline{p}$ で表すことにしよう。そして，n と $\overline{p}$ を用いて，母比率 p の"**95％信頼区間**"や"**99％信頼区間**"を区間推定してみよう。

不良品や政党支持率など，ある性質 A に対して母比率 p をもつ母集団から，大きさ n の標本を無作為に抽出する場合，1 つ 1 つの標本を n 回抽出すると

（これは，母集団の大きさ N が十分大きいものとして，非復元でも復元と考えていい。）

考えると，これは事象 A が n 回中 r 回起こる反復試行の確率 P_r を求めることと同様なことに気付くでしょう？

つまり，1 回の試行（抽出）で事象 A の起こる確率が母比率 p，起こらない確率が $q(=1-p)$ であり，n 回中 r 回だけ事象 A の起こる確率と同様に，n 個の標本中 r 個だけ A の性質をもつ確率 P_r は，

$P_r = {}_nC_r p^r q^{n-r} \quad (r=0, 1, 2, \cdots, n)$ となるのは大丈夫だね。

従って，確率変数 X を $X=r\ (r=0, 1, 2, \cdots, n)$ とおくと，X は二項分布 $B(n, p)$ に従い，さらにnが十分に大きければ，これは近似的に平均 np，

（この平均は np，分散は $npq=np(1-p)$ だね。）

分散 $np(1-p)$ の正規分布 $N(np,\ np(1-p))$ に従うことになるんだね。

さらに，n が十分に大きいときは，分散 $np(1-p)$ の p を近似的に標本比率 $\overline{p}$ でおきかえてもよいことが分かっているので，X は結局，正規分布 $N(np,\ n\overline{p}(1-\overline{p}))$ に従うと言えるんだね。

であれば，X から平均 np を引いて，標準偏差 $\sqrt{n\overline{p}(1-\overline{p})}$ で割った標準化変数 $Z\left(=\dfrac{X-np}{\sqrt{n\overline{p}(1-\overline{p})}}\right)$ は，標準正規分布 $N(0, 1)$ に従う。よって，Z が

95% の確率で存在する範囲や 99% の確率で存在する範囲から，母比率 p の

$-1.96 \leqq Z \leqq 1.96$　　　$-2.58 \leqq Z \leqq 2.58$

"95% 信頼区間" や **"99% 信頼区間"** を次のように求めることができる。

(Ⅰ) 母比率 p の 95% 信頼区間について，

$P(-1.96 \leqq Z \leqq 1.96) = 0.95$ より，左辺の ( ) 内を変形して，

$-1.96 \leqq \dfrac{X-np}{\sqrt{n\overline{p}(1-\overline{p})}} \leqq 1.96$ より，$-1.96\sqrt{n\overline{p}(1-\overline{p})} \leqq X-np \leqq 1.96\sqrt{n\overline{p}(1-\overline{p})}$
(ア)　(イ)

(ア) より，$np \leqq X+1.96\sqrt{n\overline{p}(1-\overline{p})}$　両辺を n で割って，$\dfrac{X}{n} = \overline{p}$ より，

$p \leqq \dfrac{X}{n} + 1.96\dfrac{\sqrt{n\overline{p}(1-\overline{p})}}{n}$　　$\therefore p \leqq \overline{p} + 1.96\sqrt{\dfrac{\overline{p}(1-\overline{p})}{n}}$

(イ) より，$X-1.96\sqrt{n\overline{p}(1-\overline{p})} \leqq np$　同様に，両辺を n で割って，

$\dfrac{X}{n} - 1.96\dfrac{\sqrt{n\overline{p}(1-\overline{p})}}{n} \leqq p$　　$\therefore \overline{p} - 1.96\sqrt{\dfrac{\overline{p}(1-\overline{p})}{n}} \leqq p$

$$P\left(\overline{p} - 1.96\sqrt{\frac{\overline{p}(1-\overline{p})}{n}} \leqq p \leqq \overline{p} + 1.96\sqrt{\frac{\overline{p}(1-\overline{p})}{n}}\right) = 0.95$$ となる。

これから，母比率 p の 95% 信頼区間が，

$$\overline{p} - 1.96\sqrt{\frac{\overline{p}(1-\overline{p})}{n}} \leqq p \leqq \overline{p} + 1.96\sqrt{\frac{\overline{p}(1-\overline{p})}{n}} \quad \cdots\cdots(*3)$$

(Ⅱ) 母比率 p の 99% 信頼区間について，

$P(-2.58 \leqq Z \leqq 2.58) = 0.99$ より，(Ⅰ) とまったく同様の変形を行えば，p の 99% 信頼区間が次のように導けることも大丈夫だね。

$$\overline{p} - 2.58\sqrt{\frac{\overline{p}(1-\overline{p})}{n}} \leqq p \leqq \overline{p} + 2.58\sqrt{\frac{\overline{p}(1-\overline{p})}{n}} \quad \cdots\cdots(*4)$$

この母比率 p の区間推定については，例題を設けていないので，この後，演習問題で練習することにしよう。

演習問題 31　●μの区間推定(Ⅰ)●

正規分布$N(\mu, 4)$に従う母集団から9個の標本を無作為に抽出した結果, $X = 8, 11, 5, 4, 9, 10, 6, 12, 7$ であった。このとき，小数第3位を四捨五入して,

(1) 母平均μの95%信頼区間を求めよ。

(2) 母平均μの99%信頼区間を求めよ。

ヒント！ 母集団が正規分布$N(\mu, 4)$に従うので，標本の大きさ$n=9$で，大きくは（σ^2(既知)）ないけれど，(1)では，μの95%信頼区間の公式：$\overline{X}-1.96\frac{\sigma}{\sqrt{n}} \leqq \mu \leqq \overline{X}+1.96\frac{\sigma}{\sqrt{n}}$ が利用でき，(2)では，μの99%信頼区間の公式：$\overline{X}-2.58\frac{\sigma}{\sqrt{n}} \leqq \mu \leqq \overline{X}+2.58\frac{\sigma}{\sqrt{n}}$ を利用できる。

解答&解説

母集団は正規分布$N(\mu, 4)$に従うので，母分散$\sigma^2=4$(母標準偏差$\sigma=2$)は既知である。また，標本の大きさ$n=9$，標本平均$\overline{X} = \frac{1}{9}(8+11+5+\cdots+7) = \frac{72}{9} = 8$ である。

(1) よって，母平均μの95%信頼区間は,

$$\underbrace{8-1.96\times\frac{2}{\sqrt{9}}}_{6.6933\cdots} \leqq \mu \leqq \underbrace{8+1.96\times\frac{2}{\sqrt{9}}}_{9.3066\cdots}$$

（μの95%信頼区間　$\overline{X}-1.96\frac{\sigma}{\sqrt{n}} \leqq \mu \leqq \overline{X}+1.96\frac{\sigma}{\sqrt{n}}$）

$\therefore 6.69 \leqq \mu \leqq 9.31$ である。……………………………(答)

(2) 次に，母平均μの99%信頼区間は,

$$\underbrace{8-2.58\times\frac{2}{\sqrt{9}}}_{6.28} \leqq \mu \leqq \underbrace{8+2.58\times\frac{2}{\sqrt{9}}}_{9.72}$$

（μの99%信頼区間　$\overline{X}-2.58\frac{\sigma}{\sqrt{n}} \leqq \mu \leqq \overline{X}+2.58\frac{\sigma}{\sqrt{n}}$）

$\therefore 6.28 \leqq \mu \leqq 9.72$ である。……………………………(答)

演習問題 32　● μの区間推定(II) ●

正規分布 $N(\mu,\ \sigma^2)$ に従う母集団から 9 個の標本を無作為に抽出した結果，

$X = 8,\ 11,\ 5,\ 4,\ 9,\ 10,\ 6,\ 12,\ 7$ であった。

このとき，右の t 分布表を利用して，次の問いに答えよ。

自由度 $n=8$ の t 分布表

$\alpha = \int_v^{\infty} t_n(u)du$

n \ α	0.025	0.005
8	2.306	3.355

(1) 不偏推定量の標本分散 S^2 を求めよ。

(2) 母平均 μ の 95%信頼区間を求めよ。(小数第 3 位を四捨五入せよ)

(3) 母平均 μ の 99%信頼区間を求めよ。(小数第 3 位を四捨五入せよ)

ヒント！ (1) 不偏推定量の標本分散は，公式：$S^2 = \frac{1}{9-1}\sum_{k=1}^{9}(X_k - \overline{X})^2$ を使って求める。(2)(3) では，標本の大きさ $n=9$ が十分に大きくはないので，標本平均 $\overline{X}$ を使って，新たな確率変数 $U = \frac{\overline{X}-\mu}{\sqrt{\frac{S^2}{n}}} = \frac{\overline{X}-\mu}{\frac{S}{\sqrt{n}}}$ を定義すると，U は自由度 $8(=9-1)$ の t 分布に従うので，t 分布表を利用して，μ の 95%と 99%の信頼区間を求めればいいんだね。

解答＆解説

(1) 標本平均 $\overline{X} = \frac{1}{9}(8+11+5+\cdots+7) = \frac{72}{9} = 8$

9 個の標本データそのものは演習問題 31 のものと同じだね。

よって，標本分散 (不偏推定量) S^2 を求めると，

不偏推定量の標本分散 $S^2 = \frac{1}{n-1}\sum_{k=1}^{n}(X_k - \overline{X})^2$

$$S^2 = \frac{1}{8}\{(8-8)^2+(11-8)^2+(5-8)^2+\cdots+(7-8)^2\}$$

$$= \frac{1}{8}\{0^2+3^2+(-3)^2+(-4)^2+1^2+2^2+(-2)^2+4^2+(-1)^2\}$$

$9+9+16+1+4+4+16+1=60$

$$= \frac{60}{8} = \frac{15}{2} = 7.5$$ となる。 ……………………………(答)

(2) $\overline{X}=8$, $S^2=\dfrac{15}{2}$ で，$\overline{X}$ を確率変数として，これを基に U を $U=\dfrac{\overline{X}-\mu}{\sqrt{\dfrac{S^2}{n}}}$ と定義すると，変数 U は自由度 $8(=9-1)$ の t 分布に従う。

よって，t 分布表を用いると，

$P(-2.306\leqq U\leqq 2.306)=0.95$ より，

$$U=\frac{\overline{X}-\mu}{\sqrt{\frac{S^2}{n}}}=\frac{8-\mu}{\sqrt{\frac{15}{2\times 9}}}=\sqrt{\frac{6}{5}}\cdot(8-\mu)$$

t 分布表

n ＼ α	0.025	0.005
8	2.306	3.355

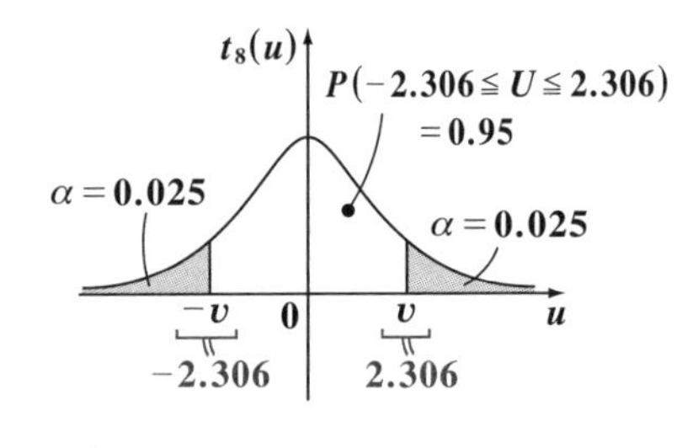

$$-2.306\leqq\sqrt{\frac{6}{5}}(8-\mu)\leqq 2.306$$

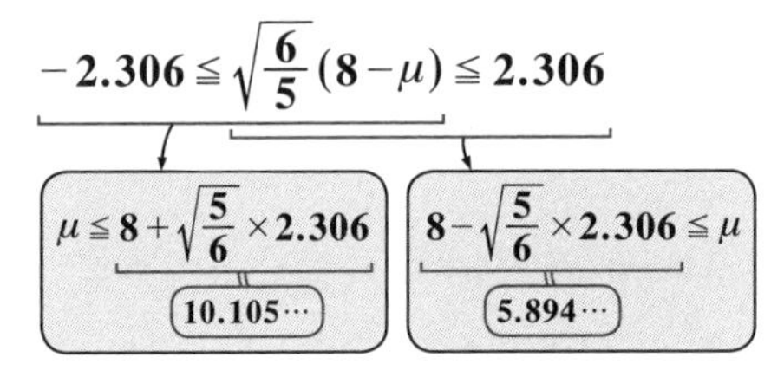

$$\mu\leqq 8+\sqrt{\frac{5}{6}}\times 2.306=10.105\cdots \qquad 8-\sqrt{\frac{5}{6}}\times 2.306=5.894\cdots\leqq\mu$$

$\therefore\ \mu$ の **95%** 信頼区間は，$5.89\leqq\mu\leqq 10.11$ である。……………………(答)

(3) 同様に t 分布表を用いると，

$P(-3.355\leqq U\leqq 3.355)=0.99$ より，

$$U=\sqrt{\frac{6}{5}}(8-\mu)$$

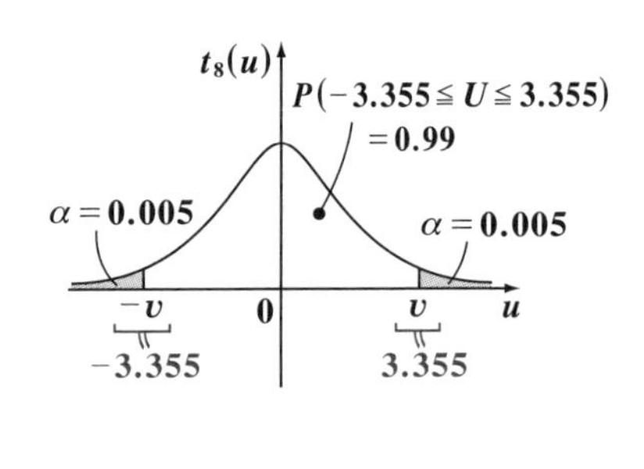

$$-3.355\leqq\sqrt{\frac{6}{5}}(8-\mu)\leqq 3.355$$

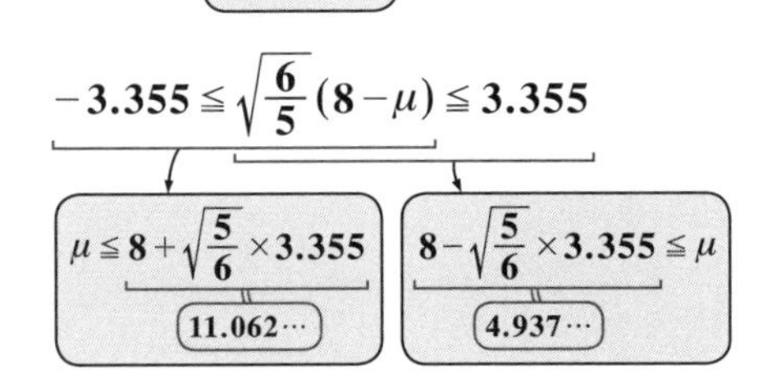

$$\mu\leqq 8+\sqrt{\frac{5}{6}}\times 3.355=11.062\cdots \qquad 8-\sqrt{\frac{5}{6}}\times 3.355=4.937\cdots\leqq\mu$$

$\therefore\ \mu$ の **99%** 信頼区間は，$4.94\leqq\mu\leqq 11.06$ である。……………………(答)

演習問題 33　● μ の区間推定（Ⅲ）●

全国で**100**万人の学生に行った数学のテストの得点結果を母集団として，これから，**500**人分の得点データを無作為に抽出した結果，標本平均 $\overline{X}=83$ 点であった。母分散 $\sigma^2=15$ であるとき，小数第**3**位を四捨五入して，母平均 μ の

(i) **95**％信頼区間と (ii) **99**％信頼区間を求めよ。

ヒント！ 標本の大きさ $n=500$ は十分に大きな数なので，標本平均 $\overline{X}$ と母標準偏差 $\sigma=\sqrt{15}$（既知）を用いて，母平均 μ の (i) **95**％信頼区間の公式と (ii) **99**％信頼区間の公式を利用すればいいんだね。

解答＆解説

標本の大きさ $n=500$，標本平均 $\overline{X}=83$，母標準偏差 $\sigma=\sqrt{15}$（既知）より，

(i) 母平均 μ の **95**％信頼区間は，

$$83-1.96\times\frac{\sqrt{15}}{\sqrt{500}}\leqq\mu\leqq83+1.96\times\frac{\sqrt{15}}{\sqrt{500}}$$

μ の 95％信頼区間: $\overline{X}-1.96\frac{\sigma}{\sqrt{n}}\leqq\mu\leqq\overline{X}+1.96\frac{\sigma}{\sqrt{n}}$

$83-1.96\times\frac{\sqrt{3}}{10}=82.660\cdots$　　$83+1.96\times\frac{\sqrt{3}}{10}=83.339\cdots$

よって，$82.66\leqq\mu\leqq83.34$ である。……………………………(答)

(ii) 母平均 μ の **99**％信頼区間は，

$$83-2.58\times\frac{\sqrt{15}}{\sqrt{500}}\leqq\mu\leqq83+2.58\times\frac{\sqrt{15}}{\sqrt{500}}$$

μ の 99％信頼区間: $\overline{X}-2.58\frac{\sigma}{\sqrt{n}}\leqq\mu\leqq\overline{X}+2.58\frac{\sigma}{\sqrt{n}}$

$83-2.58\times\frac{\sqrt{3}}{10}=82.553\cdots$　　$83+2.58\times\frac{\sqrt{3}}{10}=83.446\cdots$

よって，$82.55\leqq\mu\leqq83.45$ である。……………………………(答)

演習問題 34　●μの区間推定(Ⅳ)●

全国で **100** 万人の学生に行った数学のテストの得点結果を母集団として，これから，**500** 人分の得点データを無作為に抽出した結果，標本平均 $\overline{X}=83$ 点，標本分散 $S^2=20$ であった。このとき，小数第 **3** 位を四捨五入して，母平均 μ の

(ⅰ) **95%** 信頼区間と (ⅱ) **99%** 信頼区間を求めよ。

ヒント！ これは，母分散 σ^2 が未知であること以外，前問とほとんど同じ設定の問題だね。標本の大きさ $n=500$ は十分に大きな数なので，標本平均 $\overline{X}$ と，母標準偏差の代わりに標本標準偏差 $S=\sqrt{20}$ を用いて，母平均 μ の (ⅰ) **95%** 信頼区間と (ⅱ) **99%** 信頼区間を，公式通りに求めればいいんだね。

解答＆解説

標本の大きさ $n=500$，標本平均 $\overline{X}=83$，標本標準偏差 $S=\sqrt{20}=2\sqrt{5}$ であり，n は十分大きな数なので，母標準偏差 σ の代わりに，近似的に標本標準偏差 S を用いて，母平均 μ の区間推定を行える。よって，

(ⅰ) 母平均 μ の **95%** 信頼区間は，

$$83-1.96\times\frac{\sqrt{20}}{\sqrt{500}}\leqq\mu\leqq 83+1.96\times\frac{\sqrt{20}}{\sqrt{500}}$$

σ が未知のときの μ の **95%** 信頼区間
$\overline{X}-1.96\dfrac{S}{\sqrt{n}}\leqq\mu\leqq\overline{X}+1.96\dfrac{S}{\sqrt{n}}$

$83-1.96\times\frac{1}{5}=82.608$　　$83+1.96\times\frac{1}{5}=83.392$

よって，$82.61\leqq\mu\leqq 83.39$ である。……………………………(答)

(ⅱ) 母平均 μ の **99%** 信頼区間は，

$$83-2.58\times\frac{\sqrt{20}}{\sqrt{500}}\leqq\mu\leqq 83+2.58\times\frac{\sqrt{20}}{\sqrt{500}}$$

σ が未知のときの μ の **99%** 信頼区間
$\overline{X}-2.58\dfrac{S}{\sqrt{n}}\leqq\mu\leqq\overline{X}+2.58\dfrac{S}{\sqrt{n}}$

$83-2.58\times\frac{1}{5}=82.484$　　$83+2.58\times\frac{1}{5}=83.516$

よって，$82.48\leqq\mu\leqq 83.52$ である。……………………………(答)

演習問題 35　● 母比率の区間推定 (Ⅰ) ●

ある地域の有権者 **200** 万人の中から **200** 人を無作為に抽出して，**X** 政党の支持者の数を調べたところ，**50**人であった。この地域の **X** 政党の支持率 p の (i) **95**%信頼区間と (ii) **99**%信頼区間を求めよ。

(ただし，小数第 **4** 位を四捨五入せよ。)

さらに，この **95**%信頼区間の幅を半分にするためには標本の大きさ n をどのようにすればよいか。ただし，標本比率は変わらないものとする。

ヒント！ 標本の大きさ $n=200$ は十分に大きな数なので，n と標本比率 $\overline{p}$ を用いて，(i)母比率 p の95%信頼区間は，$\overline{p}-1.96\sqrt{\frac{\overline{p}(1-\overline{p})}{n}} \leqq p \leqq \overline{p}+1.96\sqrt{\frac{\overline{p}(1-\overline{p})}{n}}$ により，また，(ii)母比率 p の99%信頼区間は，$\overline{p}-2.58\sqrt{\frac{\overline{p}(1-\overline{p})}{n}} \leqq p \leqq \overline{p}+2.58\sqrt{\frac{\overline{p}(1-\overline{p})}{n}}$ によって求めればいいんだね。次に，95%信頼区間の幅は，$2\times1.96\sqrt{\frac{\overline{p}(1-\overline{p})}{n}}$ となる。よって，新たな標本の大きさを n' とおいて，$2\times1.96\sqrt{\frac{\overline{p}(1-\overline{p})}{n'}}=\frac{1}{2}\times 2\times1.96\sqrt{\frac{\overline{p}(1-\overline{p})}{n}}$ となるようにすればいいんだね。

解答&解説

この地域の **X** 政党の支持率を母比率 p とおいて，この区間推定を行う。

標本の大きさ $n=200$，標本比率 $\overline{p}=\frac{50}{200}=\frac{1}{4}=0.25$ であり，

n は十分に大きな数なので，母比率 p の (i) **95**%信頼区間と (ii) **99**%信頼区間を公式通りに求めると，

(i) 母比率 p の **95**%信頼区間は，

$$\frac{1}{4}-1.96\cdot\sqrt{\frac{\frac{1}{4}\times\frac{3}{4}}{200}} \leqq p \leqq \frac{1}{4}+1.96\cdot\sqrt{\frac{\frac{1}{4}\times\frac{3}{4}}{200}}$$

$$\frac{1}{4}-1.96\times\frac{\sqrt{6}}{80}=0.1899\cdots \qquad \frac{1}{4}+1.96\times\frac{\sqrt{6}}{80}=0.3100\cdots$$

p の95%信頼区間
$\overline{p}-1.96\sqrt{\frac{\overline{p}(1-\overline{p})}{n}} \leqq p \leqq \overline{p}+1.96\sqrt{\frac{\overline{p}(1-\overline{p})}{n}}$

よって，$0.190 \leqq p \leqq 0.310$ である。……① ……………………………(答)

(ii) 母比率 p の 99%信頼区間は，

$$\underbrace{\frac{1}{4}-2.58\cdot\sqrt{\frac{\frac{1}{4}\times\frac{3}{4}}{200}}}_{\frac{1}{4}-2.58\times\frac{\sqrt{6}}{80}=0.1710\cdots} \leqq p \leqq \underbrace{\frac{1}{4}+2.58\cdot\sqrt{\frac{\frac{1}{4}\times\frac{3}{4}}{200}}}_{\frac{1}{4}+2.58\times\frac{\sqrt{6}}{80}=0.3289\cdots}$$

p の 99%信頼区間
$\overline{p}-2.58\sqrt{\frac{\overline{p}(1-\overline{p})}{n}} \leqq p$
$\leqq \overline{p}+2.58\sqrt{\frac{\overline{p}(1-\overline{p})}{n}}$

よって，$0.171 \leqq p \leqq 0.329$ である。……………………………………(答)

次に，(i)の母比率 p の 95%信頼区間の幅は，

$$\frac{1}{4}-1.96\cdot\sqrt{\frac{\frac{1}{4}\times\frac{3}{4}}{200}} \leqq p \leqq \frac{1}{4}+1.96\cdot\sqrt{\frac{\frac{1}{4}\times\frac{3}{4}}{200}} \quad \cdots\cdots①$$ より，

$$\frac{1}{4}+1.96\cdot\sqrt{\frac{\frac{1}{4}\times\frac{3}{4}}{200}}-\left(\frac{1}{4}-1.96\cdot\sqrt{\frac{\frac{1}{4}\times\frac{3}{4}}{200}}\right)=2\times1.96\cdot\sqrt{\frac{\frac{1}{4}\times\frac{3}{4}}{200}} \quad \cdots\cdots②$$

である。

この②の幅の $\frac{1}{2}$ となるような標本の大きさを n' とおくと，このときの幅も同様に，

$$2\times1.96\cdot\sqrt{\frac{\frac{1}{4}\times\frac{3}{4}}{n'}} \quad \cdots\cdots③$$ となる。よって，③ $=\frac{1}{2}\times$②より，

$$2\times1.96\cdot\sqrt{\frac{\frac{1}{4}\times\frac{3}{4}}{n'}}=\frac{1}{2}\times2\times1.96\cdot\sqrt{\frac{\frac{1}{4}\times\frac{3}{4}}{200}} \qquad \frac{1}{\sqrt{n'}}=\frac{1}{2\sqrt{200}}$$

$\sqrt{n'}=2\sqrt{200}=\sqrt{800}$ 　　$\therefore n'=800$ である。……………………………(答)

つまり，標本比率 $\overline{p}$ が変わらないものとすると，95%信頼区間の幅を $\frac{1}{2}$ にするためには，標本の大きさを $n=200$ から $n'=800$ に，4倍しなければならないことが分かったんだね。

演習問題 36 ● 母比率の区間推定(Ⅱ)●

ある地域の **100** 万人の有権者から n 人を抽出して，**X** 政党の支持率の標本調査を行ったところ，支持率は **15**％であった。この地域の有権者全体の **X** 政党への支持率の **95**％信頼区間の幅が **7**％以下となるようにするためには少なくとも何人を標本として抽出する必要があるか。

ヒント! 母集団の支持率(母比率) p の **95**％信頼区間の幅は，$2\times1.96\sqrt{\dfrac{\overline{p}(1-\overline{p})}{n}}$ ($\overline{p}$：標本比率) となることを利用しよう。

解答＆解説

この地域の **100** 万人の有権者の **X** 政党への支持率を母比率 p とおく。標本の大きさ n，標本比率 $\overline{p}=0.15$ より，母比率 p の **95**％信頼区間は，

> p の 95％信頼区間
> $\overline{p}-1.96\sqrt{\dfrac{\overline{p}(1-\overline{p})}{n}}\leqq p\leqq\overline{p}+1.96\sqrt{\dfrac{\overline{p}(1-\overline{p})}{n}}$

$$0.15-1.96\cdot\sqrt{\frac{0.15\times0.85}{n}}\leqq p\leqq0.15+1.96\cdot\sqrt{\frac{0.15\times0.85}{n}}$$

これから，p の **95**％信頼区間の幅は，

$$\cancel{0.15}+1.96\cdot\sqrt{\frac{0.15\times0.85}{n}}-\left(\cancel{0.15}-1.96\cdot\sqrt{\frac{0.15\times0.85}{n}}\right)=2\times1.96\cdot\sqrt{\frac{15\times85}{10^4\cdot n}}\quad\cdots\cdots①$$

となる。よって，この幅①が $\dfrac{7}{100}$ (＝7％) 以下となるための n の条件は，

$$\frac{2\times1.96}{\cancel{100}}\sqrt{\frac{15\times85}{n}}\leqq\frac{7}{\cancel{100}}\qquad\frac{2\times1.96}{7}\times5\sqrt{3\times17}\leqq\sqrt{n}$$

$$\left(\frac{19.6}{7}=2.8\right)$$

$\sqrt{n}\geqq2.8\sqrt{51}$　　両辺を **2** 乗して，$n\geqq2.8^2\times51=399.84$

∴母比率 p の **95**％信頼区間の幅が **7**％以下となるためには，標本として少なくとも **400** 人を抽出しなければならない。 ……………………………(答)

講義 4 ●推測統計　公式エッセンス

(Ⅰ) 点推定

(1) 母平均 μ と母分散 σ^2 それぞれの不偏推定量 $\overline{X}$ と S^2

$$\cdot\ \overline{X}=\frac{1}{n}\sum_{k=1}^{n}X_k=\frac{1}{n}(X_1+X_2+X_3+\cdots+X_n)$$

$$\cdot\ S^2=\frac{1}{n-1}\sum_{k=1}^{n}(X_k-\overline{X})^2=\frac{1}{n-1}\{(X_1-\overline{X})^2+(X_2-\overline{X})^2+\cdots+(X_n-\overline{X})^2\}$$

(Ⅱ) 区間推定

(2) 標本平均 $\overline{X}$ の平均 $\mu[\overline{X}]$ と分散 $\sigma^2[\overline{X}]$ と標準偏差 $\sigma[\overline{X}]$

$$\mu[\overline{X}]=\mu,\ \ \sigma^2[\overline{X}]=\frac{\sigma^2}{n},\ \ \sigma[\overline{X}]=\frac{\sigma}{\sqrt{n}}$$

（ただし，μ：母平均，σ^2：母分散）

(3) 母平均 μ の区間推定

(i) n が十分大きく，σ（または σ^2）が既知のとき，

μ の 95% 信頼区間は，

$$\overline{X}-1.96\frac{\sigma}{\sqrt{n}}\leqq\mu\leqq\overline{X}+1.96\frac{\sigma}{\sqrt{n}}$$

(ii) n が十分大きく，σ（または σ^2）が未知のとき，

μ の 95% 信頼区間は，

$$\overline{X}-1.96\frac{S}{\sqrt{n}}\leqq\mu\leqq\overline{X}+1.96\frac{S}{\sqrt{n}}$$ （S：標本標準偏差）

(iii) n が小さいときでも，$N(\mu,\ \sigma^2)$（σ^2：未知）に従う母集団から抽出した標本の平均 $\overline{X}$ を使って，$U=\dfrac{\overline{X}-\mu}{\sqrt{\dfrac{S^2}{n}}}$ と定義すると，U は自由度 $n-1$ の t 分布に従う。

(4) 母比率 p の区間推定　（n が十分に大きいとき）

p の 95% 信頼区間は，

$$\overline{p}-1.96\sqrt{\frac{\overline{p}(1-\overline{p})}{n}}\leqq p\leqq\overline{p}+1.96\sqrt{\frac{\overline{p}(1-\overline{p})}{n}}$$ （$\overline{p}$：標本比率）

検定

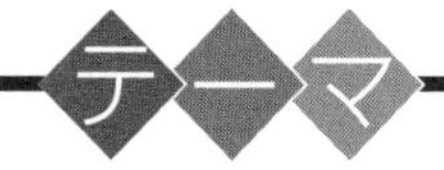

▶ 仮説の検定

「仮説 H_0 : $\theta = \theta_0$」を立てる。(θ : 母平均)
(対立仮説 : $\theta \neq \theta_0$)
検定統計量 T を作る。
(i) t が棄却域に入るとき, H_0 は棄却される。
(ii) t が棄却域に入らないとき, H_0 は棄却されない。

§1．母平均の検定

今回の講義が最終回になるけれど，最後に教えるテーマは“**検定**(けんてい)”なんだね。検定とは，文字通り，ある与えられた仮説(かせつ)を統計的にテストするということだ。たとえば，あるお菓子メーカーが出している袋菓子の内容量が **80g** と表示されていたとしよう。そして，これをある消費者団体が調べるために，**16** 個を無作為に抽出して標本データとし，その標本平均を調べたら，**79.3g** であったとしよう。このとき，このメーカー表示の **80g** は，果して正しいと言えるのか？どうか？これを統計的に判断する手法が検定になるんだね。どう？興味が湧いてきたでしょう？

この検定の理論的な考え方は，前回学習した区間推定でやったものとよく似ているので，それ程違和感なく入っていけると思う。ここでは，母平均 μ の検定に話をしぼって教えるつもりだ。それでは，みんな最終講義に入るよ。準備はいい？

● まず，検定のやり方をマスターしよう！

母集団の母数についてある“**仮説**(かせつ)”を立て，それを“**棄却**(ききゃく)”するか？どうか？

（「捨てる」という意味）

を，統計的に“**検定**”(テスト)する。まず，この検定の定義を示し，その後，検定を行うためのやり方について解説しよう。

仮説の検定

> 母集団の母数 θ について，
> 「仮説 H_0：$\theta = \theta_0$」を立てる。
> 母集団から無作為に抽出した標本 X_1，X_2，X_3，…，X_n を基に，この仮説を棄却するかどうかを統計的に判断することを，“**検定**”と呼ぶ。

具体的な検定の方法は次の通りだ。

(Ⅰ) まず，「仮説 H_0：$\theta = \theta_0$」を立てる。

　(対立仮説 H_1：$\theta \neq \theta_0$ など)

(Ⅱ) "有意水準(ゆういすいじゅん) α" または "危険率(きけんりつ) α" を予め **0.05** (= **5**%) または **0.01** (= **1**%) などに定める。

(Ⅲ) 無作為に抽出した標本 X_1, X_2, …, X_n を基に "**検定統計量**(けんていとうけいりょう)" を作る。

具体的には，$T = \dfrac{\overline{X}-\mu}{\dfrac{\sigma}{\sqrt{n}}}$ や $T = \dfrac{\overline{X}-\mu}{\dfrac{S}{\sqrt{n}}}$ などのことだね。

(Ⅳ) 検定統計量 (新たな確率変数) が従う分布 (具体的には，標準正規分布，t 分布など) の数表から，有意水準 α による "**棄却域 R**" を定める。

(Ⅴ) 標本の具体的な数値による検定統計量 (新たな確率変数) T の実現値 t が，

- (ⅰ) 棄却域 R に入るとき，仮説 H_0 は棄却される。
- (ⅱ) 棄却域 R に入らないとき，仮説 H_0 は棄却されない。

ン? 何のことかさっぱり分からないって? … 当然だね。これから詳しく解説しよう。しかも，何で，「棄却すること」ばっかり考えてるんだって? … そうだね。(Ⅴ) の (ⅱ) では，仮説 H_0 が「採用される」とは言わないで，「棄却されない」なんて変な言い方をしているからね。すべて分かるように，これから先程の袋菓子の例題を使って解説しよう。

この検定の講義では，解説を単純化するために，母集団はすべて正規分布 $N(\mu,\ \sigma^2)$ に従うものとして解説することにしよう。

例題 30　あるお菓子メーカーの袋菓子の内容量が **80g** と表示してあった。ある消費者団体が，この表示に偽りがないかを調べるために，無作為に選んだ **16** 個の袋菓子の内容量を測定した結果，平均の内容量が **79.3g** であった。この袋菓子全体の内容量は，正規分布 $N(\mu,\ 2.25)$ に従うものとする。このとき，
「仮説 H_0：袋菓子全体の平均の内容量は **80g** である。」
を有意水準 $\alpha = 0.05$ (= **5**%) で検定しよう。

まだ，用語の意味など，ピンとこないこともある状態だと思うけれど，とにかく，この仮説 H_0 を前述した (Ⅰ) ～ (Ⅴ) の手順に従って，検定 (テスト) していくことにしよう。

(Ⅰ) 袋菓子全体(母集団)の母平均を μ とおくと，

「仮説 H_0：$\mu = 80$」となる。この対立仮説として，

「対立仮説 H_1：$\mu \neq 80$」とする。

仮説 H_0 が棄却されるとき，対立仮説 H_1 が採用される。

(Ⅱ) 有意水準 $\alpha = 0.05(=5\%)$ で，仮説 H_0 を検定する。

有意水準 α は，これ以外に $\alpha = 0.01(=1\%)$ とすることも多い。
この $\alpha = 0.05$ や 0.01 は区間推定でよく使った確率だね。
今回も，同様に重要な役割を演じることになる。

(Ⅲ) 正規分布 $N(\mu,\ 2.25)$ に従う母集団(全袋菓子の内容量のデータ)から，

母分散 $\sigma^2 = 2.25$ (既知)

無作為に抽出した16個の標本 $X_1, X_2, \cdots, X_{16}$ の標本平均 $\overline{X}\left(=\dfrac{1}{16}\sum_{k=1}^{16} x_k\right)$ は，

正規分布 $N\left(\mu,\ \dfrac{2.25}{16}\right)$ に従う。（$2.25 = \sigma^2$）

よって，この標準化変数 T を検定統計量として，

$$T = \frac{\overline{X} - 80}{\dfrac{\sqrt{2.25}}{\sqrt{16}}} \left(= \frac{\overline{X} - \mu_0}{\dfrac{\sigma}{\sqrt{n}}}\right)$$ とおくと，

T は標準正規分布 $N(0,\ 1)$ に従う。

(Ⅳ) よって，P97の標準正規分布表より，

$u\left(\dfrac{\alpha}{2}\right)$

$= u(0.025)$

$= 1.96$

u	$\cdots\cdots$ 0.06
1.9	$\cdots\cdots$ 0.025

これから，有意水準 $\alpha = 0.05$ による棄却域は下のようになる。

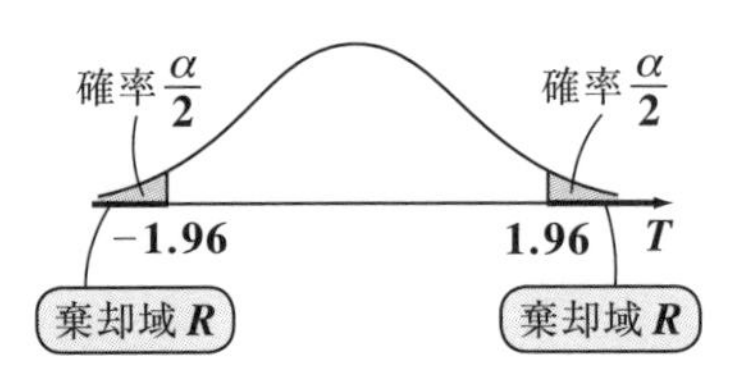

表

仮説 H_0	$\mu = 80$
対立仮説 H_1	$\mu \neq 80$
有意水準 α	0.05
標本数 n	16
標本平均 $\overline{X}$	79.3
母分散 σ^2	2.25
検定統計量 T	$\dfrac{\overline{X} - \mu_0}{\dfrac{\sigma}{\sqrt{n}}}$
$u\left(\dfrac{\alpha}{2}\right)$	1.96
棄却域 R	$t = -1.87$；-1.96，1.96
検定結果	仮説 H_0 は棄却されない。

このように表にまとめると，分かりやすいはずだ。

(Ⅴ) $\overline{X}=\mathbf{79.3}$ より，T の実現値 t は，

$$t=\frac{\overline{X}-80}{\frac{\sqrt{2.25}}{\sqrt{16}}}=\frac{4\times(79.3-80)}{1.5}=\frac{4\times(-0.7)}{1.5}=-\frac{2.8}{1.5}=-1.87$$

（$1.5=\sqrt{2.25}$，$-\frac{2.8}{1.5}=-1.8666\cdots$）

よって，検定統計量 T の実現値 $t=-1.87$ は棄却域 R に入っていない。

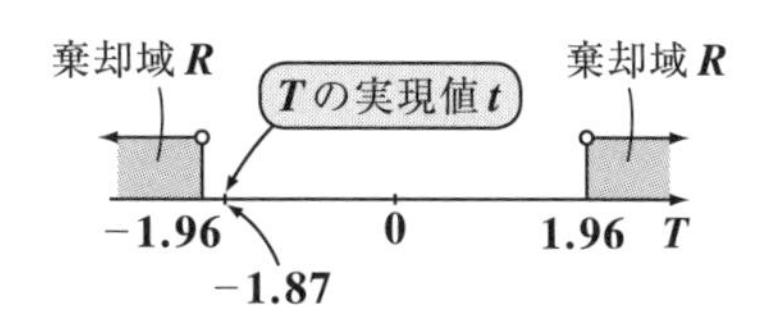

∴「仮説 H_0：$\mu=80$」は棄却されないことが分かった。これで，検定終了です！

どう？ このように具体的に計算することによって，検定の意味がかなり明らかになったでしょう？　さらに，解説しよう。

もし標本平均 $\overline{X}$ のみが $\overline{X}=\mathbf{79g}$ で，他はすべて例題 **30** と同じ条件であった場合を考えてみよう。このとき，この検定統計量 T の実現値 t は，

$$t=\frac{4\times(79-80)}{1.5}=-\frac{4}{1.5}=-2.67$$

となって，シッカリ棄却域 R の中に入ってしまう。

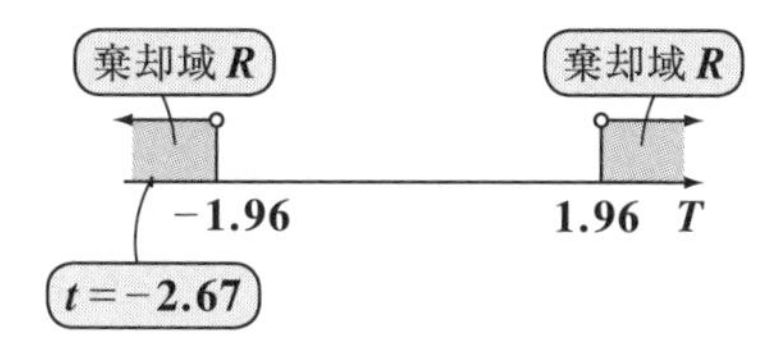

棄却域 R というのは，確率 $\alpha=0.05\,(5\%)$ でしか起こり得ない領域なんだね。ところが，このようにめったに起こらないことが起こってしまったいうことは，はじめの仮説 H_0：$\mu=80$ に問題があったと見なければならない。よって，この仮説 H_0 は棄却されて，対立仮説である H_1：$\mu\neq 80$ を採用することになる。

それでは，元の例題 **30** のように，$\overline{X}=\mathbf{79.3g}$ ならば，t は棄却域 R に入らなかった。このとき，仮説：H_0：$\mu=80$ を何故「採用する」と言わずに，「棄却されない」と言うのか，分かる？　理由は次の **2** つだ。

理由(ⅰ) 有意水準 α は，一般に **0.05** や **0.01** に定められる。よって，これに対応する棄却域に入る確率は，**5%** や **1%** と非常に低く，逆に言えば，T の実現値 t が，棄却域に入らないのは，当たり前のことで，何の自慢にもならないってことなんだね。むしろ，棄却域に t が入ったときだけ，仮説 H_0 を捨てる積極的な理由ができるということだ。

理由(ii) t が棄却域 R に入らなかったからといって，仮説 H_0 を積極的に採用することにならないもう 1 つの理由としては，t が棄却域に入らないような仮説は，H_0 以外にも無数に存在するからだ。

たとえば，例題 30 において，

$H_0{}' : \mu = \underbrace{79.5}_{\mu_0}$ のときであれば，

$$t = \frac{4(79.3 - 79.5)}{1.5} = -\frac{0.8}{1.5} = -0.53$$ となり，また，

$H_0{}'' : \mu = 79$ のときであれば，

$$t = \frac{4(79.3 - 79)}{1.5} = \frac{1.2}{1.5} = 0.8$$ となって，

いずれも棄却域 $R(t \leqq -1.96$ または $1.96 \leqq t)$ には入らないことが分かるはずだ。これ以外にも，R に入らない仮説はいくらでも存在するんだね。

これから分かるように，t が棄却域に入らなかった場合には，「仮説 H_0 をまだ捨てる理由が見つからない」という程度に考えておけばいいんだよ。このように，捨てることを前提にしているので，H_0 のことを **"帰無仮説"**(きむかせつ)(無に帰してしまう仮説) と呼ぶことも覚えておこう。

次に，仮説 $H_0 : \mu = \mu_0$ の対立仮説 H_1 についても，さらに検討しておこう。仮説 $H_0 : \mu = \mu_0$ の対立仮説 H_1 には，次の 3 通りが考えられる。

(i) $\mu \neq \mu_0$

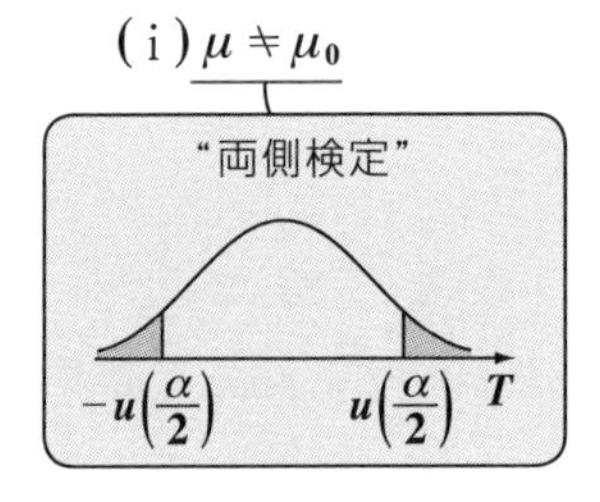

(ii) $\mu < \mu_0$

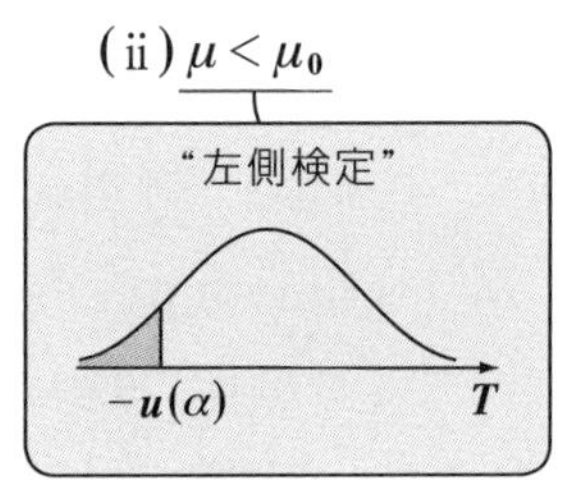

(iii) $\mu > \mu_0$

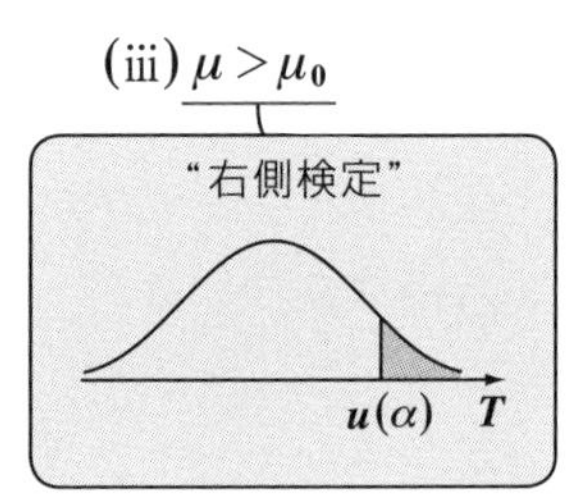

(ⅱ) たとえば，対立仮説 H_1 が $\mu < \mu_0$ とすると，

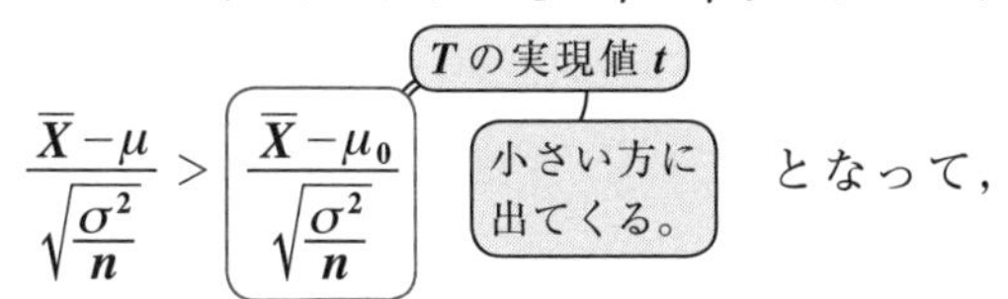

$$\frac{\overline{X}-\mu}{\sqrt{\frac{\sigma^2}{n}}} > \frac{\overline{X}-\mu_0}{\sqrt{\frac{\sigma^2}{n}}}$$ となって，

仮説 $H_0 : \mu = \mu_0$ とすると，T の実現値 t は小さい方に出てくる可能性が高いので，棄却域は両側に設けるのではなく，左側に，すなわち，$T < -u(\alpha)$ となるように取ればいいんだね。

(ⅲ) についても，同様に考えれば，棄却域を右側に，$u(\alpha) < T$ となるように取ればいいことが，分かると思う。

(ⅰ)を "**両側検定**" といい，それに対して，(ⅱ)(ⅲ)を合わせて "**片側検定**" ということも，覚えておこう。

ここで，例題 **30** の場合，袋菓子の内容量は表示の **80g** より小さい方に出やすいと考えるならば，対立仮説 H_1 を「$\mu < 80$」とすればよい。有意水準 α は同じく $\alpha = 0.05\,(=5\%)$ のままにしたとしても，棄却域は当然 $T < -u(0.05)$ となる。ここで，

$u(\alpha) = u(0.05)$

$= 1.645$ となるので，

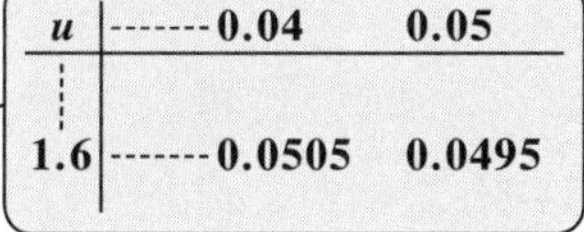

u	……0.04	0.05
⋮		
1.6	……0.0505	0.0495

棄却域 $R(T < -1.645)$ となる。

したがって，T の実現値 t は，$t = -1.87$ より，これは棄却域 R に入ることになる。

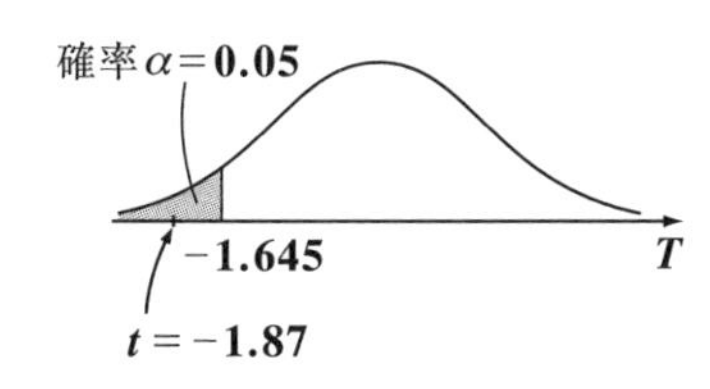

よって，同じ有意水準 $\alpha = 0.05$ での検定であっても，帰無仮説「$H_0 : \mu = 80$」は，

(ⅰ) 両側検定では棄却されないけれど，

(ⅱ) 片側(左側)検定では棄却される。

ということになるんだね。

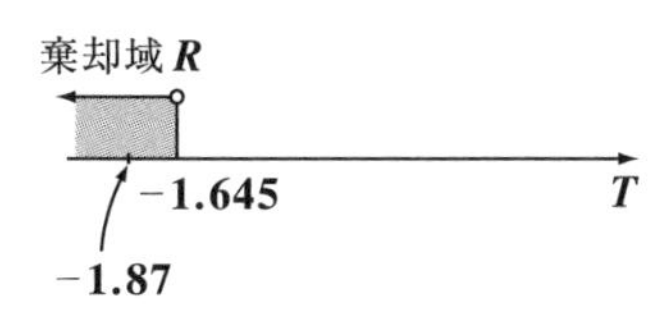

面白かった？

以上で，検定の基本について解説したので，この後は検定量 T をどのように取るかを考えればいいだけだね。これについては，講義 **4** の "**区間推定**" のところでかなり詳しく解説したね。ここでは，復習を兼ねて，下に示しておこう。

今回の検定においては，母集団はすべて正規分布 $N(\mu,\ \sigma^2)$ に従うものとする。また，標本の大きさ n は必ずしも十分に大きな数ではなくてもよいものとする。すると，検定量 T は以下のようになるんだね。

(1) 母分散 σ^2 が既知のときの母平均 μ の検定には，

$$T = \frac{\overline{X} - \mu_0}{\sqrt{\frac{\sigma^2}{n}}}$$ を使う。← $N(0,\ 1)$ に従う！

(2) 母分散 σ^2 が未知のときの母平均 μ の検定には，

$$T = \frac{\overline{X} - \mu_0}{\sqrt{\frac{S^2}{n}}}$$ を使う。← 自由度 $n-1$ の t 分布に従う！

未知の σ^2 の代わりに標本分散 $S^2 = \frac{1}{n-1}\sum_{k=1}^{n}(X_k - \overline{X})^2$ を使う！

どう？ "**推定**" で勉強したときには，「新たに定義された確率変数」と呼んでいたものが，検定では，「検定統計量」と名称を変えただけだから，非常に覚えやすいはずだ。後は，検定の手順に従って，仮説を棄却するか否かを判断していくだけだ。

それでは，σ^2 が未知の場合の母平均 μ の検定を，次の例題でやってみよう。この例題では，(i) 両側検定と (ii) 片側 (右側) 検定の **2** つの条件で検定してみよう。

例題 **31**　あるメーカーのスマホの充電時間が **3** 時間と表示してあった。これを確かめるために，無作為に **9** 台のスマホを抽出して，充電時間を計測した結果を以下に示す。

3.0，3.5，3.3，2.8，3.1，3.6，2.9，3.4，3.2 (時間)

このメーカーの同じ機種のすべてのスマホの充電時間を母集団とし，これが正規分布 $N(\mu,\ \sigma^2)$ (σ^2：未知) に従うものとする。このとき，有意水準 $\alpha = 0.05$ として，

「仮説 $H_0 : \mu = 3$」を

対立仮説 (1) $H_1 : \mu \neq 3$，および (2) $H_1' : \mu > 3$ について，

それぞれ検定しよう。

9 個の標本データを，

$X = x_1,\ x_2,\ x_3,\ \cdots,\ x_9$

$= 3.0,\ 3.5,\ 3.3,\ \cdots,\ 3.2$　と

おいて，標本平均 $\overline{X}$ と標本分散 S^2 を右の表 **1** を用いて求めると，

表 **1**

データ No.	データ X	$X_k - \overline{X}$	$(X_k - \overline{X})^2$
1	3.0	−0.2	0.04
2	3.5	0.3	0.09
3	3.3	0.1	0.01
4	2.8	−0.4	0.16
5	3.1	−0.1	0.01
6	3.6	0.4	0.16
7	2.9	−0.3	0.09
8	3.4	0.2	0.04
9	3.2	0	0
合計	28.8	0	0.60

$$\begin{cases} \overline{X} = \dfrac{1}{9}\displaystyle\sum_{k=1}^{9} X_k = \dfrac{28.8}{9} = 3.2 \\ S^2 = \dfrac{1}{8}\displaystyle\sum_{k=1}^{9} (X_k - \overline{X})^2 = \dfrac{0.6}{8} = 0.075 \end{cases}$$

(1) 仮説 $H_0 : \mu = \underset{\mu_0}{3}$

(対立仮説 $H_1 : \mu \neq 3$) ← 両側検定

有意水準 $\alpha = 0.05$

標本数 $n = 9$

ここで，σ^2 は未知により，検定統計量 T を次のようにおく。

$$T = \frac{\overline{X} - \mu_0}{\sqrt{\dfrac{S^2}{n}}} = \frac{\overline{X} - 3}{\sqrt{\dfrac{0.075}{9}}} = \frac{3(\overline{X} - 3)}{\sqrt{0.075}} = \frac{3 \cdot \sqrt{40}(\overline{X} - 3)}{\sqrt{3}} = \underbrace{\sqrt{120}}_{2\sqrt{30}}(\overline{X} - 3)$$

$$\left(\sqrt{0.075} = \sqrt{\frac{75}{1000}} = \sqrt{\frac{3}{40}}\right)$$

よって，$T = 2\sqrt{30}(\overline{X} - 3)$ ……①

とおくと，

T は，自由度 $8(=9-1)$ の t 分布に従う。

$v_8\left(\frac{\alpha}{2}\right) = v_8(0.025) = 2.306$

n \ α	0.025
8	2.306

これから，有意水準 $\alpha = 0.05$ による両側検定の棄却域 R は，

$t < -2.306$ または $2.306 < t$ となる。

ここで，$\overline{X} = 3.2$ より，検定統計量 T の実現値 t は，①より，

$t = 2\sqrt{30} \cdot (3.2 - 3) = 2\sqrt{30} \cdot 0.2 = 2.191$ （$\sqrt{30} = 5.477\cdots$）

よって，この実現値 $t = 2.191$ は，棄却域 R に入っていない。

よって，「仮説 $H_0 : \mu = 3$」は，棄却されないことが分かったんだね。

表 2

仮説 H_0	$\mu = 3$
対立仮説 H_1	$\mu \neq 3$（両側検定）
有意水準 α	0.05
標本数 n	9
標本平均 $\overline{X}$	3.2
標本分散 S^2	0.075
検定統計量 T	$\dfrac{\overline{X} - \mu_0}{\sqrt{\dfrac{S^2}{n}}}$
$v_8\left(\frac{\alpha}{2}\right)$	2.306
棄却域 R	R: $t < -2.306$, $2.306 < t$（$t = 2.191$）
検定結果	仮説 H_0 は棄却されない。

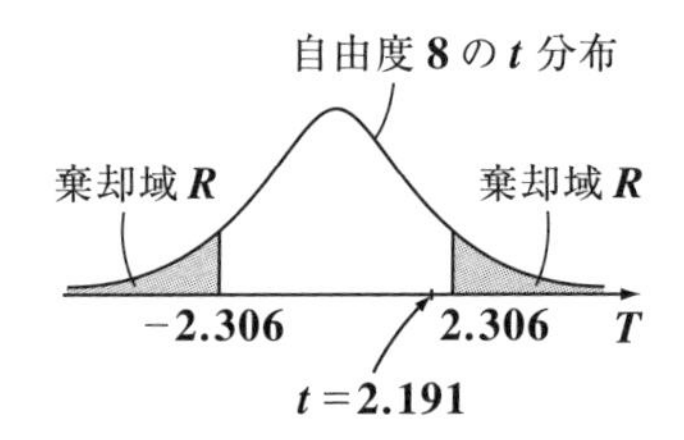

(2) 仮説 $H_0 : \mu = 3$ （μ_0）

（対立仮説 $H_1' : \mu > 3$）← 右側検定

メーカーは，充電時間を短く表示している可能性があるので，実際の充電時間は，メーカーの表示より，大きくなりやすい。よって，今回は対立仮説「$H_1' : \mu > 3$」とおいて検定してみよう。

有意水準 $\alpha = 0.05$

標本数 $n = 9$

検定統計量 T は同様に，$T = 2\sqrt{30}(\overline{X} - 3)$ ……① となる。

T は，自由度 $8(=9-1)$ の t 分布に従うので，

$v_8(\alpha)$

$=v_8(0.05)$

$=1.860$

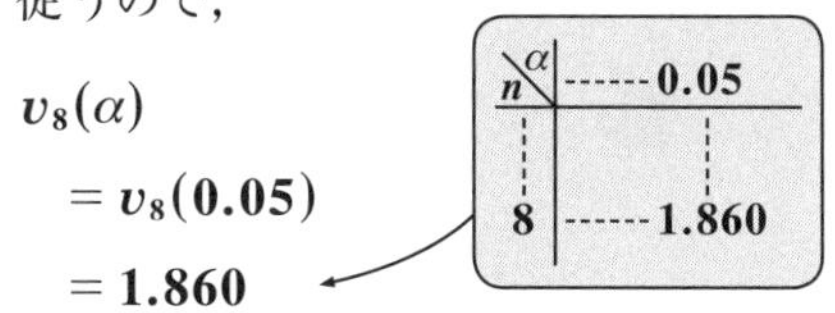

これから，有意水準 $\alpha=0.05$ による右側検定の棄却域 R は，

$1.860<t$ となる。

ここで，$\overline{X}=3.2$ より，検定統計量 T の実現値 t は，①より同様に，

$t=2.191$ となる。

よって，この T の実現値 $t=2.191$ は，棄却域 R に入っている。

よって，「仮説 H_0：$\mu=3$」は，棄却される。

表3

仮説 H_0	$\mu=3$
対立仮説 H_1'	$\mu>3$（右側検定）
有意水準 α	0.05
標本数 n	9
標本平均 $\overline{X}$	3.2
標本分散 S^2	0.075
検定統計量 T	$\dfrac{\overline{X}-\mu_0}{\sqrt{\dfrac{S^2}{n}}}$
$v_8(\alpha)$	1.860
棄却域 R	$t=2.191$　R　1.860
検定結果	仮説 H_0 は棄却される。

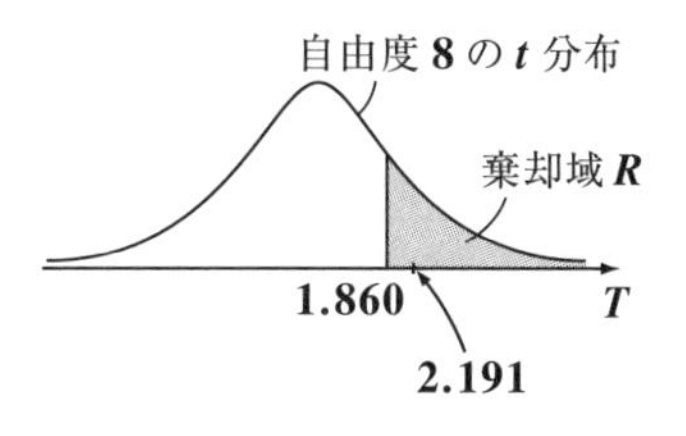

このように母平均 μ についての「仮説 H_0：$\mu=3$」は両側検定のときは棄却されないんだけれど，片側（右側）検定のときは棄却されることが分かったんだね。面白かったでしょう。

ン？でも，何故 α は $\alpha=0.05$ または 0.01 なのかって？これら有意水準 α の値は，多分に恣意的なものなんだけれど，統計学では慣例として，この **2** つの値を用いるんだね。

以上で，「**初めから学べる 確率統計キャンパス・ゼミ**」の講義はすべて終了です。皆さん，よく頑張ったね！この後，よく復習して，さらに「**確率統計キャンパス・ゼミ**」で実力アップをはかって下さい。皆さんのさらなる成長を，ボクも含めマセマ一同心より応援しています。

マセマ代表　馬場敬之

演習問題 37　● 母平均 μ の検定 (σ^2：未知) ●

ある食品メーカーの缶詰の内容量が **50g** と表示してあった。これを確かめるために，無作為に **10** 個の缶詰を抽出して，その内容量 (g) を計測した結果を次に示す。

47，46，51，52，43，50，46，48，47，45

このメーカーの同じ種類のすべての缶詰の内容量を母集団とし，
これが正規分布 $N(\mu,\ \sigma^2)$ (σ^2：未知) に従うものとする。
このとき，有意水準 $\alpha = 0.01$ として，
「仮説 $H_0 : \mu = 50$」を
対立仮説 (1) $H_1 : \mu \neq 50$，および (2) $H_1' : \mu < 50$ について，
それぞれ検定せよ。

ヒント！ 母分散 σ^2 は未知なので，検定統計量 $T = \dfrac{\overline{X} - \mu_0}{\sqrt{\dfrac{S^2}{n}}}$ となる。また，(1) は，両側検定であり，(2) は，左側検定なんだね。頑張って，検定しよう！

解答＆解説

10 個の標本データを，

$X = x_1,\ x_2,\ x_3,\ \cdots,\ x_{10}$

$\ = 47,\ 46,\ 51,\ \cdots,\ 45$

とおいて，標本平均 $\overline{X}$ と標本分散 S^2 を表 1 から求めると，

$$\overline{X} = \frac{1}{10}\sum_{k=1}^{10} X_k = \frac{475}{10} = 47.5$$

$$S^2 = \frac{1}{9}\sum_{k=1}^{10}(X_k - \overline{X})^2$$

$$= \frac{70.5}{9} = \frac{141}{18} = \frac{47}{6} = 7.83$$

（$\frac{47}{6}$ = 7.8333…）

表 1

データ No.	データ X	$X_k - \overline{X}$	$(X_k - \overline{X})^2$
1	47	−0.5	0.25
2	46	−1.5	2.25
3	51	3.5	12.25
4	52	4.5	20.25
5	43	−4.5	20.25
6	50	2.5	6.25
7	46	−1.5	2.25
8	48	0.5	0.25
9	47	−0.5	0.25
10	45	−2.5	6.25
合計	475	0	70.5

(1) 仮説 $H_0 : \mu = \boxed{50}$ ← μ_0

（対立仮説 $H_1 : \mu \neq 50$）← 両側検定

有意水準 $\alpha = 0.01\ (= 1\%)$

標本数 $n = 10$

σ^2 は未知により，検定統計量 T を

$$T = \frac{\overline{X} - \mu_0}{\sqrt{\frac{S^2}{n}}} = \frac{\overline{X} - 50}{\sqrt{\frac{\frac{47}{6}}{10}}} = \sqrt{\frac{60}{47}}(\overline{X} - 50)$$

$$= \frac{2\sqrt{15 \times 47}}{47}(\overline{X} - 50)$$

$$= \underbrace{\frac{2\sqrt{705}}{47}}_{1.1298\cdots}(\overline{X} - 50) \quad \cdots\cdots ①$$

表 2

仮説 H_0	$\mu = 50$
対立仮説 H_1	$\mu \neq 50$（両側検定）
有意水準 α	0.01
標本数 n	10
標本平均 $\overline{X}$	47.5
標本分散 S^2	$\frac{47}{6} = 7.83$
検定統計量 T	$\frac{\overline{X} - \mu_0}{\sqrt{\frac{S^2}{n}}}$
$v_9\left(\frac{\alpha}{2}\right)$	3.250
棄却域 R	R ← -3.25, $t = -2.825$, 3.25 → R (T)
検定結果	仮説 H_0 は棄却されない。

$\therefore T = 1.130(\overline{X} - 50)$ とおくと，

T は，自由度 $9 (= 10 - 1)$ の t 分布に従う。

よって，P165 の t 分布表より，

$$v_9\left(\frac{\alpha}{2}\right) = v_9(0.005) = 3.250$$

n \ α	0.005
9	3.250

これから，有意水準 $\alpha = 0.01$ による

両側検定の棄却域 R は，$t < -3.250$ または $3.250 < t$ となる。

ここで，$\overline{X} = 47.5$ より，検定統計量 T の実現値 t は，①より，

$$t = 1.130 \cdot (47.5 - 50)$$

$$= 1.13 \times (-2.5) = -2.825$$

となる。この実現値 t は，棄却域 R に入っていない。

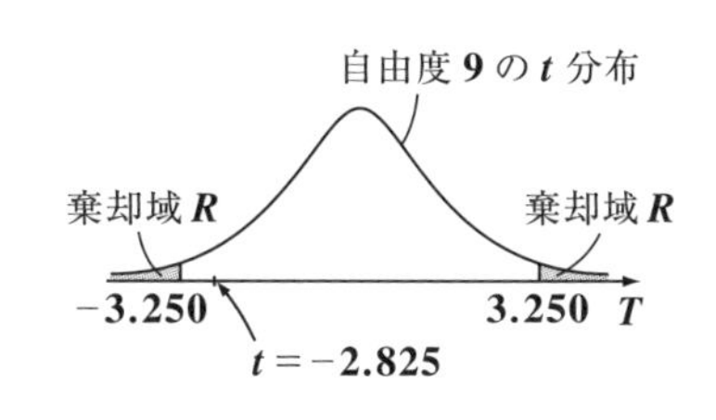

よって，「仮説 $H_0 : \mu = 50$」は，

棄却されない。…………………………………………………………（答）

(2) 仮説 $H_0 : \mu = \underset{}{\boxed{50}}$ ← μ_0

(対立仮説 $H_1' : \mu < 50$) ←左側検定

有意水準 $\alpha = 0.01$

σ^2 は未知より，検定統計量 T を

(1)と同様に，

$$T = \frac{2\sqrt{705}}{47}(\overline{X} - 50)$$

$$= 1.130(\overline{X} - 50) \quad \cdots\cdots ①$$

とおくと，T は，自由度 9 の

t 分布に従う。

よって，P165 の t 分布表より，

$v_9(\alpha)$

$= v_9(0.01)$

$= 2.821$

$n \backslash \alpha$	0.01
9	2.821

表 3

仮説 H_0	$\mu = 50$
対立仮説 H_1'	$\mu < 50$ (左側検定)
有意水準 α	0.01
標本数 n	10
標本平均 $\overline{X}$	47.5
標本分散 S^2	$\frac{47}{6} = 7.83$
検定統計量 T	$\frac{\overline{X} - \mu_0}{\sqrt{\frac{S^2}{n}}}$
$v_9(\alpha)$	2.821
棄却域 R	R　$t = -2.825$　-2.821　T
検定結果	仮説 H_0 は棄却される。

これから，有意水準 $\alpha = 0.01$ による左側検定の棄却域 R は，

$t < -2.821$ となる。

ここで，$\overline{X} = 47.5$ より，検定統計量 T の実現値 t は，

$t = 1.130 \times (47.5 - 50) = -2.825$

となる。この実現値 t は棄却域 R に入る。

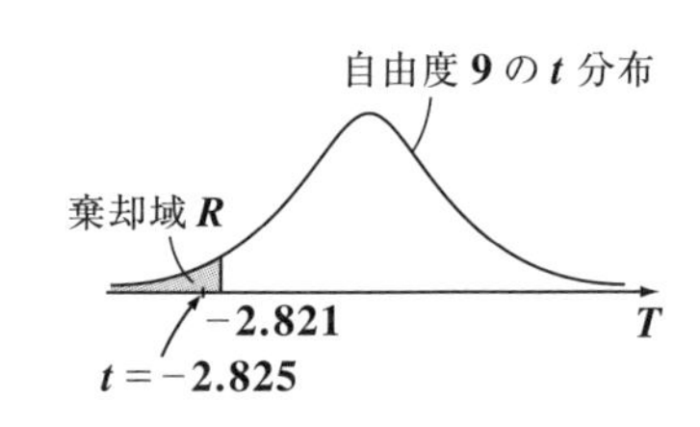

よって，「仮説 $H_0 : \mu = 50$」は，

棄却される。 ……………………………………………………(答)

講義5 ● 検定　公式エッセンス

母平均 μ の検定の手順

(Ⅰ)「仮説 H_0：$\mu=\mu_0$」を立てる。

(ⅰ) 対立仮説 H_1：$\mu \neq \mu_0$　(両側検定)

(ⅱ) 対立仮説 H_1'：$\mu < \mu_0$　(左側検定)

(ⅲ) 対立仮説 H_1''：$\mu > \mu_0$　(右側検定)

(Ⅱ) 有意水準 α を決める。($\alpha = 0.05$ または 0.01 など)

(Ⅲ) 抽出した n 個の標本を基に検定統計量 T を作る。

(ⅰ) σ^2 が既知のとき，

$$T = \frac{\overline{X}-\mu_0}{\sqrt{\frac{\sigma^2}{n}}}$$

(ⅱ) σ^2 が未知のとき，

$$T = \frac{\overline{X}-\mu_0}{\sqrt{\frac{S^2}{n}}} \quad \left(\text{ただし，} S^2 = \frac{1}{n-1}\sum_{k=1}^{n}(X_k-\overline{X})^2\right)$$

(Ⅳ) 検定統計量 T が従う分布，すなわち，

(ⅰ) σ^2 が既知のとき，標準正規分布，または，
(ⅱ) σ^2 が未知のとき，自由度 $n-1$ の t 分布と，

有意水準 α から棄却域 R を定める。

(Ⅴ) 検定統計量 T の実現値 t を求め，これが，

(ⅰ) 棄却域 R に入るとき，仮説 H_0 は棄却される。

(ⅱ) 棄却域 R に入らないとき，仮説 H_0 は棄却されない。

上記の手順に従って，母平均 μ の仮説の検定を行う際に，表を用いると，ミスが少なくなる。

◆◆ Appendix(付録)◆◆

§1. マルコフ過程入門

時刻と共に，確率分布が変化していく確率過程として，"**マルコフ過程**"(***Markov process***)(または，"**マルコフ連鎖**"(***Markov chain***))がある。これについて，その基本を解説しよう。

ここでは，例題を分かりやすくするために，確率分布の経時変化ではなく，ある地域の **10000** 人の住民の内，**A** 社，または **B** 社の携帯を利用している人数の経時変化について考えていくことにしよう。

● 2社の携帯の利用状況の推移を調べてみよう！

ある地域の **10000** 人の住民の内，初めに **A** 社の携帯を使っているのは，$a_0 = 8000$ 人であり，**B** 社の携帯を使っているのは，$b_0 = 2000$ 人であったとする。そして，**1** 年後，

(i) **A**社の携帯を使っていた人の **0.8(=80%)** は **A**社のものをそのまま使い，**0.2(=20%)** は **B**社のものを使うようになるものとする。そして，

(ii) **B**社の携帯を使っていた人の **0.7(=70%)** は **B**社のものをそのまま使い，**0.3(=30%)** は **A** 社のものを使うようになるものとする。

ここで，**1** 年後，**A**社と **B**社の携帯(以降，携帯 **A**，携帯 **B**と表す。)の利用人数をそれぞれ a_1, b_1 とおく。そして図 **1** の模式図を使って，この a_1 と b_1 を算出すると，次のようになるんだね。

図 **1**　**A**社と **B**社の携帯の利用人数の変化

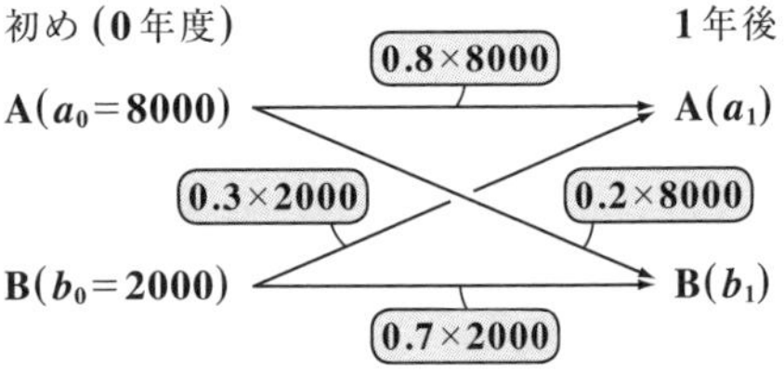

初め(**0**年度)　　　**1**年後

$A(a_0=8000)$ → $A(a_1)$: 0.8×8000

$A(a_0=8000)$ → $B(b_1)$: 0.2×8000

$B(b_0=2000)$ → $A(a_1)$: 0.3×2000

$B(b_0=2000)$ → $B(b_1)$: 0.7×2000

$$\begin{cases} a_1 = 0.8 \times a_0 + 0.3 \times b_0 & \cdots\cdots① \\ b_1 = 0.2 \times a_0 + 0.7 \times b_0 & \cdots\cdots② \end{cases}$$

具体的には，
$a_1 = 0.8\times8000+0.3\times2000 = 7000$
$b_1 = 0.2\times8000+0.7\times2000 = 3000$
となって，変化していることが分かる。

①, ②を，行列とベクトルの形でまとめると，

$$\begin{bmatrix} a_1 \\ b_1 \end{bmatrix} = \begin{bmatrix} 0.8a_0+0.3b_0 \\ 0.2a_0+0.7b_0 \end{bmatrix} = \underbrace{\begin{bmatrix} 0.8 & 0.3 \\ 0.2 & 0.7 \end{bmatrix}}_{\text{推移確率 } M} \begin{bmatrix} a_0 \\ b_0 \end{bmatrix} \cdots\cdots③$$

となる。

ここで，③の2行2列の行列$\begin{bmatrix} 0.8 & 0.3 \\ 0.2 & 0.7 \end{bmatrix}$を$M$とおこう。この行列$M$は，"**推移確率行列**"（すいいかくりつ）(***transition probability matrix***)と呼ばれ，マルコフ過程で重要な役割を演じる行列なんだね。ここで，$M=\begin{bmatrix} 0.8 & 0.3 \\ 0.2 & 0.7 \end{bmatrix}$について，

(i)第1列の$\begin{bmatrix} 0.8 \\ 0.2 \end{bmatrix}$は，携帯Aを使っている人の数が1年後に携帯Aと携帯Bを使うことになるそれぞれの確率を表し，これらの和は$0.8+0.2=1$（全確率）となる。また，

(ii)第2列の$\begin{bmatrix} 0.3 \\ 0.7 \end{bmatrix}$は，携帯Bを使っている人の数が1年後に携帯Aと携帯Bを使うことになるそれぞれの確率を表し，これらの和も$0.3+0.7=1$（全確率）となるんだね。

そして，マルコフ過程では，この推移確率行列Mの各要素は，時刻に対して不変であるものとする。よって，③で示す0年度と1年後の関係式を一般化して，n年後の携帯A, Bの利用人数a_n, b_nと$n+1$年後の携帯A, Bの利用人数a_{n+1}, b_{n+1}の関係式として，次のように表すことができる。

$$\begin{bmatrix} a_{n+1} \\ b_{n+1} \end{bmatrix}=M\begin{bmatrix} a_n \\ b_n \end{bmatrix} \quad \cdots\cdots(*1) \quad (n=0,\ 1,\ 2,\ \cdots)$$

(*1)を
$F(n+1)=M\cdot F(n)$の
形の漸化式と考えると，
$F(n)=M^n\cdot F(0)$
すなわち，
$\begin{bmatrix} a_n \\ b_n \end{bmatrix}=M^n\begin{bmatrix} a_0 \\ b_0 \end{bmatrix}$
と変形することができる。

よって，これから，n年後の携帯A, Bの利用人数a_n, b_nは，初めの利用人数a_0, b_0を用いて，次のように表せる。

$$\begin{bmatrix} a_n \\ b_n \end{bmatrix}=M^n\begin{bmatrix} a_0 \\ b_0 \end{bmatrix} \quad \cdots\cdots(*2) \quad (n=1,\ 2,\ 3,\ \cdots)$$

具体的に計算してみよう。

$$\begin{bmatrix} a_1 \\ b_1 \end{bmatrix}=M\begin{bmatrix} a_0 \\ b_0 \end{bmatrix}=\begin{bmatrix} 0.8 & 0.3 \\ 0.2 & 0.7 \end{bmatrix}\begin{bmatrix} 8000 \\ 2000 \end{bmatrix}=\begin{bmatrix} 7000 \\ 3000 \end{bmatrix}$$

$$\begin{bmatrix} a_2 \\ b_2 \end{bmatrix}=M^2\begin{bmatrix} a_0 \\ b_0 \end{bmatrix}=M\begin{bmatrix} a_1 \\ b_1 \end{bmatrix}=\begin{bmatrix} 0.8 & 0.3 \\ 0.2 & 0.7 \end{bmatrix}\begin{bmatrix} 7000 \\ 3000 \end{bmatrix}=\begin{bmatrix} 6500 \\ 3500 \end{bmatrix}$$

$$\begin{bmatrix} a_3 \\ b_3 \end{bmatrix}=M^3\begin{bmatrix} a_0 \\ b_0 \end{bmatrix}=M\begin{bmatrix} a_2 \\ b_2 \end{bmatrix}=\begin{bmatrix} 0.8 & 0.3 \\ 0.2 & 0.7 \end{bmatrix}\begin{bmatrix} 6500 \\ 3500 \end{bmatrix}=\begin{bmatrix} 6250 \\ 3750 \end{bmatrix}$$

………………………………………………………………

となって，携帯Aと携帯Bを使っている人数の経時変化の様子を調べることができるんだね。

では，$n=1, 2, 3, \cdots$と，この確率過程によって，携帯Aと携帯Bを使用する人数の変化が進んで行って，最終的にどうなるのか？知りたいって?!
良い質問だね。この正式な解答は，

$\begin{bmatrix} a_n \\ b_n \end{bmatrix} = M^n \begin{bmatrix} a_0 \\ b_0 \end{bmatrix}$ ……$(*2)$ の両辺の $n \to \infty$ の極限を求めればいいんだね。

つまり，

$$\begin{cases} ((*2)\text{の左辺の極限}) = \lim_{n\to\infty} \begin{bmatrix} a_n \\ b_n \end{bmatrix} = \begin{bmatrix} a_\infty \\ b_\infty \end{bmatrix} \\ ((*2)\text{の右辺の極限}) = \lim_{n\to\infty} M^n \begin{bmatrix} a_0 \\ b_0 \end{bmatrix} = M^\infty \begin{bmatrix} a_0 \\ b_0 \end{bmatrix} \end{cases}$$ より，

$\begin{bmatrix} a_\infty \\ b_\infty \end{bmatrix} = M^\infty \begin{bmatrix} a_0 \\ b_0 \end{bmatrix}$ となるので，M^n $(n=1, 2, 3, \cdots)$ を求めて，

$n \to \infty$ の極限の行列 M^∞ を求めればいいことになるんだね。

しかし，ここでは n が十分に大きくなれば，$\begin{bmatrix} a_n \\ b_n \end{bmatrix}$ と $\begin{bmatrix} a_{n+1} \\ b_{n+1} \end{bmatrix}$ は変化しない定常状態になると考えて，これを $\begin{bmatrix} \alpha \\ \beta \end{bmatrix}$ とおくと $(*1)$ の式から，

$\begin{bmatrix} \alpha \\ \beta \end{bmatrix} = M \begin{bmatrix} \alpha \\ \beta \end{bmatrix}$ ……④　が成り立つはずなんだね。よって④を変形して，

$\underline{E} \cdot \begin{bmatrix} \alpha \\ \beta \end{bmatrix} = M \begin{bmatrix} \alpha \\ \beta \end{bmatrix}$，　$\underline{(M-E)} \begin{bmatrix} \alpha \\ \beta \end{bmatrix} = \begin{bmatrix} 0 \\ 0 \end{bmatrix}$，　$\begin{bmatrix} -0.2 & 0.3 \\ 0.2 & -0.3 \end{bmatrix} \begin{bmatrix} \alpha \\ \beta \end{bmatrix} = \begin{bmatrix} 0 \\ 0 \end{bmatrix}$

（単位行列）

$\begin{bmatrix} 0.8 & 0.3 \\ 0.2 & 0.7 \end{bmatrix} - \begin{bmatrix} 1 & 0 \\ 0 & 1 \end{bmatrix} = \begin{bmatrix} -0.2 & 0.3 \\ 0.2 & -0.3 \end{bmatrix}$

$\therefore -0.2\alpha + 0.3\beta = 0$　（もう1つの式：$0.2\alpha - 0.3\beta = 0$ は，左の式と同じ式だね。）

よって，$2\alpha = 3\beta$ ……⑤，かつ $\alpha + \beta = 10000$ …⑥ ← α と β の和が1万人であることは，変化しない。

⑤，⑥より，$\alpha = 6000$，$\beta = 4000$ が導ける。

よって，$\begin{bmatrix} a_0 \\ b_0 \end{bmatrix} = \begin{bmatrix} 8000 \\ 2000 \end{bmatrix}$，$\begin{bmatrix} a_1 \\ b_1 \end{bmatrix} = \begin{bmatrix} 7000 \\ 3000 \end{bmatrix}$，$\begin{bmatrix} a_2 \\ b_2 \end{bmatrix} = \begin{bmatrix} 6500 \\ 3500 \end{bmatrix}$，$\begin{bmatrix} a_3 \\ b_3 \end{bmatrix} = \begin{bmatrix} 6250 \\ 3750 \end{bmatrix}$，…

となって，$\begin{bmatrix} \alpha \\ \beta \end{bmatrix} = \begin{bmatrix} a_\infty \\ b_\infty \end{bmatrix} = \begin{bmatrix} 6000 \\ 4000 \end{bmatrix}$ に近づいていっていることが分かるんだね。

本当のマルコフ過程は，確率分布の経時変化を取り扱うので，以上解説した推移確率行列 M に変更はないけれど，$\begin{bmatrix} a_n \\ b_n \end{bmatrix}$ $(n=1,\ 2,\ 3,\ \cdots)$ については

$\begin{bmatrix} a_0 \\ b_0 \end{bmatrix} = \begin{bmatrix} 0.8 \\ 0.2 \end{bmatrix}$, $\begin{bmatrix} a_1 \\ b_1 \end{bmatrix} = \begin{bmatrix} 0.7 \\ 0.3 \end{bmatrix}$, $\begin{bmatrix} a_2 \\ b_2 \end{bmatrix} = \begin{bmatrix} 0.65 \\ 0.35 \end{bmatrix}$, $\begin{bmatrix} a_3 \\ b_3 \end{bmatrix} = \begin{bmatrix} 0.625 \\ 0.375 \end{bmatrix}$, $\cdots$,

$\begin{bmatrix} a_\infty \\ b_\infty \end{bmatrix} = \begin{bmatrix} 0.6 \\ 0.4 \end{bmatrix}$ ということになるんだね。大丈夫？

以上で，マルコフ過程の基本についてはご理解頂けたと思う。

(この所，高校で“**行列と1次変換**”を教えなくなって久しいので，行列について知識のない方は「**大学基礎数学 キャンパス・ゼミ**」(マセマ)で学習することを勧める。この“**行列と1次変換**”は線形代数やベクトル解析など…大学数学を学ぶ上で，基礎となるものだから早目にマスターしておいた方がいいんだね。)

§2. 補充問題と解法

それでは，これから補充問題を解くことにより，さらに計算力や実践力を鍛えて行くことにしよう。

補充問題 1 ● 連続型確率分布 ●

確率密度 $f(x)$ が，

$$f(x) = \begin{cases} ax\sin x & (0 \leqq x \leqq \pi) \\ 0 & (x < 0,\ \pi < x) \end{cases} \quad \cdots\cdots①$$

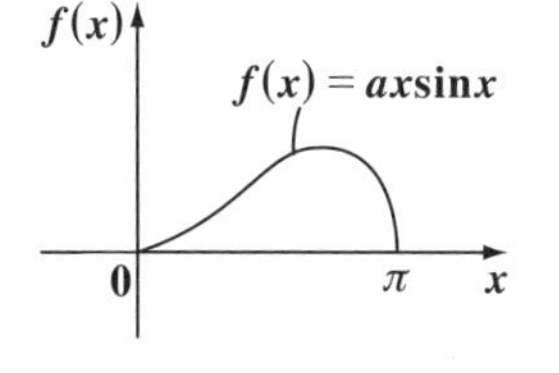

$(a$：正の定数$)$ で定義されている。

このとき，次の各問いに答えよ。

(1) a の値を求めよ。(2) この確率分布の期待値 μ を求めよ。

ヒント！ (1) $\int_{-\infty}^{\infty} f(x)dx = 1$ (全確率) から，a の値を求め，また (2) の期待値 μ も公式：$\mu = E[X] = \int_{-\infty}^{\infty} x \cdot f(x)dx$ から求めればいい。部分積分法を利用しよう。

解答＆解説

(1) 確率密度 $f(x) = \begin{cases} ax\sin x & (0 \leqq x \leqq \pi) \\ 0 & (x < 0,\ \pi < x) \end{cases}$ ……①の必要条件：

$\int_{-\infty}^{\infty} f(x)dx = 1$ (全確率) より，$a\int_0^{\pi} x \cdot \sin x dx = 1$ ……②

$\left(\int_{-\infty}^{0} 0dx + \int_0^{\pi} ax\sin xdx + \int_{\pi}^{\infty} 0dx \right)$ 　(π)

ここで，$\int_0^{\pi} x \cdot \sin xdx = \int_0^{\pi} x \cdot (-\cos x)'dx$

$= -\left[x \cdot \cos x\right]_0^{\pi} - \int_0^{\pi} 1 \cdot (-\cos x)dx$

($\pi \cdot (-1) - 0$)　　($+\left[\sin x\right]_0^{\pi} = 0$)

$= \pi + 0 - 0 = \pi$ より，これを②に代入して，

部分積分法
$\int_0^{\pi} f \cdot g'dx = \left[f \cdot g\right]_0^{\pi} - \int_0^{\pi} f' \cdot gdx$

$a \cdot \pi = 1 \quad \therefore a = \dfrac{1}{\pi}$ である。……………………………………………(答)

(2) この確率分布の期待値 μ は，公式より，

$\mu = E[X] = \int_{-\infty}^{\infty} x \cdot f(x)dx = \int_0^{\pi} x \cdot \dfrac{1}{\pi} x\sin xdx \quad \left(\because a = \dfrac{1}{\pi} \ ((1) \text{ より}) \right)$

$= \dfrac{1}{\pi}\int_0^{\pi} x^2 \cdot \sin xdx = \dfrac{1}{\pi}(\pi^2 - 4)$

$\int_0^{\pi} x^2 \cdot (-\cos x)'dx = -\left[x^2 \cdot \cos x\right]_0^{\pi} - \int_0^{\pi} 2x \cdot (-\cos x)dx$

($-\pi^2 \cdot (-1) = \pi^2$)

部分積分法を
2 回使った！

$= \pi^2 + 2\int_0^{\pi} x \cdot (\sin x)'dx = \pi^2 + 2\left\{ \left[x\sin x\right]_0^{\pi} - \int_0^{\pi} 1 \cdot \sin xdx \right\}$

$= \pi^2 + 2 \cdot \left[\cos x\right]_0^{\pi} = \pi^2 + 2 \cdot (-1 - 1) = \pi^2 - 4$

よって，求める期待値 μ は，$\mu = E[X] = \pi - \dfrac{4}{\pi}$ である。…………(答)

部分積分法の計算に慣れていない方は，「**初めから学べる 微分積分キャンパス・ゼミ**」(マセマ) で練習しよう！

Term・Index

メモ

大学数学入門編
初めから学べる 確率統計
キャンパス・ゼミ

マセマ

著　者　馬場 敬之
発行者　馬場 敬之
発行所　マセマ出版社
〒 332-0023 埼玉県川口市飯塚 3-7-21-502
TEL 048-253-1734　FAX 048-253-1729
Email：info@mathema.jp
https://www.mathema.jp

編　集　七里 啓之
校閲・校正　高杉 豊　秋野 麻里子
制作協力　久池井 茂　印藤 治　久池井 努
野村 直美　野村 烈　滝本 修二
平城 俊介　真下 久志
間宮 栄二　町田 朱美
カバーデザイン　馬場 冬之
ロゴデザイン　馬場 利貞
印刷所　中央精版印刷株式会社

令和 5 年 11 月 10 日 初版発行

ISBN978-4-86615-320-9 C3041